Bitte sehr, das e ... ? d!

Seien Sie herzlich begrüßt, liebe Leserinnen und Leser!

Sie sehen hier das erste trojanische Pferd dieses Buches leibhaftig vor sich (warum das ein trojanisches Pferd ist, werden Sie in diesem Buch erfahren). In Wirklichkeit handelt es sich um ein Post-it® INDEX von 3M – herzlichen Dank an Frau Andrea Söllch und Herrn Clemens Bauer, die für das Marketing in Österreich zuständig sind!

Nutzen Sie die selbstklebenden (und rückstandslos wieder entfernbaren) Indexfähnchen, wenn Sie dieses Buch lesen. Markieren Sie so die Stellen, die Sie sich merken, auf die Sie später zurückgreifen, über die Sie mit anderen sprechen oder die Sie anderen zeigen wollen.

Viel Spaß und Erfolg beim Lesen und Durcharbeiten wünschen die Autoren und der Verlag – und natürlich die Firma 3M!

Anlanger · Engel · Trojanisches Marketing®

Trojanisches Marketing®

Mit unkonventioneller Werbung zum Markterfolg

Roman Anlanger
Wolfgang A. Engel

Haufe Mediengruppe
Freiburg · Berlin · München

Bibliografische Information der deutschen Bibliothek
Die Deutsche Bibliothek verzeichnet diese Publikation in der Deutschen National-
bibliografie; detaillierte bibliografische Daten sind im Internet über http://dnb.ddb.de
abrufbar.

ISBN 978-3-448-08720-8   Bestell-Nr. 00020-0001

© 2009, Rudolf Haufe Verlag GmbH & Co. KG, Niederlassung Planegg/München
Postanschrift: Postfach, 82142 Planegg
Hausanschrift: Fraunhoferstraße 5, 82152 Planegg
Tel. 089 89517-0, Telefax 089 89517-250
Internet: www.haufe.de
E-Mail: online@haufe.de
Produktmanagement: Bettina Noé
Lektorat: Ulrike Wachter-Eberle

Umschlaggestaltung: Grafikhaus, 80469 München
Satz/Layout: appel media, 85445 Oberding
Druck: freiburger grafische betriebe, 79108 Freiburg

Zur Herstellung der Bücher wird nur alterungsbeständiges Papier verwendet.

Inhalt

Einleitung 6

1. Wie funktioniert Trojanisches Marketing 14
1.1 Ein Blick in die Geschichte 14
1.2 Warum Trojanisches Marketing?
Was macht es einzigartig? 18
1.3 Die trojanische Basisstrategie 34
1.4 Raus aus dem Begriffe-Chaos 46

2. Wie Sie Trojanisches Marketing in der Praxis einsetzen 49
2.1 Produkte trojanisch vermarkten 49
2.2 Neues vermarkten: Produkteinführung und
Produktrelaunch 67
2.3 Image und Bekanntheit trojanisch steigern 86
2.4 Die gute Stimmung nutzen: freudige Ereignisse 112
2.5 Vorhandenes verwenden – Vorlagen nutzen 125
2.6 Trojanisches Marketing mittels Kooperationen 151
2.7 Sprache als Trojanisches Pferd 185

3. Wie Sie Trojanisches Marketing umsetzen 201
3.1 Trojanische Ideen entwickeln 201
3.2 Die Umgebung verwenden: Die „trojanische Landkarte" 212
3.3 Der „trojanische Pfeil" 223

4. Ein kurzer Blick in die Zukunft 262

5. Die trojanische Community 274

6. Anhang 277

Literaturverzeichnis 281

Stichwortverzeichnis 285

Einleitung

Bücher zum Themenkreis „Marketing" und verwandten Gebieten der Betriebswirtschaftslehre gibt es in Hülle und Fülle. Allein www.amazon.de listet auf entsprechende Anfrage dazu die unglaubliche Zahl von mehr als 13.000 Titeln auf, und das sind nur verfügbare und lieferbare Bücher in deutscher Sprache. Dieselbe Anfrage in der internationalen Seite www.amazon.com liefert sogar mehr als 400.000 Treffer.

Warum dann hiermit noch ein weiteres?

Weil Trojanisches Marketing wirklich etwas Neues ist. Weil Trojanisches Marketing eine methodische Innovation darstellt, mit deren Hilfe man auf neue Ideen und zu neuen Marketingstrategien kommt. Dabei geht es nicht darum, den babylonischen Theorien-Turm um ein weiteres akademisches Stockwerk zu erhöhen. Vielmehr sehen wir Trojanisches Marketing als eine Praxismethode, die dabei helfen kann, den eigenen Horizont und das Repertoire an Möglichkeiten zu erweitern.

Die Neuartigkeit des Trojanischen Marketings haben auch die Patentämter eingesehen und diesen Begriff als Marke registriert. In diesem Buch ersparen wir Ihnen und uns jedoch die Schreibweise „Trojanisches Marketing®", wie sie eigentlich korrekt wäre.

Wir beschreiben in diesem Buch ausführlich zahlreiche Beispiele aus der Praxis. Seien Sie nicht erstaunt, liebe Leser, wenn wir dabei auch Beispiele aus der Vergangenheit anführen. Die Frage, die sich daraus ergibt – nämlich: Wie kann sich eine neue Methode auf Beispiele der Vergangenheit beziehen? Und kann die Methode dann wirklich als neu bezeichnet werden? – lässt sich leicht beantworten: Trojanisches Marketing ist wirklich eine neue Methode, die hier zum ersten Mal formuliert und mit diesem Buch der Öffentlichkeit präsentiert wird. Dennoch gab es natürlich schon immer, solange Menschen mehr oder weniger systematisch Marketing betreiben, Maßnahmen, die sich der trojanischen Prinzipien bedient haben, ohne sie so zu nennen.

So, wie der Wiener Arzt Karl Landsteiner vor etwa 100 Jahren das AB0-System der Blutgruppen entdeckt hat. Natürlich hatten die Menschen schon immer diese Blutgruppen und Landsteiner hat sie nicht erfunden. So haben auch wir das Trojanische Marketing nicht erfunden, sondern lediglich entdeckt. Ob wir dafür ebenfalls den Nobelpreis erhalten werden, bleibt abzuwarten ...

Ein wichtiges trojanisches Merkmal ist die Vielfalt, wie Sie in diesem Buch ausführlich erfahren werden. Dieses Prinzip haben wir auch bei der Zusammenstellung der hier präsentierten Texte angewandt. Das meiste davon haben wir selbst erarbeitet und geschrieben, doch für bestimmte Fachgebiete gibt es bessere Experten. Diese haben wir gebeten, uns Beiträge zu bestimmten Themen, in denen sie stark und renommiert sind, zu liefern. Wir freuen uns, dass unser Ansinnen in allen Fällen auf offene Ohren stieß und hoffen, dass auf diese Weise der praktische Nutzen für unsere Leser noch größer wird.

Apropos Leser: Wir sind überzeugt, dass es in der heutigen Zeit zu wenig ist, ein Buch zu verfassen und auf den Markt zu werfen und es bei dieser einseitigen Kommunikation Autoren → Leser zu belassen. Der Stand der modernen Technologie versetzt uns glücklicherweise in die Lage, eine zweiseitige Kommunikation Autoren ↔ Leser zu realisieren. Wir haben deshalb die Webseite www.TrojanischesMarketing.com eingerichtet, um mit unseren Lesern in Kontakt zu kommen und zu bleiben.

Diese Webseite enthält eine Fülle von zusätzlichen Informationen, die wir im Buch wegen der ökonomisch notwendigen Beschränkung der Seitenzahl nicht unterbringen konnten und die Ihnen als zusätzliche Arbeitshilfe dienen sollen. Das ist der übliche einseitige Teil der Geschichte. Wir wollen die Seite aber vor allem nutzen, um die Idee des Trojanischen Marketings zusammen mit den zahlreichen Experten, die wir als Leser erwarten, weiter zu entwickeln. Wir bitten Sie, eigene Beispiele einzubringen, die Sie entweder bei anderen Unternehmen gefunden oder sogar selbst konzipiert und realisiert haben.

Wir wollen mit Ihnen diskutieren, welche allgemeingültigen „Rezepte" sich entwickeln lassen, um Trojanisches Marketing noch effizienter und effektiver einzusetzen.

Noch etwas ist an diesem Buch anders als gewohnt: Wir haben überlegt, wie wir schon seine Vermarktung mit trojanischen Methoden anreichern könnten, um das Prinzip von Anfang an klar zu machen. Dazu haben wir uns – eine grundlegende trojanische Methode, wie Sie später sehen werden – den typischen Leser eines Fachbuches vorzustellen versucht und auch unser eigenes Leseverhalten analysiert. Wir jedenfalls lesen ein Fachbuch, das uns interessiert und von dem wir erwarten, dass es uns im täglichen Leben weiterhilft, nicht nur, sondern haben stets einen Stift für allfällige Randbemerkungen parat. Außerdem liegen in Reichweite kleine, verschiedenfarbige Post-it®. Die selbstklebenden Notizzettel dienen dazu, interessante Stellen im Buch, die wir wiederfinden wollen, zu markieren. Das sind Stellen, die wir z. B. mit anderen diskutieren wollen, die für einen Vortrag oder ein Seminar oder ein eigenes Buchprojekt oder Vorlesungs-Skriptum brauchbar sind. Oder die wir ganz einfach noch einmal lesen wollen, weil wir sie vielleicht beim ersten Mal noch nicht 100%ig verstanden haben, oder aus welchen Gründen auch immer.

Das brachte uns auf die Idee, die Firma 3M, Erfinder und Vermarkter von Post-it®, zu einer Partnerschaft einzuladen. Wir freuen uns, dass 3M die Idee sofort begeistert aufgegriffen und jetzt auf diesem trojanischen Weg Eingang in dieses Buch gefunden hat. Dafür danken wir Andrea Söllch, zuständig für Marketing Post-it® Products & 3M Ergonomics in Östereich, einer möglichen Preisträgerin für den „Trojan Award 2008" (den es im Übrigen jährlich geben wird und dessen Preisträger über unsere Homepage von Ihnen allen gemeinsam gewählt werden).

An der Idee und an diesem Buch haben wir lange gearbeitet; sie sind das Ergebnis aus vielen Jahren Forschungsarbeit und Beratungstätigkeit. Es gab viel zu recherchieren, um Beispiele zu finden. Dabei haben wir auch mit zahlreichen Experten Gespräche geführt und uns immer wieder gewundert, wie gut die Idee ankam. Fast jeder, dem gegenüber wir den Begriff „Trojanisches Marketing" nannten, gab an, das ohnehin zu kennen. Und fast jeder konnte mit der Grundidee sofort etwas anfangen, so bekannt ist die Metapher vom Trojanischen Pferd, von dem jeder in der Schule schon gehört hat.

Dasselbe erfuhren wir in unseren Vorlesungen und Seminaren – beide Autoren sind ja auch in renommierten Institutionen als Lehrende tätig. Oft haben wir den Begriff „Trojanisches Marketing" gegenüber unseren Studenten – Erstsemester wie Fortgeschrittene – erwähnt und deren Reaktionen getestet. Nie gab es Unverständnis oder Unklarheiten. Und jedermann war überzeugt, dass es den Begriff „eh schon immer" gegeben hat. Auch im Rah-

men der Beratertätigkeit haben wir das Trojanische Marketing oft eingesetzt. Vor allem, wenn es darum ging, neue Firmen zu gründen oder neue
Produkte und Dienstleistungen auf den Markt zu bringen, konnten wir unsere Kunden immer überzeugen, sinnvolle trojanische Maßnahmen einzusetzen. Wir sind überzeugt, dass derselbe Effekt auch bei den Lesern dieses
Buches eintritt.

Ihnen wird beim Lesen dieses Buches auffallen, dass es zahlreiche Abbildungen enthält. Nach dem Motto „Ein Bild sagt mehr als tausend Worte"
wollten wir Ihnen bildlich vor Augen führen, wie konkrete Unternehmen
ein konkretes Konzept in die Tat umgesetzt haben. Und da hilft eine Abbildung mehr als eine ausführliche Beschreibung.

Alle hier abgedruckten Bilder sind von den Urhebern bzw. den Rechteinha-
bern genehmigt. Wir haben auch hierbei die Erfahrung gemacht, dass es
prinzipiell relativ leicht war, diese Zustimmung einzuholen. Es scheint,
dass die meisten Unternehmen – nein: die für die und in den Unternehmen
verantwortlichen Personen – das trojanisches Prinzip insofern durchschaut
haben, als ihnen klar war, dass sie dieses Buch als Trojanisches Pferd für
ihr Unternehmen oder ihr Produkt nutzen können, indem sie dort vorkommen.

Die Tatsache, dass die überwiegende Mehrheit der Angesprochenen gerne
ihre Genehmigung erteilt hat, bestärkt uns in der Annahme, dass Trojanisches Marketing ein Thema ist, für das die Zeit reif ist, und das deshalb der
Öffentlichkeit vorgestellt gehört, was wir mit diesem Buch tun.

Wenn man es genau nimmt, ist der Begriff „Trojanisches Marketing" eigentlich falsch, ebenso wie das „Trojanische Pferd". In Wirklichkeit war es ja
kein Pferd der Trojaner (das würde das Adjektiv „trojanisch" implizieren),
sondern ein Pferd der Griechen, das für Troja bestimmt war. Eigentlich
müsste es also richtig „Griechisches Pferd" und „Griechisches Marketing"
heißen.

Im Übrigen geht die deutsche Sprache oft etwas schlampig mit solchen Bei-
fügungen um. Denken Sie an Himbeermarmelade, die deshalb so heißt, weil
in der Marmelade Himbeeren enthalten sind, während Hundekuchen üblicherweise nicht aus Hunden gemacht wird, sondern für diese Tiere bestimmt ist.

Dasselbe gilt übrigens auch für die als „Trojaner" bezeichneten Viren und Schadprogramme, die immer häufiger und gefährlicher in Umlauf gesetzt werden und sich auf zahlreichen Computern einzuschleichen versuchen. Die heißen in der Umgangssprache „Trojaner", weil sie sich derselben List bedienen wie Odysseus mit dem (fälschlich sogenannten) Trojanischen Pferd. Dabei waren es ja gerade die Trojaner, die hereingelegt wurden und nicht diejenigen, die sich heimtückisch eingeschlichen haben.

Damit sind wir bei einem etwas heiklen Thema, nämlich dem Begriff „Trojanisches Marketing" als solchem. So sehr der Name sich als geeignet erwiesen hat, die Thematik zu veranschaulichen und die Methodik generalisierend zu beschreiben, so stießen wir doch in einigen Fällen auf Skepsis, ja sogar Ablehnung. Der Grund war die kriegerische Konnotation des Begriffs, den einige unserer Gesprächspartner als negativ empfunden haben. Sie meinten, dass eine Marketingmethode, die sich auf den trojanischen Mythos bezieht, auch das Ende dieser Geschichte berücksichtigen muss, nämlich die Eroberung und totale Zerstörung der Stadt Troja und die Vernichtung aller ihrer Bewohner.

Dazu kam ein anderer Einwand, der in eine ähnliche Richtung zielt. Trojanische Software, also die schon genannten „Trojaner", sind massiv destruktive Elemente der Computerwelt, die dazu gebaut sind, Schäden anzurichten, was ihnen in vielen Fällen auch gelingt. Experten schätzen, dass inzwischen weit mehr als die Hälfte aller Schadprogramme („Malware") aus den sogenannten Trojanern besteht. Es bestünde die Gefahr, warnten uns die Skeptiker, mit diesen Programmen in einen Topf geworfen zu werden und damit das Trojanische Marketing als unethisch und schädlich zu positionieren.

Wir haben diese Einwände sehr ernst genommen und auch mit dem Verlag ausführlich diskutiert. Diesen würde schließlich eine verfehlte Positionierung am meisten tangieren. Schließlich haben wir uns aber trotzdem entschlossen, beim einmal geschaffenen und markenrechtlich geschützten Begriff zu bleiben. Nicht dass wir damit die Einwände ignorieren und als irrelevant klassifizieren wollen. Vielmehr ergab sich aus unseren Überlegungen und Expertendiskussionen, dass die didaktisch-methodischen Vorteile des Begriffs doch überwiegen. Wir hoffen, dass unsere Leser nach dem Studium dieses Buches zu dem Schluss kommen, dass wir diesbezüglich richtig gehandelt haben.

Nutzen Sie bitte die Homepage www.TrojanischesMarketing.com auch dazu, uns Ihre Meinung zu dieser Streitfrage mitzuteilen. Wie kritisch Sie sich auch immer äußern, uns ist jede Meinung willkommen! Und vielleicht helfen Sie mit, in Ihrem Freundes- und Bekanntenkreis den Begriff „Trojanisches Marketing" als positive Methode ohne jeden destruktiven Ansatz bekannt zu machen. Als Buchkäufer haben Sie Zugang zum geschützten Bereich der Homepage mit zusätzlichen kostenlosen Angeboten für Sie. Wenn Sie wissen wollen, wie Sie dorthin kommen, lesen Sie die Gebrauchsanleitung im Kapital „Die trojanische Community" (s. S. 274 f.).

Trotz des kriegerischen Namens hat Trojanisches Marketing nichts mit Zerstörung und Vernichtung zu tun, wie Sie im weiteren Verlauf des Lesens sehen werden. Insofern korrigieren wir das Originalbild der Geschichte, als dass am Ende kein Blut fließt. Einigen wir uns darauf, dass am Ende jeder trojanischen Maßnahme ein Erfolg steht, und zwar der gewünschte. Und dieser ist in aller Regel eine Win-Win-Situation, von der alle Beteiligten profitieren. So wie auch – zumindest aus der einseitigen Sicht der Griechen – am Ende der Belagerung Trojas ein Erfolg stand. Ignorieren wir das blutige Ende der Geschichte.

Zum Thema fündig geworden sind wir auch bei der Werbeagentur Jung von Matt, die ihre Homepage (www.jvm.de) mit einem Trojanischen Pferd eröffnen lässt. Dort haben wir folgende schöne Zitate gefunden, die wir Ihnen – mit freundlicher Genehmigung der Agentur – gerne weitergeben:

> „Gute Ideen sind wie das Trojanische Pferd. Sie kommen attraktiv verpackt daher, so dass der Mensch sie gerne hineinlässt. Erst dann entlarven sie ihr wahres Ziel: Eroberung!"

> „Wir haben uns die effizienteste kreative Idee aller Zeiten zum Vorbild gemacht, das Trojanische Pferd. Gute Werbung hat ein attraktives Äußeres und erfreut die Herzen. Doch im Kern ist sie offensiv und verfolgt geradlinig und konsequent ein ganz bestimmtes Ziel. Gute Werbung muss heute mehr sein als nett und flott. Gute Werbung ist Lust und List."

Das beschreibt sehr gut die Grundidee des Trojanischen Marketings: Marketing mit List! Jung von Matt hat uns auch freundlicher Weise ihr Trojanisches Pferd zur Illustration überlassen, welches wir Ihnen gerne präsentieren:

Abbildung 1:
Das Trojanische Pferd von Jung von Matt

Wir beginnen damit, die Originalgeschichte der Belagerung Trojas zu berichten, wie sie der griechische Dichter Homer in seinem Epos „Ilias" erzählt hat. Dabei stützen wir uns weitgehend auf die bekannte Nacherzählung von Gustav Schwab in seinen „Sagen des klassischen Altertums". Die Geschichte dürfte allgemein bekannt sein, doch könnte es den einen oder anderen Leser geben, dessen Schulzeit länger zurückliegt und der sich nicht so genau erinnert. Wer glaubt, alles Nötige darüber zu wissen, möge dieses Kapitel überspringen.

Aus dieser Geschichte leiten wir eine Definition ab, wie wir Trojanisches Marketing grundsätzlich verstehen. Diese Definition liegt allen folgenden Ausführungen und den diesbezüglichen Beispielen zugrunde.

Dann klären wir die Frage, welche Vorteile Trojanisches Marketing hat und warum Sie es einsetzen sollten. Wir stellen Ihnen die „trojanische Basisstrategie" (unter uns nennen wir sie die „Dawos-Strategie") vor und geben Anleitungen, wie Sie diese in Ihrem eigenen Fall anwenden können.

Spannend wird es dann in den folgenden Kapiteln, wenn es um den gezielten Einsatz von Trojanischem Marketing geht. Wir sprechen hier vom „trojanischen Pfeil" (mitten ins Kundenherz). Es geht dabei auch um Codes und Motive, und wir demonstrieren Ihnen, wie Trojanisches Marketing bei der Produkteinführung, für Image und Bekanntheit, bei freudigen Ereignissen und mit Hilfe von Kooperationen einzusetzen ist.

Schließlich besprechen wir, wie man Ideen für einen trojanischen Marketingplan entwickelt und zeigen Ihnen anhand der „trojanischen Landkarte", wie Sie über die trojanische Brücke leicht(er) zu Ihren Wunschkunden gelangen.

Durch das gesamte Buch begleitet uns – quasi als roter Faden – eine Dame, der wir den Namen Ulrike gegeben haben. An ihrer Person stellen wir einige Dinge exemplarisch und plastisch dar. Ulrike, eine hübsche Frau in den besten Jahren, ist sehr sportlich, lebt als Single in Wien, fährt einen Alfa Romeo 159 ... Mehr über sie erfahren Sie im Buch.

Wir wünschen allen Leserinnen und Lesern eine spannende Lesereise und freuen uns, wenn Sie uns nicht nur auf unserer Homepage besuchen, sondern dort auch Ihre Visitenkarte in Form von Beiträgen, Kommentaren und Kritiken hinterlassen.

Werfen Sie als Einstieg in das Thema und vielleicht bevor Sie mit dem Lesen beginnen, zwei kurze Blicke ins Internet: www.youtube.com kennen Sie wahrscheinlich schon. Dort finden Sie zwei Beiträge zum Thema, die wir für sehr aufschlussreich und eine gute Einstimmung in die Thematik halten. Geben Sie in die Suchmaske „trojan horse" ein und schauen Sie sich folgende Beiträge an:

- „Trojan Horse Test" ist ein lustiger Film, der zeigt, wie auch heute noch namhafte Institutionen (wie z. B. ein militärisches Headquarter) leichtsinnig ein Trojanisches Pferd (mit Kriegern darin) in ihre Mauern einlassen.

- „Trojan Horse – history and speculation" ist eine Dokumentation über Kriegsmaschinen im Altertum und zeigt sehr gut, dass es lange vor dem eigentlichen Trojanischen Pferd schon riesige Kriegsmaschinen gab, die erfolgreich zur Eroberung von Städten eingesetzt wurden. Der Film bringt neueste wissenschaftliche Erkenntnisse, dass es das Original-Pferd vor Troja tatsächlich gegeben hat.

Gönnen Sie sich den Spaß!

1. Wie funktioniert Trojanisches Marketing

1.1 Ein Blick in die Geschichte

Wie wir aus der griechischen Mythologie wissen, wurde der später sogenannte Trojanische Krieg dadurch ausgelöst, dass Paris, der Sohn des trojanischen Königs Priamos, die schöne Helena, Ehefrau des Königs von Sparta, Menelaos, entführte und die Stadt Troja dem Liebespaar Unterschlupf gewährte. Das war für die Griechen aller Stadtstaaten der Anlass, ein Heer aufzustellen und gegen Troja in den Krieg zu ziehen. Die Stadt war jedoch eine starke Festung, und die Griechen kämpften fast zehn Jahre lang vergeblich.

Es war im zehnten Jahr, als Kalchas, der offizielle „Seher" der griechischen Truppen vor die Heeresleitung trat und mit einer Parabel über einen Habicht, der erfolgreich eine Taube gejagt habe, den Rat gab: „Fragt nicht mehr nach Orakelsprüchen, sondern vertraut der eigenen Vernunft und sinnt auf Listen!"

Tagelang dachten die Krieger nach, bis endlich Odysseus der zündende Gedanke kam, den Gustav Schwab so formulierte: „Wisst ihr was, Freunde", sagte er, „wir zimmern ein Pferd von Riesengröße und schließen uns mit den tapfersten Kämpfern in seinem Bauch ein. Alle anderen sollen die Schiffe besteigen und nach der Insel Tenedos segeln, zuvor aber alles verbrennen, was unser Lager birgt. Die Troer werden meinen, wir seien, des Kampfes überdrüssig, in die Heimat zurückgekehrt; sie werden aus der Stadt herausströmen und sorglos neugierig in der Ebene umherwandeln, sich vor allem dem hölzernen Pferd nähern. Unter diesem aber soll sich ein mutiger Mann versteckt halten, der sich, sobald er entdeckt wird, als Flüchtling ausgibt und den Troern das Märchen aufbindet, wir hätten ihn vor unserem Abzug den Göttern opfern wollen, er aber sei entkommen und habe sich unter dem hölzernen Ross versteckt. Und fragen sie ihn, was denn das Pferd zu bedeuten habe, so muss er sagen, es sei der Pallas Athene geweiht. Sein Bericht wird die Feinde rühren, und sie werden ihn in die Stadt mitnehmen; dort muss er dann alles dransetzen, dass die Verblendeten das Ungetüm in die Mauern hineinziehen. Ist es soweit, dann warten wir die Nacht ab und steigen aus dem hölzernen Bauch. Wir überfallen die sorglos schlummernde Stadt, sprengen die Tore, damit die aus Tenedos zurückgekehrten Krieger ungehindert zu uns stoßen können, und überwältigen mit ihrer Hilfe endlich den Feind."

Alle waren begeistert von dieser großartigen Idee – auch Kalchas war einverstanden – und beschlossen, am nächsten Tag mit dem Bau des Riesenpferdes zu beginnen. Noch in derselben Nacht erschien die Göttin Pallas Athene im Zelt von Epeios, vermutlich der künstlerisch veranlagte Versorgungs- und Logistik-Chef des griechischen Heeres. Sie erhob ihre Stimme und befahl: „Stehe auf und mache dich ans Werk! Zimmere aus starken Balken ein riesiges Ross, bilde es so schön, wie du es vermagst! Auf, wähle deine Gehilfen und beginne! Ich werde euch beistehen."

Als er seinen Traum am nächsten Tag der Heeresleitung berichtete, brach Euphorie aus. Umgehend machte man sich an den Bau des Pferdes, das bereits nach drei Tagen fertig war. Für den Einsatz im Bauch des Pferdes meldeten sich sieben hohe Offiziere, darunter natürlich Odysseus, der Erfinder der Idee. Den Lockvogel, der sich unter dem Pferd verbergen und den Troern die Lügengeschichte vom vermeintlichen Abzug der Griechen erzählen sollte, spielte ein junger Krieger namens Sinon.

Nachdem die Krieger im Bauch des Pferdes verschwunden waren, steckten die übrigen Griechen planmäßig ihre Zelte in Brand, warfen alle ihre sonstigen Gerätschaften (natürlich außer den Waffen) ins Feuer und segelten unter der Führung von Agamemnon und Nestor in Richtung der Insel Tenedos. Die Troer sahen sofort den Rauch, der aus dem brennenden Lager emporstieg. Sie sahen auch, dass die Schiffe verschwunden waren und wunderten sich sehr. Aber dann überwog die Freude über diesen unerwarteten Abzug der Feinde. Unter lautem Jubelgeschrei öffneten sie die Stadttore und strömten in großer Zahl zum Strand hinunter.

Schon von weitem sahen sie es: Mitten am Strand stand ein riesiges Gebilde aus Holz, ein Monster von einem Pferd in noch nie gesehener Größe. Sie verstanden nicht, was das zu bedeuten hatte, und erbitterte Diskussionen entbrannten. Die einen fürchteten sich und wollten das Ding ins Meer werfen oder verbrennen, die anderen wollten es in die Stadt schaffen und dort als Siegesdenkmal aufstellen.

Der größte Skeptiker von allen war Laokoon, ein Priester des Gottes Apollon. „Ihr seid ja wahnsinnig!", rief er, „Was wollt ihr tun? Glaubt ihr, dieses hölzerne Tier sei nicht gefährlich? Habt ihr noch nie etwas von Odysseus gehört? Hier ist Betrug im Spiel! Entweder sitzen in diesem Pferd Bewaffnete oder es ist eine Kriegsmaschine, die der Feind vielleicht schon morgen gegen unsere Mauern führen wird. Woher wisst ihr denn, dass die Flotte nicht wieder zurückkommt? Was immer es sei: Ich fürchte mich vor den Griechen, erst recht, wenn sie Geschenke machen!" Er entriss einem der neben ihm stehenden Krieger dessen eiserne Lanze und schleuderte sie gegen den Bauch des Pferdes. Aber die Troer wollten nicht auf Laokoon hören und schlugen seine Warnungen in den Wind.

Inzwischen waren ein paar neugierige Hirten unter den Bauch des Pferdes gekrochen. Sie hatten Sinon entdeckt, der sich unter dem Pferd versteckt hatte. Sofort packten und fesselten sie ihn und schleppten ihn zu ihrem König Priamos.

Sinon spielte seine Rolle meisterhaft. Schluchzend rief er: „Weh mir! Welchem Land, welchem Meer soll ich mich anvertrauen?! Bei den Griechen droht mir der sichere Tod, bei den Troern nicht minder!" Das erweckte das Mitleid des Königs, der ihm die Fesseln abnehmen ließ. Und als Priamos weiter fragte, erzählte er ihm die von Odysseus ausgeheckte Schauergeschichte. Er sprach von einem Vetter, den Odysseus habe hinrichten lassen, weil er gegen den Krieg gegen Troja gewesen war. Für diesen Mord habe er Rache geschworen, seitdem hasse ihn Odysseus und trachte ihm nach dem Leben. Jetzt wollten die Griechen den Kampf aufgeben und heimfahren, doch verhinderten schwere Stürme das Auslaufen der Schiffe. Deshalb hätten sie das große Pferd gebaut, um es der Göttin Athene als Opfergabe zu weihen. Aber auch das habe nichts gebracht. Dann hätten sie das Orakel befragt und dieses habe geraten, man müsse einen lebenden Mann opfern, um die Götter zu versöhnen. Und als dieses Opfer sei er, Sinon, ausgewählt worden. Auf dem Weg zum Opferaltar habe er fliehen können und sich zuerst im Schilf und nach Abzug der Griechen unter dem heiligen Pferd verborgen. Der König war sichtlich gerührt, und auch die Umstehenden konnten ihr Mitleid nicht verhehlen. „Vergiss die Griechen", sagte Priamos, „wir tun dir nichts. Wenn du uns sagst, was es mit dem hölzernen Pferd auf sich hat, das du gerade ‚heilig' genannt hast, kannst du dein Lebtag unbehelligt bei uns bleiben."

Und so spann Sinon seine Lügengeschichte fort und erzählte weiter: Pallas Athene sei all die Jahre die größte Hilfe und Hoffnung der Griechen gewesen. Doch seit Odysseus und Diomedes ihr Bildnis aus dem Tempel von Troja geraubt hätten, sei die Göttin zornig und verstimmt, und alles Waffenglück sei von den Griechen gewichen. Das geraubte Bild der Athene habe Funken gesprüht und die Griechen maßlos erschreckt. Der Seher Kalchas, darum um Rat gefragt, habe gesagt: „Fliehet Trojas Gestade, Unheil ist mit euch! Nach Griechenland kehrt zurück und erwartet dort die neuen Befehle der Götter!" So sei die Flucht beschlossen worden und der Bau dieses hölzernen Pferdes als Weihegeschenk für die beleidigte Göttin. Und Kalchas habe geraten: „Errichtet das Tier in riesigen Maßen, so breit, so hoch, dass kein Tor es aufnehmen kann. Denn käme es nach Troja hinein, stünden die Troer für immer unter Athenes Schutz!" Aber insgeheim habe der hinterlistige Priester gehofft, die Troer würden sich am heiligen Pferd der Göttin frevelnd vergreifen und so Verderben über die Stadt bringen.

Das war wirklich grandios, wie Sinon log und seine Räuberpistole erzählte, wie sie mit Odysseus abgesprochen war. Und König Priamos und seine Leute glaubten ihm und nahmen ihn ehrenvoll unter sich auf.

Unterdessen litten die griechischen Krieger im Bauch des Pferdes Höllenqualen: Was, wenn die Troer plötzlich in das hölzerne Ungetüm eindrangen? Was, wenn sie es ins Meer stürzten oder anzündeten, wie Laokoon es empfohlen hatte? Die Göttin Athene jedoch hielt ihren Schild unsichtbar über die Recken. Sie ließ ein schreckliches Wunder geschehen, das alle überzeugte. Es sollte Laokoon treffen, der es gewagt hatte, den Speer gegen das Pferd zu schleudern. Der war gerade mit seinen beiden Söhnen dabei, dem Flussgott Poseidon, dessen Priester er auch war, einen Stier zu opfern, als plötzlich zwei riesige Schlangen aus dem Meer krochen und ihre giftigen Zähne in das Fleisch der Buben hieben. Ehe Laokoon sein Schwert ziehen konnte, hatten sie sich bereits auch in ihn verbissen.

Das Volk war erschüttert und betrachtete die Leichen. Jetzt waren sich alle einig: „Athene hat Laokoon für seinen frevlen Speerwurf bestraft. Lasst uns das geweihte Standbild freundlich aufnehmen, Athenes Segen ruht auf dem hölzernen Pferd!". So ging es von Mund zu Mund. Und schon liefen etliche Leute zur Stadtmauer und rissen Stücke heraus, um Platz für das Ungetüm zu schaffen. Andere wiederum beschafften Räder und Rollen, die sie dem Pferd an die Unterseite montierten, um es fortbewegen zu können. Und wieder andere organisierten starke Seile aus Hanf, um damit das Monstrum mit vereinten Kräften in die Stadt zu ziehen. Trotz der Warnungen der Seherin Kassandra führten die Troer das Ungeheuer unter Jubelgesängen und feierlichen Hymnen in ihre heilige Burg.

Musik und fröhlicher Lärm der Zecher erfüllten die Stadt. Üppige Gelage allerorten. Die Becher kreisten und die Stimmung war ausgezeichnet. Bis alle in Schlaf fielen und in Betäubung versanken. Das war die Stunde des Sinon. Er schlich er zur Stadtmauer, zündete eine Fackel an und gab so der griechischen Flotte das Zeichen, dass es jetzt Zeit sei zurückzukehren. Dann löschte er die Fackel und schlich zum Pferd und gab den Kriegern darin das vereinbarte Zeichen.

Hier wollen wir die Geschichte verlassen, ab jetzt fließt viel Blut und geschieht viel Leid. Das gehört nicht mehr zu unserem Thema.

Kannten Sie die Geschichte so in allen Details? Haben Sie vielleicht doch das eine oder andere Neue erfahren? Uns, den Autoren, jedenfalls ging es so, als wir uns – nach maximaler Beschäftigung mit dem Trojanischen Marketing – wieder einmal mit der Originalgeschichte beschäftigt haben.

Wir ahnen, dass sich das vermutlich nicht wirklich so zugetragen hat. Vielleicht ist die Geschichte Trojas in vielen Facetten eine Erfindung, die zum Mythos wurde. Aber sie ist exemplarisch für zahlreiche Epochen der Geschichte und für viele idealtypische Helden.

Und sie ist – vor allem – eine Vorlage für unser Buch über Theorie und Praxis des Trojanischen Marketings.

1.2 Warum Trojanisches Marketing? Was macht es einzigartig?

In diesem Kapitel definieren wir, was wir unter Trojanischem Marketing verstehen. Wir beschäftigen uns mit den Grundlagen und analysieren, warum Trojanisches Marketing ein generelles Erfolgsrezept darstellt. Anhand von Beispielen werden Sie sehen, wie und warum es funktioniert.

Wie wir im vorigen Kapitel gesehen haben, waren die Troer wirklich sehr naiv, als sie glaubten, die Griechen – ihre Feinde! – hätten ihnen als Geschenk das hölzerne Pferd hinterlassen. Das zeigte sich, nachdem sie es mühsam in ihre Stadt gezogen hatten. Dort angekommen, offenbarte sich der wahre Inhalt des Trojanischen Pferdes, indem die in seinem Bauch versteckten griechischen Krieger herauskletterten und die Stadttore für das angreifende Heer öffneten.

Lassen Sie uns daraus das grundlegende „trojanische Prinzip" ableiten, vorerst noch nicht übersetzt ins Marketing:

1. Man nehme ein Objekt (eine Idee, einen Gegenstand, ein Produkt, eine Dienstleistung, einen Vorteil), von dem man mit einiger Sicherheit weiß, dass es die angepeilte Zielgruppe gerne hätte, das „Objekt der Begierde".

Im dargestellten Fall Griechen gegen Troja war es das von den Einwohnern Trojas als heilig erachtete hölzerne Pferd, geweiht der Göttin Athene. Dieses göttliche Standbild wollten sie unbedingt und unter allen Umständen in ihrer Stadt beherbergen, auf dass Troja für alle Zeiten unter dem Schutz der mächtigen Göttin stehe. Sie nahmen sogar in Kauf, dass sie Teile der Stadtbefestigung dafür zerstören und ihre Tore vergrößern mussten, um das Riesentier überhaupt in die Stadt bringen zu können.

2. Dieses Objekt fülle und verknüpfe man mit etwas anderem, das man der Zielgruppe näher bringen will, das diese aber noch nicht kennt und das sie nicht erwartet.

Das taten die Griechen: Sie füllten das Trojanische Pferd mit ihren stärksten Kriegern. Genau diese waren es, die sie in die Stadt Troja bringen wollten, das Pferd war nur Mittel zum Zweck.

3. Dann treffe man Maßnahmen, um dafür zu sorgen, dass die Zielgruppe gerne und freiwillig das ihr bekannte Wunschobjekt zu sich nimmt.

Das war der Zweck der Geschichte, die Sinon dem König Priamos und seinen Untergebenen auftischte, indem er ihnen von der Heiligkeit des Pferdes und seiner potenziellen Schutzfunktion für die Stadt Troja erzählte. Damit sorgte er dafür, dass die Troer gar nicht anders konnten, als das Pferd in ihre Stadt zu bringen, gerne und freiwillig und unter Inkaufnahme aller möglichen Schwierigkeiten.

4. Schließlich öffne man das scheinbar bekannte Objekt, das zusätzlich den der Zielgruppe unbekannten Inhalt enthält. So hat man etwas Neues mit Hilfe des Alten transportiert.

Das war das Ziel der Aktion: Die Krieger im Inneren des Pferdes verließen ihr Versteck und ermöglichten so die Eroberung der Stadt Troja. Mit Hilfe des bekannten und erwünschten heiligen Pferdes waren in Wirklichkeit andere Inhalte transportiert worden. Das Bekannte hatte zum Transport des Unbekannten gedient.

Übersetzt in Marketing-Kategorien bedeutet das:

1. Man nehme ein der Zielgruppe bekanntes Produkt, eine bekannte Dienstleistung, ein attraktives Geschenk, ein Leistungsversprechen o. ä., das für die Zielgruppe attraktiv ist und von dem anzunehmen ist, dass sie es freudig und gerne akzeptiert bzw. haben will.

2. Dann fülle oder verknüpfe man dieses Objekt mit einer neuen Idee, einem neuen Produkt, einer Datenabfrage, einer zusätzlichen Leistung o. ä., die man der Zielgruppe vermitteln will.

3. Weiterhin treffe man geeignete Maßnahmen, damit das Bekannte mit der Zielgruppe in Kontakt kommt, nachgefragt und konsumiert wird, d. h. man macht Werbung für das Bekannte, plant POS-Aktionen o. ä.

4. Schließlich präsentiere man der Zielgruppe das Neue mit Hilfe des Alten.

Das mag in dieser abstrakten Formulierung noch ein wenig unverständlich klingen. Wir werden Ihnen im weiteren Verlauf dieses Buches zeigen, was das in der Praxis bedeutet und wie viele verschiedene Möglichkeiten es gibt, seine eigenen Produkte und Dienstleistungen mit Hilfe trojanischer Methoden unter die Leute zu bringen und Interessenten und Kunden zu gewinnen.

Lassen Sie uns gleich mit einem typischen – aber vorerst nur konstruierten – Beispiel beginnen.

Märkte werden gemacht

Nehmen wir an, Sie wollen in einer Einkaufsstraße einer mittleren Stadt in Deutschland oder Österreich oder der Schweiz ein Geschäft eröffnen und dort modische Schuhe einer bisher noch völlig unbekannten italienischen Schuhmarke verkaufen. In der Straße gibt es viele Geschäfte, darunter natürlich auch einige, die mit Schuhen handeln, darunter auch welche, die modische Schuhe italienischen Designs anbieten. Üblicherweise würde man bei der Erstellung eines Businessplans für das neue Schuhgeschäft eine herkömmliche Marktstudie durchführen, in der man das dort verkehrende Publikum auf der Nachfrageseite untersucht, um abzuschätzen, wie hoch das potenzielle Marktvolumen ist. Auf der Angebotsseite würde man sich anschauen, wie viele und welche Mitbewerber es gibt, insbesondere im Teilsegment der italienischen Modeschuhe.

Mit Hilfe dieser Marktforschungsstudie könnte man nun zu dem Schluss kommen, dass zwar genügend Kaufkraft vorhanden ist, allerdings die jetzt schon bestehenden Schuhgeschäfte nur wenig Umsatz machen, weil das Publikum an dieser Produktkategorie nicht ausreichend interessiert zu sein scheint. Das wäre normalerweise das Ende der Geschichte. Man würde sich nach anderen Standorten umsehen, an denen entweder noch keine italienischen Schuhgeschäfte angesiedelt sind, oder wo es solche gibt und diese offensichtlich frequentiert werden und gute Geschäfte machen.

Bei dieser Art der Strategie wäre der Trojanische Krieg anders ausgegangen. Die Griechen hätten akzeptiert, dass ihre militärische Stärke zehn Jahre lang nicht ausgereicht hat, „den Markt zu erobern", also die Stadt Troja einzunehmen. Sie hätten mit dieser Einsicht vernünftigerweise abziehen und nach Hause segeln müssen. Stattdessen eine andere Stadt zu erobern, die sich leichter einnehmen ließ, wäre ja eine sinnlose Alternative gewesen. Eine andere Möglichkeit wäre gewesen, sich auf weitere Belagerungsjahre einzustellen und immer „mehr desselben" (diesen Begriff des österreichischen Kommunikationswissenschaftlers und Psychotherapeuten Paul Watzlawick kennen Sie sicher) einzusetzen, also weiter konventionell zu kämpfen.

Die Griechen taten das aber bekanntlich nicht, sondern griffen auf das „Marketinginstrument List" zurück. Sie resignierten nicht und gaben ihr Vorhaben nicht auf, sondern erfanden eine neue, unkonventionelle Strategie.

Das ist die eigentliche Grundidee, die hinter Trojanischem Marketing und anderen Formen von unkonventionellem Marketing steht: Märkte werden nicht vorgefunden und bedient, sondern gemacht!

Wahrscheinlich kennen Sie die in Marketingseminaren viel strapazierte Geschichte von den beiden Marktforschern, die in ein Entwicklungsland geschickt werden mit der Aufgabe zu eruieren, ob es sich lohnen würde, in diesem Land Schuhe zu verkaufen. Der erste kommt zurück und trägt seine Analyse vor: „Kein Markt vorhanden; in diesem Land trägt niemand Schuhe." Der zweite Marktforscher, der zur selben Zeit im selben Land seine Studien gemacht hat, kommt mit einer völlig anderen Analyse zurück: „Das ist der ideale Markt für uns; in diesem Land trägt bisher noch niemand Schuhe."

Natürlich ist die Marktforschung ein wichtiges und unverzichtbares Instrument bei der Erstellung von Marketingplänen, das wollen wir nicht bestreiten. Andererseits wird sie oft falsch eingesetzt. Wenn man sich z. B. bei der Marktforschung nur mit Daten der Vergangenheit beschäftigt und daraus Prognosen für die Zukunft ableitet, ist das so ähnlich, als wenn man ein Auto steuert und dabei immer nur in den Rückspiegel schaut. Und das auf einer kurvenreichen Strecke. Schauen Sie lieber hauptsächlich durch die Frontscheibe, ab und zu auch mal durch die Seitenscheiben, und gelegentlich, wenn notwendig, über den Rückspiegel durch die Heckscheibe!

Kommen wir zurück zu unserem Beispiel des italienischen Schuhgeschäfts in einer mitteleuropäischen Stadt. Der Plan der Errichtung ist daran gescheitert, dass es nach Aussagen der Marktforscher zu wenige Kunden für diese Schuhe gab. Wir haben uns also mit der Zählung von bestehenden Kunden begnügt.

Trojanisches Marketing zählt – als Ausgangsbasis – natürlich auch Kunden. Aber nicht nur! Vielmehr schauen wir uns an, wie viele potenzielle Trojanische Pferde es gibt, die wir zur „Eroberung" von Kunden einsetzen können.

> Trojanisches Marketing zählt nicht Kunden, sondern sucht und analysiert mögliche Trojanische Pferde.

Hier begegnen wir nun zum ersten Mal in diesem Buch der Dame Ulrike, die uns durch die Kapitel begleiten wird und der wir in zahlreichen Situationen begegnen werden. Diesmal macht sie macht einen Kurzurlaub in besagter mitteleuropäischer Stadt. Sie besucht eine Tante zu deren 70. Geburtstag und hat beschlossen, ein paar Tage zu bleiben, weil der Ort einiges an Sehenswürdigkeiten zu bieten hat.

Bevor wir uns mit Ulrike auf die Reise begeben, wollen wir die Definition von Trojanischem Marketing nachtragen, wie sie inzwischen auch in die Internet-Enzyklopädie Wikipedia eingegangen ist:

„Trojanisches Marketing ist das konsequente, systematische Suchen, Identifizieren und Nutzen „trojanischer Pferde". Ein trojanisches Pferd ist alles, was geeignet ist, auf indirekten unkonventionellen Wegen, d.h. abseits von verstopften Informationskanälen, die Zielgruppe nachhaltig zu erreichen."

Abbildung 2:
Ulrike, © Peter Korp

Sie hat sich vorgenommen, diese Sehenswürdigkeiten zu besichtigen, aber auch einen ganzen Tag für einen Bummel eingeplant, um sich mit Shopping ein wenig selbst zu verwöhnen. Dabei will sie einige Boutiquen besuchen, um zu sehen, was derzeit modisch „in" ist, will ein bisschen in Buchhandlungen und Antiquariaten stöbern, sich ein gemütliches Essen gönnen, in einer Parfümerie neue Düfte ausprobieren und einfach so aufs Geratewohl durch die Stadt spazieren und abwarten, was sich ergibt – Urlaub eben. Aber sie hat sich geschworen, diesmal mit Sicherheit keine Schuhe zu kaufen; davon hat sie genug, sie braucht keine neuen.

Am Montagmorgen startet sie ihren Kurzurlaub, indem sie – nach einem ausgiebigen Frühstück in ihrem Hotel – die Stadtinformation im Rathaus aufsucht, um sich über Sehenswürdigkeiten und deren Öffnungszeiten zu informieren. Dort gibt man ihr eine fertig zusammengestellte Mappe mit brauchbaren Informationen für Touristen. Das alles befindet sich in einer kleinen Tüte und ist damit praktisch zu tragen. Ulrike beschließt, das Material zu studieren und sich den Tag danach einzuteilen. Um das in Ruhe tun zu können, setzt sie sich in eine gemütliche Ecke im Rathauscafé und bestellt einen Cappuccino.

Das Sichten des Informationsmaterials ist interessant. Es gibt natürlich einen handlichen Stadtplan, in dem die Sehenswürdigkeiten eingetragen sind. Es gibt Museumsprospekte, einen kleinen Führer durch die Geschichte der Stadt und auch ein paar Werbeprospekte, z. B. von einem Gasthaus, das die besten regionalen Spezialitäten verspricht („Wäre das nicht etwas fürs Abendessen?", denkt Ulrike). Eine Boutique stellt sich vor mit „Mode für die junge Dame im besten Alter"; auch die merkt sich Ulrike vor. Schließlich findet sie auch noch einen eher kleinen, aber sehr ansprechend gestalteten Folder, der das neue Schuhgeschäft „Le Scarpe Nuove" vorstellt. Sie will den Zettel schon zur Seite legen, weil Schuhe sie heute nun wirklich nicht interessieren, als ihr Blick auf ein Paar Schuhe fällt, das sie sofort anspricht. Die Schuhe sehen sowohl modisch und schön als auch sehr praktisch aus, genau ihr Stil. „Egal", sagt sie zu sich, „ich brauche keine neuen Schuhe. Ich habe schon jetzt mehr als genug davon." Sie bezahlt ihren Kaffee und nimmt die Tüte mit dem gesammelten Material in die Hand. Vorher hat sie die Dinge aussortiert, die sie nicht braucht – um den Tag über weniger schwer tragen zu müssen – unter anderem auch den Prospekt von „Le Scarpe Nuove", dem italienischen Schuhgeschäft.

Sie hat nur wenige Schritte zu gehen, um das Stadtmuseum zu erreichen, das sie besichtigen will. Sie löst eine Eintrittskarte und beginnt ihren Rundgang. Fast zwei Stunden braucht sie für das Museum, doch trotz leichter Erschöpfung möchte sie zum guten Schluss noch die Sonderausstellung zum Thema „Wandern im Mittelgebirge" anschauen. Ein wenig mühsam und nicht mehr ganz so dynamisch wie am Morgen steigt sie die Stiege zum obersten Stock empor. Auf den letzten Stufen fällt ihr ein Plakat ins Auge, das ihr irgendwie bekannt vorkommt: Ja, richtig, das ist wieder das italienische Schuhgeschäft „Le Scarpe Nuove", und das Plakat fragt sie: „Erschöpft vom Museumsbesuch? Schwere Füße? Dann besuchen Sie uns nachher! Wir zeigen Ihnen unsere bequemen Schuhe nach neuester italienischer Mode." Die abgebildeten Schuhe – dieselben, die ihr am Morgen im Café aufgefallen waren, machen wirklich den Eindruck, als könnten sie dieses Versprechen erfüllen. Witzig, eine solche Werbung hat Ulrike bisher noch nie gesehen. „Scheinen kreative Köpfe zu sein, die Schuhhändler", denkt sie bei sich, geht weiter und schaut sich in der folgenden halben Stunde die Sonderausstellung an. Als sie das Stockwerk verlassen will, sieht sie wieder das Plakat, diesmal allerdings die Rückseite. Dort steht: „Wir hoffen, die Ausstellung ‚Wandern im Mittelgebirge' hat Ihnen gefallen! Zum Wandern in der Stadt eignen sich bestens unsere bequemen und modischen italienischen Schuhe. Besuchen Sie uns – am besten jetzt gleich! Sie brauchen nur fünf Minuten, um zu uns zu gehen. Bis nachher! – Ihr Team von Le Scarpe Nuove."

Ulrike ist beeindruckt und langsam wächst ihr Interesse. Vor allem an der Kommunikation, schließlich ist sie ja auch in diesem Business tätig. Aber auch die Schuhe sind ihr nun nicht mehr ganz egal. Vielleicht würde sie ja tatsächlich mal dort vorbeischauen, nur so. Jetzt aber erst einmal ein bisschen sitzen und eine Kleinigkeit essen. Danach will sie sich ein paar Modegeschäfte anschauen und sehen (und vielleicht probieren), was es Schönes und Neues gibt. Die Boutique fällt ihr wieder ein, über die sie am Morgen gelesen hat, und sie findet auch den Prospekt und damit die Adresse schnell in ihrer Tüte, die sie noch immer bei sich trägt.

Gut gelaunt und nach der kurzen, aber angenehmen Mittagspause von den Strapazen des Vormittags erholt, betritt sie den Laden und wird gleich von einer etwa gleichaltrigen Dame freundlich begrüßt. „Ich möchte mich ein bisschen umschauen", sagt Ulrike zu ihr, und die Verkäuferin zieht sich diskret zurück. Sie bleibt aber in einiger Entfernung und ordnet Waren in den Regalen, sodass Ulrike sie jederzeit um Beratung bitten kann, sollte sie diese benötigen.

Sie findet auch ein paar Stücke, die ihr gefallen und entscheidet sich schließlich für zwei Blusen, die perfekt zu ihrer vorhandenen Garderobe passen. Ulrike zahlt mit ihrer Kreditkarte, und die Verkäuferin verpackt die Blusen in einer wirklich schönen Papiertüte, mit der man sich auf der Straße durchaus sehen lassen kann. „Darf ich Ihnen diesen Gutschein überreichen?", fragt die Verkäuferin zum Schluss und gibt Ulrike ein Papier im Postkartenformat in die Hand. „Das ist ein Gutschein für das italienische Schuhmodengeschäft ‚Le Scarpe Nuove' in der Nebenstraße, keine drei Minuten von hier. Die haben Schuhe, die perfekt zu unseren Kleidungsstücken passen. Ich denke, das könnte das Richtige für Sie sein." Ulrike wirft einen kurzen Blick auf den Gutschein, erkennt sofort das nun schon mehrfach gesichtete Logo und sieht, dass es ein Gutschein über 20 Euro ist, einzulösen ab einem Einkaufswert von 100 Euro. Das ist durchaus attraktiv, ein stolzer Rabatt. „Danke", sagt Ulrike und verlässt das Geschäft. Schon wieder dieses Schuhgeschäft – diese Schlitzohren!

Doch Schuhe braucht sie noch immer nicht. Sie hat sich ja fest vorgenommen, diesmal keine zu kaufen. Aber beeindruckt ist sie schon. Den Namen „Le Scarpe Nuove" würde sie so schnell nicht vergessen.

Auf dem Rückweg ins Hotel schlendert sie die Einkaufsstraße entlang. Sie betrachtet die Schaufenster, bleibt da und dort stehen und kauft sich in einem Kiosk die neue Ausgabe der Modezeitschrift, die sie regelmäßig liest. Nachdem sie bezahlt hat, gibt ihr der Ladenbesitzer ein Stück Papier, das Ulrike schon bekannt vorkommt. Es ist wieder eine Information von „Le Scarpe Nuove", diesmal ein Lageplan und ein Hinweis auf die Neueröff-

nung. Diesmal ist sie kaum noch überrascht. Aber es passt. Die Schuhhändler haben wohl mit dem Kioskbetreiber eine Vereinbarung getroffen, dass
jede Kundin, die durch den Kauf einer entsprechenden Zeitschrift ihre Mo-
deaffinität offenbart, eine solche Information erhalten soll. Wer, wenn nicht
die Käuferinnen solcher Zeitschriften, wäre eine geeignetere Zielgruppe?!

Um es kurz zu machen: Ulrike kehrt in ihr Hotel zurück, erfrischt sich ein
wenig und geht dann in das Gasthaus zum Essen, das ihr am Morgen in der
Informationsmappe sein Angebot an regionalen Spezialitäten unterbreitet
hat. Vor dem Schlafengehen nimmt sie in der Hotelbar noch einen Drink
und beschließt danach, rechtschaffen müde, ins Bett zu gehen.Wer beschreibt ihre Überraschung, als sie in ihrem Zimmer ans Bett tritt, um ihren Pyjama zu nehmen und ins Badezimmer zu gehen: Die Bettdecke ist zu-
rückgeschlagen und auf dem Kopfkissen liegt eine kleine Süßigkeit. Aber es
ist nicht irgendeine Süßigkeit, wie sie in fast allen besseren Hotels auf die
Kopfkissen der Gäste gelegt wird. Nein, es ist ein kleines Stück Schokolade,
auf deren Verpackung geschrieben steht: „Diese süße Kleinigkeit widmet
Ihnen ‚Le Scarpe Nuove'. Unsere Schuhe sind modisch im italienischen Stil
und bequem dazu! Wir wünschen Ihnen eine angenehme Nachtruhe, damit
Sie uns morgen ausgeruht und gut gelaunt besuchen können. Bringen Sie
dieses kleine Stück Papier mit, und wir schenken Ihnen zu jedem Paar
Schuhe die passende Pflege. Wir freuen uns auf Ihren Besuch!"

Ulrike ist perplex. Das hat sie nun doch nicht erwartet, sogar hier, in ihrem
Hotelzimmer, mit diesem Schuhgeschäft konfrontiert zu werden. Sie schläft
bald ein und träumt – von neuen Schuhen, die perfekt zu den heute erwor-
benen Blusen und ihrer übrigen Garderobe passten. Dass sie am nächsten
Tag – entgegen ihren Vorsätzen – doch einen Besuch bei „Le Scarpe Nuove"
macht, haben Sie wahrscheinlich erwartet. Sie verlässt den Laden mit zwei
Paar neuen Schuhen ...

Im Schuhgeschäft selbst ging es Ulrike gut. Kompetente Verkäuferinnen
zeigten ihr das Angebot und erklärten ihr, wie Bequemlichkeit und modi-
sches Design zusammen passen. Man bot ihr eine Tasse Kaffee und ein Mi-
neralwasser an und ließ sie in Ruhe verschiedene Schuhe anschauen und
anprobieren. Und natürlich erhielt sie beim Kauf den versprochenen Rabatt
vom Boutiquen-Gutschein sowie die kostenlose Pflege, als sie den Gutschein aus Schokoladepapier vorwies.

Ulrike wollte natürlich wissen, wer hinter den Werbeaktionen steckt und
was man sich dabei gedacht hat. Eine der Verkäuferinnen rief den Ge-

schäftsführer herbei, der in seinem Büro über der aktuellen Abrechnung saß. „Wir nennen das Trojanisches Marketing", sagte er. „Es freut mich, dass Ihnen unsere Aktionen aufgefallen sind. Offenbar funktioniert das!" „Trojanisches Marketing?", fragte Ulrike, „Was ist das?" Und der Geschäftsführer erzählte ihr die Geschichte vom Krieg um Troja und wie es den Griechen schließlich mit Hilfe einer List gelang, die zehn Jahre lang belagerte Stadt doch noch einzunehmen. Und dass er für seine Marketingaktionen auf die Suche nach möglichen Trojanischen Pferden gegangen und schließlich an den verschiedenen, auch ungewöhnlichen Stellen fündig geworden sei.

Dabei habe man bewusst besonders nach unkonventionellen Ansätzen gesucht. Wo gibt es mögliche Kunden, die bisher an diesen Stellen noch nicht angesprochen wurden? Dabei sei man eben auf die unterschiedlichen Trojanischen Pferde gestoßen, also

- **die Stadtinformation:**
  Wer als Touristin in die Stadt kommt, ist grundsätzlich auf Freizeit und Vergnügen aus. Für immer mehr Menschen gehört entspanntes Shopping dazu. Wann, wenn nicht in dieser Situation, Suchhilfen für das richtige Angebot geben?

- **das Stadtmuseum:**
  Wer ein Museum besucht, ist auf so direkte Werbung nicht gefasst. Umso intensiver ist die Perzeption aller Informationen, die in diesem Zusammenhang unerwartet und überraschend sind. Einen zusätzlichen Impuls gibt die Tatsache der situationsgerechten Ansprache. Nicht irgendwann wird man auf seine müden Füße angesprochen, sondern im richtigen Moment, wenn die Füße vom anstrengenden Museumsbesuch ohnehin schmerzen. Und nicht irgendwann wird man auf das „Wandern in der Stadt" angesprochen, sondern direkt nach der Besichtigung der Ausstellung über das „Wandern im Mittelgebirge".

- **die Boutique:**
  Wer in dieser Boutique „für die junge Dame im besten Alter" einkauft, muss einen Sinn für schönes und gleichzeitig praktisches Outfit haben. Und wer einen solchen Sinn hat, kann nur eine entsprechende Affinität zu modischen und gleichzeitig bequemen Schuhen haben. Wo, wenn nicht dort, Hinweise geben?

- **der Kiosk:**
  Dort werden Modemagazine an Kundinnen verkauft. Alle, die solche Magazine kaufen, sind prinzipiell modebewusst und aufgeschlossen. Also lag es nahe, diesen Kundinnen einen speziellen, individuellen Hinweis auf die Existenz des neuen Schuhgeschäfts zu geben.

- **das Kopfkissen im Hotel:**
  Mit dem Hotel wurde vereinbart, dass weiblichen Gästen in einer bestimmten Altersklasse (ca. zwischen 30 und 60 Jahren) immer ein Werbe-Zuckerl aufs Kopfkissen zu legen ist. Der Response kann leicht anhand der im Schuhgeschäft abgegebenen Gutscheine auf Schokoladenpapier eruiert werden.

Es ist klar, dass es in der Wirklichkeit nicht zu so geballten Erlebnissen kommt. Wir haben die Geschichte hier ein bisschen verdichtet und auf den Punkt gebracht. Aber wir wollten Ihnen an diesem einfachen Beispiel demonstrieren, welche Möglichkeiten es grundsätzlich gibt, trojanisch zu denken und entsprechende Marketingmaßnahmen zu setzen.

Die Geschichte hätte sich noch weiter spinnen lassen. Wir hätten Ulrike eine ganze Woche durch die Stadt marschieren lassen können und es hätte zahlreiche andere Möglichkeiten gegeben, sie auf Informationen des italienischen Schuhgeschäfts „Le Scarpe Nuove" stoßen zu lassen. Um ein paar weitere Beispiele zu nennen:

- In der Buchhandlung gibt es eine Abteilung, die sich mit dem Thema „Mode" beschäftigt, und eine zum Thema „Italien" – inklusive Reise- und Sprachführern. Hier gäbe es dieselbe Möglichkeit wie beim Kiosk, allen KundInnen, die Werke aus diesen Abteilungen kaufen, eine „Le Scarpe Nuove"-Information zukommen zu lassen.

- Es gibt in der Einkaufsstraße ein italienisches Kaffeehaus „Segafredo". Auch dort würde es sich anbieten, den Kunden Informationsfolder anzubieten.

- Dasselbe gilt für die drei italienischen Restaurants bzw. Pizzerias, die sich in der Stadt befinden. Auch sie könnten als Trojanische Pferde genutzt werden.

- In der Stadt gibt es ein Reisebüro, das natürlich auch Urlaub in Italien verkauft. Warum nicht jenen, die sich für einen Italienurlaub interessieren, eine Information von „Le Scarpe Nuove" überreichen und Urlaubern, die tatsächlich eine Italienreise buchen, einen Gutschein des Schugeschäfts zukommen lassen?

- „Agip" ist eine italienische Tankstellenmarke, die auch im deutschen Sprachraum vertreten ist. Zufällig gibt es in unserer Mittelstadt eine Agip-Tankstelle. Dort wird mit italienischen Speisen, italienischen Sprach-Floskeln („Ciao!") und italienischen Spezialitäten versucht, eine typisch italienische Corporate Identity (CI) zu kommunizieren. Wäre es abwegig, dort Informationen über ein italienisches Schuhgeschäft zu bekommen?

- Denken Sie selbst weiter und scheuen Sie vorerst keinen scheinbar verrückten Gedanken: Anwalt, Steuerberater, Unternehmensberater, Supermarkt, Obstgeschäft, Fiat-Autohändler, Sonnenstudio, Fitness-Center ... Könnten Sie sich vorstellen, auch diese als Trojanische Pferde für italienische Modeschuhe zu verwenden?

Trojanisches Marketing – die Vor- und Nachteile

Warum also Trojanisches Marketing einsetzen? Was sind die Vorteile gegenüber herkömmlichen Marketingstrategien?

In erster Linie ist es die Vervielfältigung der Möglichkeiten, die Gewinnung zusätzlicher Dimensionen, die Addition von Unkonventionalität.

Normales Marketing denkt in
- einfachen Strukturen
- in existierenden Märkten
- in Kunden, die es gibt.

Trojanisches Marketing hingegen denkt in
- mehreren, auch unkonventionellen Dimensionen
- in zu schaffenden Märkten
- in potenziellen Trojanischen Pferden.

Um die Ecke denken

Trojanisches Marketing geht mindestens einen Schritt weiter als herkömmliches Marketing. Indem man sich bewusst vornimmt, nicht beim 08/15-Schema aufzuhören, sondern weiter zu denken, erschließt man sich vielfältige neue Möglichkeiten.

Dabei kann – und soll! – in der Kreativphase eines trojanischen Marketingkonzepts „gesponnen" werden. Mut zum Unkonventionellen gehört definitionsgemäß dazu: Nicht da aufzuhören, wo man es immer schon getan hat. Sich im Brainstorming keine Grenzen zu setzen. Das ist integrierter Bestandteil und notwendige Voraussetzung und Folge der trojanischen Denkweise.

Die Frage kann nie nur sein: „Welchen Markt gibt es und was haben die Konkurrenten und wir bisher dort gemacht?". Das gilt gleichfalls für die Antwort: „Wenn wir bessere Geschäfte machen wollen, müssen wir noch mehr davon tun, was wir bisher getan haben." Vielmehr ist bei trojanischer Herangehensweise immer die Frage zu stellen: „Wo gibt es ‚Trojanische Pferde', die unsere Botschaft noch besser und zielführender in unsere Zielgruppe transportieren können?"

Geringe Streuverluste

Ein großer Vorteil dieser trojanischen Methode ist die Tatsache, dass Streuverluste dadurch minimiert werden. Wenn man ohnehin nur Zielpersonen anspricht, die am jeweiligen Trojanischen Pferd per se interessiert sind, muss man maximal die Personen als Streuverluste buchen, die sich zwar für das Trojanische Pferd, aber nicht für das damit verbundene Angebot interessieren. Doch da ist die Wahrscheinlichkeit gering, wenn die richtigen Trojanischen Pferde ausgesucht wurden.

Überraschungseffekt garantiert

Einer der größten Vorteile von Trojanischem Marketing ist, dass es praktisch in jedem Fall einen Überraschungseffekt gibt. Erinnern Sie sich, wie überrascht die Troer gewesen sein müssen, als sie mitbekamen, dass das hölzerne Pferd nicht leer war, sondern griechische Krieger darin versteckt waren? Dieser Überraschungseffekt (Überrumpelungseffekt) ist ein starker emotionaler Aktivator (siehe dazu auch das Kapitel über „Freudige Ereignisse"). Konsumenten, die mit etwas vollständig anderem konfrontiert werden, als sie eigentlich erwartet haben, reagieren überrascht und das auf einem sehr hohen Aufmerksamkeitsniveau. Denken Sie an Ulrike, die an ihr Hotelbett tritt und dort eine Süßigkeit des italienischen Schuhgeschäfts vorfindet. Mit dieser Information an dieser Stelle hätte sie niemals gerechnet, obwohl ihr den ganzen Tag solche Überraschungen passiert sind.

Bei einer gut geplanten trojanischen Aktion ist es fast natürlich, dass man als Werbetreibender dem Kunden in dieser speziellen Situation ohne Wettberber gegenübertritt. Wenn niemand anderer dieselbe Idee hatte, was sehr wahrscheinlich ist, ist man im trojanischen Moment der einzige, der dem Kunden in dieser spezifischen Situation ein spezifisches Angebot macht. Und selbst wenn das Trojanische Pferd Konkurrenz hat, das dadurch transportierte Sekundärangebot hat es mit Sicherheit nicht.

Überschaubare Kosten

Schließlich hat Trojanisches Marketing immense Kostenvorteile. Rechnen Sie einmal die Werbewirkung der oben aufgezählten Maßnahmen zusammen und stellen Sie dem die Kosten für deren Realisierung gegenüber. Sie werden sehen, dass beim Trojanischen Marketing fast keine Kosten angefallen sind. Der kreative Aufwand ist höher, das ist klar. Doch die Kosten der tatsächlichen Maßnahmen halten sich in überschaubaren finanziellen Grenzen. Ein paar Prospekte sind zu drucken, ein paar Gutscheine, ein paar Informationsbroschüren. Das ist alles. Auf die richtige und zielgruppenadäquate Verteilung kommt es an – auf das richtige trojanische Konzept.

Eines ist allerdings klarzustellen: Trojanisches Marketing ist zwar unter dem Strich kostengünstiger, aber deutlich zeitaufwendiger und es stellt weit höhere Ansprüche an das Engagement der Beteiligten. Das betrifft zuerst die Phase der Kreativität, aber insbesondere die Phase der Umsetzung. Zahlreiche Gespräche mit potenziellen Partnern sind zu führen, und diese werden in der ersten Runde nicht einfach verlaufen. Versetzen Sie sich selbst in die Situation: Zu Ihnen kommt ein Schuhhändler mit italienischen Schuhen, also einer Branche, die mit der Ihren überhaupt nichts zu tun hat, und schlägt eine Kooperation vor, die Sie nicht sofort durchschauen – wie reagieren Sie im ersten Moment? Sicher nicht enthusiastisch und positiv, bevor Sie nicht genau verstanden haben, um was es geht und – vor allem – was Sie davon haben.

Alle müssen profitieren

Das ist auch beim Trojanischen Marketing der entscheidende Punkt: Schaffen Sie immer eine Win-Win-Situation! Alle Beteiligten müssen profitieren, es darf keine Verlierer geben! Wer etwas für Sie und Ihr Geschäft tut, für den müssen auch Sie etwas tun. „Eine Hand wäscht die andere", sagt ein Sprichwort. Versuchen Sie daher nie, andere zum Mitmachen zu überreden, weil es nur Ihnen nützt. Erst wenn der andere zumindest eine Chance hat, ebenfalls zu profitieren, wird er sinnvollerweise mit von der Partie sein.

Wenn Sie also – um in unserem aktuellen Beispiel zu bleiben – zum Kioskbetreiber gehen, um ihm vorzuschlagen, dass er den Käuferinnen von Modemagazinen eine Information über Ihr Geschäft mitgibt, müssen Sie eine Idee haben, was Sie für ihn tun könnten. Wie wäre es z. B., wenn Sie in Ihrem Schuhgeschäft ein Feuerzeug als Werbegeschenk abgeben, auf das die Adresse des Tabakgeschäfts aufgedruckt ist (neben Ihrer Adresse auf der anderen Seite)? Beachten Sie aber, dass es teilweise sehr strenge länderspezifische Vorschriften für Tabakhändler gibt. In Österreich wäre es beispielsweise verboten, derart für eine Tabaktrafik (so heißt dort das entsprechende Ladengeschäft) zu werben.

Formulieren wir nochmal das Grundsätzliche: Wenn Sie planen, andere Unternehmen und Branchen trojanisch in Ihr Marketing einzubinden, denken Sie darüber nach, wie Sie sich selbst – als Gegenleistung – als Trojanisches Pferd anbieten können. Wenn es Ihnen gelingt, ein Gleichgewicht herzustellen – Sie empfehlen das andere Unternehmen und das andere Unternehmen empfiehlt Sie, und beide profitieren in ähnlichem Maße – wird es ein Leichtes sein, den Kooperationspartner von der Sinnhaftigkeit Ihrer Zusammenarbeit zu überzeugen. Und jeder von Ihnen wird die gemeinsam vereinbarten Maßnahmen mit Begeisterung in die Tat umsetzen.

Darin sehen wir einen weiteren entscheidenden Vorteil, wenn Sie trojanisch an den Markt herangehen. Alle Beteiligten sind mit Freude und Begeisterung dabei, es kommen fast schon gruppendynamische Effekte zum Tragen. Wir haben im Rahmen unserer Studien und Beratungsprojekte mehrfach diese Erfahrung gemacht. Wenn man weiß, dass jemand anderer einem gerne und freiwillig hilft, zum Erfolg zu kommen, ist man auch selbst gerne und freiwillig bereit, zu dessem Erfolg beizutragen. Und im Gegensatz zum bekannten „Teufelskreis" mit seiner Abwärtsspirale wird hier eine „himmlische" Aufwärtsspirale generiert. Erfolg durch Kooperation fördert den Erfolg fördert die Kooperation fördert den Erfolg ...

Trojanisches Marketing ist außerdem hervorragend für den Mittelstand geeignet, weil es auch mit mittleren, kleinen und kleinsten Budgets funktioniert, wenn man es richtig angeht. Das Schöne ist, dass das Budget überhaupt nicht im Vordergrund steht. Kluges Trojanisches Marketing reduziert die erforderlichen Geldmittel auf ein Minimum, wenn man es richtig anstellt: Ideen und Kreativität statt Geldvolumen.

Trojanisches Marketing – wann nicht?

Trojanisches Marketing ist kein Erfolgsrezept, um schlechte Produkte und Misserfolgsgeschichten zu reparieren. Im Gegenteil! Stellen Sie sich vor, das Trojanische Pferd in der Geschichte vom Trojanischen Krieg wäre auseinandergefallen oder nur ein hölzernes Pferd gewesen ohne irgendeinen mythischen Mehrwert als heiliges Monument. Hätten die Troer das hölzerne Tier dann in ihre Stadt gezogen? Oder stellen Sie sich vor, das Pferd hätte statt der kämpferischen griechischen Krieger nur Knallfrösche enthalten. Der Effekt wäre lächerlich gewesen und Troja bis heute unbesiegt. Auf diesen Punkt gehen wir im Kapitel über Trojanisches Marketing mit Hilfe von Kooperationen noch ausführlich ein.

Es ist eine große Gefahr, wenn sich zwei unpassende und ungleiche Partner verbünden – das ist im persönlichen Leben nicht anders. Trojanisches Marketing rettet nicht verfahrene Marketingsituationen. Als Notnagel, um ein verkorkstes Konzept zu reanimieren, ist es nicht geeignet.

Trojanisches Marketing ist ebenfalls völlig ungeeignet, wenn die Beteiligten nicht willens oder in der Lage sind, wirklich trojanisch zu denken. Marketing-Bürokraten können damit eher Schaden anrichten als Gutes bewirken. Marketing-Beamte werden weiterhin an ihren 08/15-Konzepten festhalten. Und sollten sie gezwungen sein, aus welchen Gründen auch immer, Trojanisches Marketing umzusetzen, werden sie dazu in den meisten Fällen einfach nicht in der Lage sein, weil ihnen Kreativität und Engagement und Begeisterungsfähigkeit fehlen.

Trojanisches Marketing eignet sich klarerweise überhaupt nicht, wenn es keine Trojanischen Pferde gibt – aber das müssen Sie uns erst einmal beweisen. Wir haben – trotz intensiver Recherchen und langem Nachdenken – keinen einzigen Fall gefunden. Falls Sie diesbezüglich fündig werden: Informieren Sie uns auf unserer Website www.TrojanischesMarketing.com.

1.3 Die trojanische Basisstrategie

In diesem Kapitel erfahren Sie, was die trojanische Basisstrategie ist, wie sie funktioniert und warum wir sie die „Dawos-Strategie" nennen. Wir demonstrieren Ihnen, wie Sie selbst diese Strategie in Ihrer alltäglichen Marketingarbeit einsetzen und so erfolgreich Ihre Produkte und/oder Dienstleistungen an den Mann und die Frau bringen können.

Sie erinnern sich noch, wie es den alten Griechen gelungen ist, mit Hilfe eines von ihnen eigens erbauten hölzernen Pferdes ihre Krieger in die belagerte Stadt Troja zu schleusen. Sie nutzten den Glauben der Troer aus, es handle sich um ein heiliges Tier. Und nutzten damit den Umstand aus, dass sie ihre Feinde überzeugen konnten, ohne dieses der Göttin Athene geweihte Monument nicht mehr gut leben zu können. Das hölzerne Pferd musste unter allen Umständen in die Stadt gebracht werden, koste es, was es wolle – die Troer wollten es unbedingt haben.

Was könnten die Überlegungen der Griechen – speziell des Odysseus, der ja als der Vater der Idee gilt – gewesen sein? „Gibt es etwas", dürfte eine der zielführenden Fragen gewesen sein, „das den Troern wichtig ist? Etwas, das ihnen heilig ist? Etwas, für das sie viel zu riskieren bereit sind? Etwas, das sie unbedingt in ihrer eigenen Stadt haben wollen? Etwas, das sie ihr Misstrauen überwinden und alle Vorsicht fahren lässt? Etwas, dem sie blind vertrauen?"

Da wäre Vieles denkbar gewesen: Ein Standbild der Göttin Athene, ein für heilig erklärter Kieselstein, ein kleines hölzernes Pferd, ein anderes heiliges Tier, ein Amulett etc. Doch alle diese Dinge taugen nicht dazu, sie so „aufzuladen", dass damit der Zweck der Eroberung erreicht wird. Es muss also etwas sein, das geeignet ist, gleichzeitig etwas anderes zu transportieren, was die Griechen in die Stadt einschmuggeln wollen. Da kommt nur ein ganz großes Gebilde in Frage. Und am Ende der Überlegungen war es ein sehr großes hölzernes Pferd, das innen hohl sein konnte und das damit in der Lage war, einige der eigenen Krieger aufzunehmen.

Die trojanische Grundüberlegung

Stellen wir die Frage allgemeiner und im nicht-kriegerischen Kontext: Denkt man an die Zielgruppe, die man erreichen möchte, was gibt es, das dieser Zielgruppe wichtig ist, das ihr heilig ist, das sie für erstrebenswert hält, zu was sie Vertrauen hat, das sie kennt und liebt? Und was davon ist passend und geeignet, es mit dem aufzuladen, was man in die Zielgruppe transportieren will?

Das ist die trojanische Grundüberlegung. Beide Autoren haben im Laufe der Erarbeitung dieses Buches bei ihren jeweiligen Beratungs- und Schulungsprojekten die Erfahrung gemacht, dass es ungemein hilft, Marketingvorhaben mit dieser Denkweise anzugehen. Sobald man sich angewöhnt hat, bei jedem Projekt die trojanische Frage zu stellen, kommt man auf Dinge, an die man bei herkömmlicher Herangehensweise nicht gedacht hat. Und es ist immer wieder verblüffend zu erleben, wie sowohl Studenten als auch Unternehmer und Marketingleiter, sobald sie an die Methode herangeführt wurden, von sich aus beginnen, sich solche Fragen zu stellen.

Wenn wir die Leute auffordern: „Denken Sie trojanisch!", ergeben sich erfreuliche neue Sichtweisen und Aha-Erlebnisse. Gerade am Beginn eines Projektes, wenn es darum geht, neue Produkte oder Dienstleistungen auf den Markt zu bringen, werden wir oft gefragt: „Wie sollen wir es angehen? Welche Maßnahmen sind geeignet? Wie komme ich an meine Kunden heran? Wie gewinne ich (neue) Kunden?" Dann erzählen wir die Geschichte vom Krieg um Troja und erklären die Methode. Und es dauert nie lange und die Leute verstehen, was sie denken und tun müssen, um ihre eigenen Fragen zu beantworten.

Das Problem der Sprossen-Lady

Dazu ein Fallbeispiel: Es war nach der Abschlussveranstaltung des „Business Lab" in Wien (das ist ein Unternehmensgründungsprogramm der Firma Nausner + Nausner in Graz; siehe www.businesslab.at). Eine ehemalige Absolventin dieses Programms trat an einen der Autoren, der im Seminar als Trainer und Coach tätig gewesen war, heran und bat um Beratung. Sie habe kürzlich ein Unternehmen gegründet und verkaufe Pflanzensprossen an gesundheitsbewusste Konsumenten. Die Aufzucht der Sprossen erfolgt nach einem sehr innovativen, von ihr selbst entwickelten Verfahren. In ihrem Businessplan, den wir im Business Lab gemeinsam entwickelt hatten, waren bestimmte Absatz- und Umsatzzahlen prognostiziert worden. Jetzt klagte sie, dass sie weit von diesen Werten entfernt sei und daher nicht wisse, wie sie in Zukunft von diesem Geschäft leben soll.

Schnell kamen wir auf das Thema Trojanisches Marketing zu sprechen. Das Konzept musste ihr nicht lange erklärt werden, fast genügte die Bezeichnung Trojanisches Marketing, um ihr klarzumachen, in welche Richtung sie denken musste. Sie sollte darüber nachdenken, wo es denn Menschen gibt, die tendenziell dazu neigen, sich mit gesunden Lebensmitteln zu ernähren. Bald kamen wir darauf, dass es in Wien mindestens eine Supermarktkette gibt, die sich als „Bioladen" positioniert hat und die offensichtlich – wenn man das an der Größe der Geschäfte und an der selbst beobachteten Kundenfrequenz abliest – gut gehen. Dort gibt es die Kunden, die sie sucht. Und es war nur eine Frage von Minuten, sie auf Ideen zu bringen, wie sie es anstellen könnte, diese Kette als Kunden zu gewinnen.

Im Laufe des Gesprächs stellte sich heraus, dass sie sogar den Inhaber einer dieser Bio-Ketten persönlich kannte, weil sie vor einiger Zeit einmal in anderem Zusammenhang mit ihm geschäftlich zu tun gehabt hatte. Wir vereinbarten, dass die Sprossen-Lady in nächster Zeit in einen dieser Läden gehen und sich dort umschauen sollte, ob ihr Konzept zum übrigen Sortiment passen würde und keine Konkurrenzsituation zu befürchten stand, weil dort so etwas wie ihre Sprossen vielleicht schon angeboten wurde. Auch mit den VerkäuferInnen sollte sie sprechen und versuchen, deren Meinung zu einem Zusatzangebot in Form von frischen Sprossen einzuholen. Mit diesen Informationen – vielleicht ergänzt durch weitere Besuche in anderen Märkten dieser Kette in unterschiedlich strukturierten Wohnbezirken – sollte sie den Inhaber aufsuchen und ihm eine Kooperation vorschlagen.

Der nächste logische trojanische Schritt wäre, diese Bio-Kette und deren Kunden für die Propagierung von Kochkursen zu nutzen, die die Sprossen-Unternehmerin ebenfalls anbietet. Wer, wenn nicht vor allem die Kundinnen solcher Bioläden, ist prädestiniert als Empfänger einer solchen Botschaft? Andererseits: Wenn man gelernt hat und weiß, wie es leicht und erfolgreich gelingen kann, Pflanzensprossen in das eigene Kochrepertoire zu integrieren, wird man diese auch oft und gerne kaufen. Mit all diesen Maßnahmen müsste es ihr eigentlich in kürzester Zeit gelingen, einen Kundenstamm aufzubauen und regelmäßig zu beliefern.

Wichtig ist, dass sie es schafft, den Inhaber der Bio-Kette von der Sinnhaftigkeit einer Zusammenarbeit zu überzeugen. Sie muss ihm klarmachen, dass auch er von der Kooperation profitieren kann. Seine Kunden bekommen bei ihm etwas, das sie in dieser Form in anderen Läden dieser Kategorie nicht kaufen können. Dadurch, dass sie lernen, mit Sprossen ihre Küche zu bereichern, kommen sie regelmäßig in eines seiner Geschäfte, um diese Sprossen zu kaufen – und nehmen dabei natürlich auch andere Dinge aus seinem Sortiment mit.

Ein EDV-Berater sucht Kunden

In einem weiteren Beispiel aus der jüngeren Vergangenheit, das uns ein befreundeter Wirtschaftstrainer und Jobcoach berichtet hat, geht es um ein Job-Coaching für arbeitslose Personen in höherem Alter. Im Mittelpunkt steht ein Mann, etwa Mitte fünfzig, gut ausgebildet und mit viel Erfahrung als Netzwerkadministrator – er ist wissensmäßig auf dem neuesten Stand der Technologie. Das Unternehmen, bei dem er lange beschäftigt war, wurde vor einem halben Jahr von einem anderen übernommen, und damit war sein Arbeitsplatz nicht mehr vorhanden, weil das übernehmende Unternehmen dieselbe Funktion schon besetzt hatte. Nach zahlreichen erfolglosen Bewerbungen (verschiedene Absagegründe wurden angeführt, in Wirklichkeit war es aber wahrscheinlich das Alter) beschloss er, sich selbständig zu machen und EDV-Dienstleistungen anzubieten.

Gemeinsam mit seinem Job-Coach überlegte er, dass es wegen der Fülle ähnlicher Anbieter schwierig sein würde, auf diesem Markt Fuß zu fassen. Die allgemein übliche Forderung nach einem USP (Unique Selling Proposition) ist da schwer bis gar nicht zu erfüllen. Der Trainer, der aus zahlreichen Gesprächen unser Trojanisches Marketing kennt, schlug seinem Klienten daher einen trojanischen Denkansatz vor. „Überlegen Sie, wo sie Kunden finden könnten, die das Bedürfnis haben, EDV-Dienstleistungen zuzukaufen", riet er. Welche Kunden könnten das sein? Gemeinsam kam man drauf, dass es z. B. kleine Handwerksbetriebe oder die immer häufiger anzutreffenden Ein-Personen-Unternehmen („EPUs", „Ich-AGs") sind, die zwar eine mehr oder weniger umfangreiche EDV-Anlage, aber selbst nicht das Wissen und die Zeit haben, sich mit den stetig auftretenden Störungen zu beschäftigen. Im Laufe mehrerer Coaching-Sitzungen wurde ein Angebotspaket entwickelt, das – grob vereinfacht – ein „Service-Abonnement" darstellt. Man kauft z. B. einen 10er-Block Servicestunden zu einem günstigen Pauschaltarif. Einmal im Quartal und bei Bedarf kommt der EDV-Mann ins Haus und führt eine „Grundreinigung" sämtlicher EDV- und Telekommunikations-Geräte durch und beseitigt überflüssigen Datenmüll.

Im nächsten trojanischen Schritt wurde nach Multiplikatoren gesucht, die solche Arten von Zielgruppen bereits in ihren Fängen haben. Man kam unter anderem auf die Berufsgruppe der Steuerberater und gewerblichen Buchhalter, die bekanntlich zahlreiche Klienten aus dem Handwerks- und EPU-Bereich haben. Wenn man einen Steuerberater dazu bringt, seine Klienten von der Dienstleistung des EDV-Mannes (die ja auch noch steuerlich absetzbar ist) zu überzeugen, genießt der bei diesen Klienten einen

Vertrauensvorschuss, übernommen vom Steuerberater, der quasi „garantiert" für die Güte und Seriosität des Angebots „Service-Abo". Als Gegenleistung verpflichtet sich der EDV-Mann, die EDV-Anlage des Steuerberaters kostenlos oder zu einem günstigeren Tarif ebenfalls zu warten und regelmäßig grundzureinigen.

Beiden eben geschilderten Fällen ist nicht nur die Findung von Lösungen durch das trojanische Denken gemeinsam. Beide haben eine Strategie verwendet, die wir jetzt kurz analysieren wollen.

Partner finden mit der „Dawos-Strategie"

Die zentrale Frage war in beiden Fällen: „Wo gibt es Kunden, die mein Produkt bzw. meine Dienstleistung nicht nur brauchen, sondern besonders gerne haben wollen?" Wer ist ein möglicher Kooperationspartner für mein eigenes Angebot? Lasst uns also hingehen da, wo's solche Kunden bereits gibt. Aus „da, wo's" haben wir „Dawos" gemacht und nennen diese Strategie daher die „Dawos-Strategie".

Bei diesem Arbeitsprinzip handelt es sich um die Übertragung einer ärztlich-therapeutischen Vorgehensweise auf das Marketing. Die Idee für die „Dawos-Strategie" (eigentlich und genauer: „Da-wo's-Strategie") entstammt einem Vortrag des Orthopädie-Professors Hans Tilscher, der sich als wichtiger Exponent der „manuellen Medizin" einen Namen in der Fachcommunity gemacht hat. Er propagiert die – aus Laiensicht scheinbar triviale – Methode einer Therapie „da, wo's weh tut", und nannte das in seinem Vortrag die „Da-wo's-Therapie". Die akustische Verwechslung mit dem berühmten Schweizer Kurort „Davos" ist beabsichtigt und stützt den Aufmerksamkeits- und Lerneffekt der Aussage.

Übertragen auf das Marketing lautet unsere „Dawos-Strategie": Setze deine Marketingaktivitäten ein *da, wo's* potenzielle Kunden gibt! Statt bürokratisch Zielgruppen zu definieren und diese mühsam von Grund auf zu bearbeiten, lautet hier die Devise: Schau dir an, wo deine potenziellen bzw. gewünschten Zielgruppen jetzt sind, bei wem sie bereits Kunden sind, und richte deine Aufmerksamkeit und deine Aktivitäten in diese Richtung aus. Oder anders formuliert: Gehe trojanisch vor! Oder noch anders: Nimm den Kerngedanken des Marketings, die konsequente Ausrichtung am Markt und am Kunden, ernst!

Nutze den aktuellen Standort (nicht nur räumlich zu verstehen!) deiner zukünftigen Kunden und suche sie dort auf. Nutze die Anbieter – egal, aus welcher Branche –, die mit diesen Kunden bereits jetzt gute Beziehungen haben, als Trojanische Pferde für deine eigenen Botschaften.

Die „Dawos-Strategie" im Trojanischen Marketing führt oft zu verblüffenden, weil ungewohnten Ergebnissen. Wer einmal mit dem trojanischen Virus infiziert ist, tut sich ganz leicht, innerhalb kürzester Zeit unkonventionelle Ideen zu entwickeln und – „aaaa" – anders als alle anderen – neue Gedanken zu denken und neue Wege zu gehen.

Versuchen Sie es selbst einmal, am besten gleich jetzt oder dann, wenn Sie ein bisschen Zeit dazu haben: Am leichtesten tun Sie sich mit Ihrem eigenen Geschäft, mit Ihrer derzeitigen Tätigkeit. Folgen Sie Ihren Wunschkunden – vorerst virtuell und in Gedanken – auf ihren täglichen Wegen. Überlegen Sie, was Ihre Wunschkunden in welchen Situationen denken und tun, mit wem sie Umgang haben, welche Vorlieben und Hobbys sie teilen, welche Veranstaltungen sie gerne besuchen, bei wem sie was bevorzugt einkaufen, ob sie an bildender Kunst interessiert sind oder an Musik, und wenn ja, an welcher Art von Musik.

Schauen Sie sich die Checkliste am Ende dieses Kapitels an und prüfen Sie zu jeder einzelnen Frage, ob Ihnen dazu etwas einfällt. Vielleicht werden Sie zuerst einmal den Kopf schütteln über den „Blödsinn" und sich fragen, was das mit Ihrem eigenen Produkt zu tun hat. Nach und nach werden Sie aber draufkommen, dass Sie zwar nicht jede Frage für Ihre Wunsch-Zielgruppe beantworten können, dass Sie aber bei einigen Fragen doch Ideen haben, wie sich Ihre Zielpersonen verhalten könnten.

Natürlich ist klar, dass keine Zielgruppe so homogen ist, dass für alle Personen eine einheitliche Antwort auf diese Fragen möglich ist. Es geht auch nicht darum, eine Aussage über Einzelpersonen zu treffen. Vielmehr geht es um Eigenschaften und Merkmale, die in der avisierten Zielgruppe über- oder unterdurchschnittlich vertreten sind. Je stärker bestimmte Merkmale einer Gruppe zugeschrieben werden können, desto größer ist die Wahrscheinlichkeit, dass auch ein Individuum aus dieser Gruppe diese Eigenschaft aufweist und desto größer ist die Wahrscheinlichkeit, dass Sie mit entsprechenden Maßnahmen, die diese Eigenschaft als Trojanisches Pferd nutzen, bei den Individuen dieser Zielgruppe ins Schwarze treffen.

Wenn es Ihnen gelungen ist, ein paar dieser Fragen für Ihre Zielgruppe zu beantworten, ist die Arbeit aber noch nicht zu Ende. Machen Sie mit den gefundenen Merkmalen dieselbe Prozedur von vorne. Suchen Sie weitere Assoziationen, die Ihnen zu dem neu gefundenen Begriff einfallen. Und wenn Sie das ein paar Stufen machen – wir nennen das die „trojanische Kette" –, werden Sie Ihre Zielgruppe so gut kennen, wie Sie vorher nicht erwartet hatten. Sie werden eine „trojanische Landkarte" vor sich haben (es hilft zur Orientierung, wenn Sie sich Ihre Ergebnisse schriftlich notieren und damit ein wirkliches Bild vor sich haben). Diese „trojanische Landkarte" wird uns in einem späteren Kapitel noch ausführlich beschäftigen.

Die trojanische Kette

Veranschaulichen wir das an einem Beispiel: Nehmen wir an, Sie haben einen Bio-Bauernhof und wollen Ihre Produkte – biologisch angebautes Gemüse und Obst sowie biologisch erzeugtes Rindfleisch – vermarkten. Sie überlegen sich im ersten Schritt, wer an diesen Produkten grundsätzlich ein Interesse haben könnte, und Sie entscheiden sich für junge Familien mit kleinen Kindern. Nehmen Sie nun die Checkliste auf Seite 45 zur Hand und überlegen Sie, welche der dort gestellten Fragen Sie für diese Zielgruppe beantworten können. Beim Nachdenken werden Ihnen sicher noch zusätzliche Fragen einfallen, die man sich stellen könnte, um die Zielgruppe noch näher einzukreisen und noch genauer zu definieren. Lassen Sie dabei Ihrer Phantasie freien Lauf und versuchen Sie bewusst, eingefahrene Gleise zu verlassen. Und verbieten Sie sich keine noch so abwegigen Gedanken (zumindest in dieser ersten Phase), weil „es das noch nie gegeben hat" oder „das bestimmt nicht geht". Je unkonventioneller Ihre Ideen dazu sind, desto geringer ist die Wahrscheinlichkeit, dass schon jemand anderer dasselbe gemacht hat und desto überraschter wird der Kunde über den Weg sein, den Sie zu ihm gefunden haben.

Nehmen wir an, Sie finden auf die „Dawos-Frage" („Wo finden wir die Zielpersonen, die wir gerne hätten?") folgende Antworten:
- es werden Geschäfte aufgesucht, die Kinderbekleidung anbieten
- es werden Spielwarengeschäfte aufgesucht
- es werden Puppentheater besucht
- es werden musikalische Kinderprogramme besucht
- es werden Kinderspielstätten aufgesucht
- es werden Kindergärten und Schulen besucht
- es werden Gynäkologen aufgesucht
- es werden Kinderärzte aufgesucht

- man trifft sich mit anderen Familien in ähnlicher Situation
- man kennt und liebt einschlägige Figuren aus Film und Fernsehen
- man trifft sich auf Kindergeburtstagen
- man kennt und liebt Gummibärchen und Kinder-Schokolade u.ä.
- man hat Goldhamster oder Kaninchen oder eine Katze
- man liest Elternzeitschriften und Eltern-Kind-Ratgeber
- man fährt familientaugliche Autos
- man surft auf kindertauglichen Seiten im Internet
- man spielt im Internet entsprechende Games

Eine Menge Informationen über die Zielgruppe! Hätten Sie bei einem „normalen" Marketingplan alle diese Informationen berücksichtigt? Und wahrscheinlich ist die Liste nicht einmal vollständig. Wenn wir noch ein paar Stunden und Tage darüber nachdenken, werden uns sicher noch weitere Kriterien einfallen.

Jetzt folgt der zweite Schritt in der trojanischen Kette. Erstellen Sie zu jedem Punkt in der obigen Liste wiederum eine Liste mit Eigenschaften, die Sie dieser speziellen Gruppe zuordnen, also

- Wer und wie sind die Leute, die Geschäfte aufsuchen, die Kinderbekleidung anbieten?
- Wer und wie sind die Leute, die Spielwarengeschäfte aufsuchen?
- Wer und wie sind die Leute, die Puppentheater besuchen?
- und so weiter nach obiger Liste

Jetzt kennen Sie Ihre potenziellen Kunden genau! Jetzt wissen Sie, wo Sie sie suchen müssen. Jetzt wissen Sie, wo Sie Ihre werblichen Maßnahmen platzieren müssen, um die Zielgruppe punktgenau zu erreichen, ohne allzu viele Streuverluste in Kauf nehmen zu müssen.

Die möglichen konkreten Konsequenzen Ihrer Suchstrategie wären diese:

- Sie tun sich mit Geschäften zusammen, die Kindermode anbieten. Dort könnten Sie z. B. an der Kasse Ihre Prospekte auslegen und die Verkäuferinnen bitten, diese mit in die Einkaufstüten zu legen.

- Sie kooperieren mit Spielwarengeschäften. Dort könnten Sie dasselbe tun oder auch Plakate aufhängen.

● Sie nutzen Puppentheater und ähnliches für Ihre Werbung. Vielleicht können Sie ja sogar eine der (sympathischen!) Puppen dafür gewinnen, mitten im Spiel Ihr Produkt bzw. Ihre Dienstleistung zu nennen; das wäre dann ein etwas unkonventionelles Product Placement (wer sagt denn, dass das nur bei James-Bond-Filmen funktioniert?)

● Dasselbe könnten Sie bei musikalischen Kinderprogrammen versuchen, wie sie z. B. im Wiener Musikverein immer häufiger und mit großem Erfolg angeboten werden.

● Speziell in großen Städten werden immer mehr Kinderspielstätten eröffnet, die den Kindern eine Fülle spannender Spielmöglichkeiten bieten (in Wien z. B. Bogi-Park [www.bogipark.at] oder Minopolis [www.minopolis.at]). Hier könnten Sie sich mit Ihrer Kreativität voll austoben, indem Sie sich z. B. Werbebotschaften ausdenken, die sich in einzelne Spiele integrieren lassen. Natürlich sind auch hier alle schon genannten Maßnahmen zielführend.

● Auch in Kindergärten und Schulen kann geworben werden. Es gibt bereits zahlreiche Agenturen, die sich auf dieses Gebiet spezialisiert haben. Klar ist, dass hier - eigentlich generell, wenn es um Kinder und Werbung geht - pädagogisch-didaktisch vorzugehen ist und die ethischen Grundsätze nicht verletzt werden dürfen. Dass diese Art der Werbung sehr gut funktioniert, beweisen einerseits die relativ hohen Kosten, andererseits die langen Referenzlisten einschlägiger Agenturen, auf denen große und bekannte Namen zu finden sind.

● Frauenärzte und Pädiater bieten sich ebenfalls als Kooperationspartner an. Hier ist es vor allem das Wartezimmer, das für die werbliche Kommunikation genutzt werden kann. Gerade an diesem Ort bietet sich die Gelegenheit für eine interaktive Kommunikation, weil erfahrungsgemäß viel Zeit und Muße zur Verfügung steht, die z. B. für das Ausfüllen von Fragebögen oder das Lösen von Preisrätseln genutzt werden kann.

● Es gibt zahlreiche Kino- und TV-Helden, die auf die Kinderszene zugeschnitten sind, z. B. Bob der Baumeister, Spiderman etc. Je bekannter solche Figuren sind, desto teurer ist aber die Nutzung, weil entsprechende Lizenzrechte - vor allem bei international bekannten Figuren - sehr kostspielig erworben werden müssen. Wie Beispiele zeigen, bedienen sich vor allem große internationale Marken dieser Strategie, um Kinder und deren Eltern von ihren Produkten zu überzeugen.

- Rund um die Veranstaltung von Kindergeburtstagsfeiern findet sich eine Fülle von Anbietern, die entsprechende Leistungen offerieren. Wenn Sie in Google das Stichwort „Kindergeburtstag" eingeben, erhalten Sie allein im deutschen Sprachraum ca. 1,8 Millionen Treffer. Sie finden dort Museen, Zauberer, Erlebnis-Bauernhöfe, die Donaudampfschifffahrtsgesellschaft und und und. Wieder sind ihrer Kreativität keine Grenzen gesetzt, diese Möglichkeiten so effizient wie möglich zu nutzen.

- Die Hersteller einschlägiger Süßigkeiten, die in der Zielgruppe Kinder bekannt und beliebt sind, bieten sich als Transporteure entsprechender Botschaften außerhalb ihrer eigenen Produktgruppe geradezu an. Allerdings geht es hier um riesige Mengen und lange Produktions- und Logistik-Vorlaufzeiten, sodass eine Kooperation mit diesen Herstellern wohl nur für andere Große in Frage kommt.

- Aber auch als kleineres Unternehmen können Sie in diese Richtung denken, indem Sie wieder die Dawos-Strategie anwenden und sich fragen: Wo kaufen die Kinder – wenn sie selbst kaufen – ihre Süßigkeiten? Im Umkreis von Schulen gibt es oft kleine Geschäfte (hier in Österreich nennen wir sie Greißler) oder Kioske, die vor, während und nach der Schule von Kindern und Jugendlichen oft regelrecht gestürmt werden. Sie staunen, wenn Sie sehen, welche Mengen an Süßigkeiten und Naschereien aller Art dort über den Ladentisch gehen. Hier ist der richtige Ort, wenn Sie diese Zielgruppe erreichen wollen.

- Haustiere sind oft deshalb im Haushalt, weil Kinder da sind und darauf bestehen, Hasen oder Kaninchen oder Meerschweinchen oder Hamster zu besitzen. Damit sind auch Tierhandlungen Orte, die überdurchschnittlich häufig von Eltern mit Kindern aufgesucht werden. Versuchen Sie, hier Ihre werblichen Botschaften anzubringen.

- Elternzeitschriften und Eltern-Kind-Ratgeber, ob in gedruckter Form oder als Internetseiten, sind per se ideale Kommunikationsmittel, weil sie sich genau an die von Ihnen angestrebte Zielgruppe richten. Dass Sie hier gut Ihre Botschaft platzieren können, versteht sich von selbst. Schauen sie beispielsweise auf die Seiten www.kinder.de und www.kinder.at, so sehen Sie dort eine Menge nützlicher Links zu anderen Seiten; auch Werbung ist dort zu finden. (Die Seite www.kinder.ch ist etwas anderes; dahinter verbirgt sich die Homepage einer logopädischen Praxis).

● Generell wird das Internet – analog zur wachsenden allgemeinen Bedeutung für die Kommunikation – natürlich auch im Familien- und Kinderbereich immer wichtiger. Hier gelten dieselben trojanischen Regeln: da, wo's Ihre Kunden hinzieht, wo sie sich gerne aufhalten, da platzieren Sie sich. Nutzen Sie diese Seiten als Ihre Trojanischen Pferde!

Sie sehen an diesem Beispiel, in dem wir uns mit dem Markt der jungen Familien mit kleinen Kindern beschäftigt haben, auf wie viele unterschiedliche Kommunikationskanäle Sie kommen können, wenn Sie sich systematisch und intensiv damit beschäftigen. Das funktioniert mit jedem anderen Markt und mit jeder anderen Zielgruppe genauso und nach demselben Schema.

Wenn Sie das einmal selbst üben möchten, nehmen Sie dazu am besten einfach Ihr eigenes Produkt bzw. Ihre eigene Dienstleistung her und machen dieselben Schritte nach, die wir soeben vorexerziert haben. Sie werden ebenso auf eine Fülle von Möglichkeiten stoßen, die sich als Transportvehikel für Ihre Botschaften eignen. Einen Teil davon nutzen Sie wahrscheinlich bereits, einen Teil aber noch nicht. Diesen sollten Sie jetzt genauer ins Auge fassen und über geeignete Maßnahmen nachdenken. Vergessen Sie nicht, sich auch zu überlegen, welchen Nutzen Ihr Kooperationspartner seinerseits aus der Zusammenarbeit ziehen kann und wie Sie ihm die Partnerschaft schmackhaft machen können. Nur wenn er selbst auch profitiert, wird er an einer nachhaltigen Zusammenarbeit interessiert sein und die geplanten Maßnahmen mit Ihnen zusammen dauerhaft und wirksam in die Tat umsetzen.

Die „Dawos-Strategie"-Checkliste

Denken Sie an Ihre Wunsch-Kunden – das ist die Zielgruppe, die Sie mit Ihrem (neuen) Produkt oder Ihrer (neuen) Dienstleistung erreichen wollen – und gehen Sie folgenden Fragen nach.

⇨ **Alltag**

Was tut die Zielgruppe tagsüber?

Womit verbringt die Zielgruppe ihre Freizeit?

Mit wem trifft man sich?

Spielen Kinder eine Rolle?

Welche Hobbys werden betrieben?

In welchen Vereinen ist man Mitglied?

Wie steht es mit Haustieren?

Welche Ärzte werden aufgesucht?

Wie ist die Wohnsituation?

⇨ **Lebensstil**

Wie ist die politische Einstellung?

Wie geht die Zielgruppe mit Problemen und Konflikten um?

In welchen Wohnbezirken ist man zu Hause?

Welche Spiele werden gespielt?

⇨ **Kultur**

Welche Theater werden besucht?

Welche Musik wird gerne gehört?

Welche Veranstaltungen werden gerne besucht?

Welche Idole/Helden hat man?

Welche Feste werden gefeiert?

⇨ **Beruf**

Welcher beruflichen Tätigkeit wird nachgegangen?

Welchen Berufsorganisationen gehört man an?

Welche Ausbildung haben die Personen an welchen Ausbildungsstätten genossen?

Welche Weiterbildungsmaßnahmen werden konsumiert?

⇨ **Medienkonsum**

Welche Zeitungen/Zeitschriften werden gelesen? Welche Bücher?

Wie ist der Umgang mit den elektronischen Medien?

Was tut man im Internet?

Wie aufgeschlossen ist die Zielgruppe gegenüber moderner Technologie?

Auf welchen Internetseiten wird gesurft?

⇨ **Konsum**

Welche anderen Produkte werden bevorzugt konsumiert?

In welchen Geschäften wird bevorzugt eingekauft?

Welche Mode wird präferiert?

Welche Ess- und Trinkgewohnheiten gibt es?

Welche Autos werden gefahren?

Das waren jede Menge Fragen, die Ihnen hoffentlich ebenso viele Antworten zu ihren Wunsch-Kunden eingebracht haben. Wenn Sie diese Fragen beantwortet haben, kennen Sie Ihre Zielgruppe genau und wissen, wohin Sie sich wenden müssen, um sie zu erreichen.

Bevor wir uns weiter mit dem gezielten Einsatz von Trojanischem Marketing beschäftigen, wollen wir in einem kleinen Exkurs vorab ein paar Begriffe aus dem weiten Feld des unkonventionellen Marketings klären.

1.4 Raus aus dem Begriffe-Chaos

Trojanisches Marketing kann auch als Querschnittfunktion im Marketing bezeichnet werden, da es einzelne Disziplinen vereint bzw. in diesen vorkommt. Wir geben Ihnen hier einen kurzen Überblick über wichtige Teildisziplinen im unkonventionellen Marketing und versuchen, sie zur leichten Verständlichkeit so einfach wie möglich zu halten.

Ambush-Marketing

Für den Sponsoring-Experten Martin Platzer (www.mpmsponsoring.at) ist Ambush-Marketing „Anlass-Marketing" im Sinne der kreativen Nutzung eines öffentlichkeitswirksamen Anlasses für die Unternehmens- und Markenkommunikation unter Berücksichtigung der rechtlichen Rahmenbedingungen.

Das Problem an der Sache ist, dass Ambush-Marketing als eine Trittbrettfahrer-Methode gesehen wird, bei der ein Unternehmen ein Großereignis für eigene Marketingaktivitäten ausnutzt, ohne selbst zahlender Sponsor zu sein.

Der Fussball-Dachverband UEFA z. B. bezeichnet mit Ambush-Marketing („ambush": englisch für Hinterhalt) den nicht autorisierten Versuch, Assoziationen zu einem Anlass zu erzeugen, um dadurch den Anlass wie ein Sponsor kommerziell zu nutzen, ohne die damit verbundenen Kosten zu tragen. Kurzum: die Ausbeutung einer fremden werthaltigen Leistung.

Im Sinne der kreativen Nutzung eines öffentlichkeitswirksamen Events eignet sich das Ambush-Marketing nach Platzer hervorragend für den Einsatz im Trojanischen Marketing.

Leider war hier zu wenig Raum, um den kompletten Artikel, den Martin Platzer für uns geschrieben hat, abzudrucken. Wir haben uns deshalb entschlossen, den gesamten Text auf unsere Homepage www.TrojanischesMarketing.com zu stellen, wo Sie ihn lesen und herunterladen können. Der Artikel zeigt, welche legalen Möglichkeiten es gibt, Ambush-Marketing trotz der sehr restriktiven Haltung von UEFA & Co. zu verwirklichen – ein höchst aktuelles Thema (siehe vor allem sportliche Großveranstaltungen).

Ambient Media

Hier handelt es sich um eine nicht-klassische Werbeform im sogenannten „Out-of-Home"-Bereich, d. h. in unmittelbarer Umgebung der beworbenen Zielgruppe. Dies sind vor allem die Lebens- und Freizeitplätze. Der Vorteil liegt darin, dass man die umworbenen Personen in entspannter Atmosphäre antrifft. Durch diesen Umstand wird die wahrgenommene Werbung besser behalten. Folgende Werbemittel eignen sich für den Einsatz von Ambient Media: Einkaufswagen im Supermarkt, Pizza-Schachtel-Werbung, Kanaldeckelwerbung, Schulwerbung, Toilettenwerbung, Werbung auf Kassenbons, Bäckertüten ... In vielen Publikationen wird behauptet, dass dies eine Werbeform vor allem für Jugendliche und junge Erwachsene sei. Wir zeigen jedoch am Fallbeispiel von Iris Krempig (zu finden im Kapitel „Produkte trojanisch vermarkten"), dass man sehr wohl erfolgreich und nachhaltig auch ein älteres Publikum ansprechen kann. Mehr zum Thema Ambient Media finden Sie in der ausgezeichneten Diplomarbeit von Krempig unter: www.iris-krempig.de.

Guerilla-Marketing

Hier spielen vor allem der Überraschungseffekt sowie die Ansiedlung der Marketingaktionen am Rande der Legalität eine wichtige Rolle. Die eingefahrenen Denkmuster herkömmlicher Marketingaktionen sollen durch Flexibilität, Originalität und Ideenreichtum durchbrochen werden. Sehr viele gelungene Guerilla-Marketingaktionen finden sich auch im Bereich von Ambient Media, Viral Marketing und Ambush-Marketing. Guerilla-Marketing ist auch eine Teildisziplin des Trojanischen Marketings.

Mundpropaganda, Word-of-Mouth, Buzz-Marketing, Viral Marketing

Mundpropaganda stellt eine sehr effektive Waffe im Marketing dar, da sie von den Kunden selbst ausgeht und somit erhöhte Glaubwürdigkeit und Authentizität besitzt. Die elektronische Form der Mundpropaganda wird Viral (Virus)-Marketing bezeichnet. Nützliche Informationen dazu finden Sie im Kapitel „Image und Bekanntheit trojanisch steigern".

Neuromarketing

Hierbei handelt es sich um Marketingstrategien, die auf Basis der modernen Gehirnforschung generiert wurden. Das Kapitel „Die gute Stimmung nutzen: freudige Ereignisse" in diesem Buch leitet sich ebenfalls von den Erkenntnissen des Neuromarketings ab.

Ein hervorragendes Buch mit dem Titel „Neuromarketing" hat jüngst Hans-Georg Häusel zu diesem Thema herausgegeben (und ebenfalls im Haufe-Verlag publiziert). Dort finden Sie alle diesbezüglichen Erkenntnisse.

Außerdem hat Häusel für uns einen speziellen Beitrag verfasst, der den allerneuesten Stand der Entwicklung wiedergibt. Diesen Beitrag finden Sie ebenfalls auf unserer Website www.TrojanischesMarketing.com.

2. Wie Sie Trojanisches Marketing in der Praxis einsetzen

2.1 Produkte trojanisch vermarkten

In diesem Kapitel zeigen wir beispielhaft, wie man Produkte und Dienstleistungen trojanisch vermarkten kann. Der Diplom-Psychologe Christian Roth erklärt in einem umfangreichen Gastbeitrag, wie Werbung im virtuellen Rahmen von Computerspielen funktioniert. Anhand weiterer Beispiele – die Ihnen vielleicht als Anregung für eigene Aktivitäten dieser Art dienen – erfahren Sie, welche Möglichkeiten es auch für den Mittelstand gibt.

Beginnen wir mit ein paar typischen Beispielen, die exemplarisch zeigen, was man tun kann, wenn man eine trojanische Vermarktung seiner Produkte anstrebt.

Orangen und Kaffeebecher in trojanischer Mission

Stellen Sie sich vor, Sie sind gerade beim Einkaufen in einem Supermarkt. Es ist tiefer Winter, draußen ist es ziemlich kalt. Das ist ein Grund, auf den Vitamin-C-Haushalt des Körpers Rücksicht zu nehmen. Also kaufen Sie zwei Kilo Orangen. Ihnen fällt zwar auf, dass einige der Früchte in dünnes Papier gewickelt sind, aber das ist ja soweit nichts Ungewöhnliches. Zu Hause öffnen Sie den Sack und nehmen eine eingewickelte Orange heraus. Sie entfernen das Papier, schälen die Frucht, zerteilen Sie in mundgerechte Stücke und legen diese auf einen kleinen Teller. Anschließend setzen Sie sich an den Küchentisch, um in Ruhe die Orangenstücke zu genießen. Während Sie essen, fällt Ihr Blick auf das Papier, in das die Orange eingewickelt gewesen war. Was sehen Sie dort?

Sie lesen: „Diese Orangen kommen aus dem sonnigen Süden, genauer von der türkischen Riviera. Dort ist es jetzt angenehm warm. Was halten Sie von einem Urlaub dort? Näheres finden Sie unter www.orangenland.de." Originell, nicht wahr. Orangen als Trojanische Pferde. Die zitierte Internetseite gibt es (noch?) nicht; das Beispiel ist konstruiert, aber nicht abwegig, oder? (Im Übrigen verdanken wir die Idee für diese Geschichte Iris Krempig, die in ihrer Diplomarbeit ein ähnliches Beispiel zitiert.)

In einem weiteren Beispiel geht es um Kaffee. Stellen Sie sich vor, Sie gehen durch die Stadt und sehen am Straßenrand ein Taxi stehen, auf dessen Dach ein Kaffeebecher steht. Hat den jemand dort abgestellt und vergessen? Sofort sprechen Sie den Taxifahrer an und machen ihn darauf aufmerksam. Es wäre ja zu blöd, wenn der demnächst losfährt, und der Becher, ob voll oder leer, fällt auf die Straße. Der Taxifahrer hört Ihnen aufmerksam zu, lächelt dann und überreicht Ihnen zu Ihrer Verblüffung einen Gutschein – für einen Kaffee Ihrer Wahl in einem Starbucks-Coffeeshop in Ihrer Stadt. Er erklärt Ihnen, dass der Kaffeebecher dort absichtlich angebracht wurde, um Passanten wie Sie aufmerksam zu machen und sie dazu zu bringen, ihn anzusprechen.

Abbildung 3:
Trojanisch gedacht: Über auf Taxidächern montierte Kaffebecher schafft Starbucks Aufmerksamkeit

Starbucks hat die Idee schon in mehreren Städten realisiert. Und oft hat es funktioniert, dass aufmerksame Passanten den vermeintlich auf dem Autodach vergessenen Becher bemerkt und den Taxifahrer darauf angesprochen haben. Eine gelungene trojanische Aktion!

Das Wetter als Trojanisches Pferd

Auch das Wetter kann man als Trojanisches Pferd verwenden, wie das folgende Beispiel zeigt. Diesmal ist der Akteur ein Unternehmen, das als Lettershop und Adressenhändler tätig ist. Der Marketingleiter hatte die Idee, sich seinen Businesskunden mal wieder mit einer Aktion in Erinnerung zu rufen. Nach langem Überlegen entschied er, Regenschirme zu kaufen und diese mit dem Spruch „Wir lassen unsere Kunden nicht im Regen stehen!" bedrucken zu lassen. Das alleine war ja noch nicht rasend originell. Daher dachte er weiter und studierte die Wettervorhersagen für die kommenden Tage. Als er sah, dass demnächst eine länger anhaltende Regenperiode ins Haus stand, ließ er die Regenschirme versandfertig machen und schickte sie so ab, dass sie garantiert an einem Regentag bei den Kunden eintreffen mussten. Im Begleitbrief wies er darauf hin, dass das doch jetzt ein passender Moment sei, einen Regenschirm geschenkt zu bekommen. Die Kunden haben sich diese Aktion gut gemerkt und sprachen die Mitarbeiter des Hauses noch lange darauf an.

Eine ähnliche Aktion – allerdings mit wettermäßig umgekehrten Vorzeichen – ließ ein Werbeartikelhändler in Wien durchführen. Diesmal war es ein heißer Sommertag und die Temperaturen lagen schon seit Tagen bei über 30 Grad im Schatten. Der Unternehmer engagierte den Botendienst, der sonst mit seinen Artikeln und Mustern zu den Kunden unterwegs ist, für einen ungewöhnlichen Auftrag. Er schickte die Fahrer mit dem Auftrag los, den Kunden ein frisches kühles Eis persönlich zu überbringen, das sie vorher in einem italienischen Eissalon zu kaufen hatten. Logistisch gar nicht einfach, bei solchen Temperaturen frisches Eis einigermaßen verlustfrei zu transportieren. Es gelang dem Werbeartikelhändler aber, an diesem Tag knapp 100 Kunden zu erfreuen. Nicht einfach und nicht ganz billig, aber sehr effektiv! Die Kunden waren sehr zufrieden und hatten nicht nur das Eis, sondern auch implizit, also indirekt, die Information erhalten, dass sie persönlich von diesem Unternehmen gut betreut werden und es vor allem zu logistischen Meisterleistungen in der Lage ist, was in dieser Branche ein wichtiger Trumpf ist.

Originell ist nicht gleich gut

Aktionen dieser oder ähnlicher Art können auch Sie durchführen! Aber Vorsicht, so etwas kann auch schiefgehen, wie folgendes Beispiel zeigt. Diesmal geht es um das Marketing eines pharmazeutischen Unternehmens. Die Marketingleitung stand vor der Aufgabe, den niedergelassenen Ärzten ein neues Medikament zu empfehlen. Eines der Merkmale dieses Arzneimittels war es, besonders schonend mit der Darmflora des Patienten umzugehen. Das Wort „Flora" brachte die Marketingleute auf die Idee, Blumen sprechen zu lassen. Zufällig war der Cousin des Marketingleiters Inhaber einer Gärtnerei. So entschloss man sich, Blumenkübel mit ausgefallenen Pflanzen zu bestücken, die man den Ärzten schenken wollte. Bei dieser Zielgruppe konnte man nicht kleinlich sein; entsprechend voluminös und schwer fielen die Blumenkästen aus. Natürlich sollten die Mitarbeiter des wissenschaftlichen Außendienstes die Geschenke zu den Ärzten bringen.

Was folgte, hätte fast in einer Kündigungswelle gemündet; vor allem die Mitarbeiterinnen gingen auf die Barrikaden. Das ist leicht nachvollziehbar, wenn man sich vorstellt, wie eine zierliche junge Mitarbeiterin im feinen Business-Zwirn, nebst Aktentasche und Mustern einen schweren Blumenkübel vom möglicherweise fernen Parkplatz in die Arztpraxis schleppen soll. Unzumutbar!! Tatsächlich musste die Aktion in der ursprünglich geplanten Form bald abgeblasen werden, weil sich die Pharmareferenten weigerten, als Blumentrogschlepper missbraucht zu werden. Das Unternehmen musste den Transport und die Zustellung anders und zu hohen Kosten organisieren. Angeblich hat der Marketingleiter, der die Idee gehabt hatte, seitdem eine Pflanzenallergie ...

Bedenken Sie also, ob eine vordergründig originelle Idee in der Praxis auch wirklich umsetzbar ist, oder ob der Schuss nach hinten los gehen kann. Sie wissen ja: Das Gegenteil von „gut" ist „gut gemeint".

Auch Hunde können Trojanische Pferde sein

Ein anderes originelles Beispiel kommt aus der Schweiz. Stellen Sie sich vor, Sie gehen zum Einkaufen in einen Supermarkt und nehmen dabei Ihren Hund mit, den Sie vor der Tür an dem dafür vorgesehenen Haken anbinden. Der Einkauf dauert nicht lange, und Sie sind nach wenigen Minuten wieder draußen und gehen auf Ihren Hund zu, um ihn loszubinden. Wer beschreibt Ihr Entsetzen, als Sie sehen, dass der Hund einen Stofffetzen im Maul hat. Es schaut so aus, als habe er versucht, jemanden zu beißen und ihm dabei ein Stück Stoff aus der Hose gerissen. Sie blicken sich vorsichtig um, um die Lage zu sondieren. Aber da ist niemand, der aussieht, als sei er gerade von Ihrem Hund gebissen worden. Sie öffnen nun das Maul des Hundes und ziehen das Stück Stoff heraus, um es näher in Augenschein zu nehmen. Der Stoff ist mit einem Text bedruckt, und Sie lesen: „Glücklicherweise hat Ihr Hund heute niemanden gebissen. Aber können Sie ausschließen, dass er so etwas tut? Wenn Sie wollen, dass Ihr Hund in Zukunft immer brav ist, schicken Sie ihn in unsere Hundeschule!" Es folgten die Telefonnummer sowie die Webadresse. Jetzt sind Sie beeindruckt. Die können offenbar wirklich mit Hunden umgehen, sonst hätten sie es nicht geschafft, Ihrem Hund etwas ins Maul zu stecken. Er ist zwar ein friedliches Tier, aber alles lässt er sich nicht gefallen, schon gar nicht von Fremden. Respekt! Selbst wenn Sie für Ihren eigenen Hund keine Schule in Erwägung ziehen – dafür ist er schon zu alt, denken Sie – werden Sie aber sicher allen Freunden und Bekannten, die ebenfalls Hunde haben, davon erzählen. Sie sehen, es gibt nicht nur Trojanische Pferde, sondern auch „Trojanische Hunde" ...

Bücher von der Tankstelle

Der brasilianische Erfolgsautor Paolo Coelho schrieb eine Zeitlang jeden Samstag in der Beilage „Freizeit" der österreichischen Tageszeitung „Kurier" eine Kolumne. Einmal berichtete er unter der Überschrift „Für einen Traum ist es nie zu spät" über seinen portugiesischen Verleger Mário Moura, der nach einem bewegten Leben in verschiedenen Ländern und mit verschiedenen Berufen im Jahr 1990 „nebenbei" (hauptberuflich besaß er zu dieser Zeit zusammen mit einem Partner ein Reisebüro) den Verlag Editora Pergaminho, der auch Coelhos Bücher in Portugal vertreibt, gegründet hatte. Allerdings nicht sehr erfolgreich, nicht einmal 3.000 Bücher wurden jährlich verkauft. Im Jahr 1994 gab er nach einem Streit mit seinem Partner das Reisebüro auf und konnte sich nun, immerhin schon 76 Jahre alt, ganz dem Büchergeschäft widmen. „In diesem Augenblick erscheint ein Engel in Mários Leben: Ione França, eine Brasilianerin, die beschlossen hatte, in Lissabon zu leben", schreibt Coelho wörtlich. Er erinnert sich an drei oder vier Angestellte, die der Verleger damals hatte, und dass die Geschäfte in Portugal sehr zu wünschen übrig ließen. Ione stellte die entscheidende (trojanische!) Frage, ob es neben der üblichen eine andere Art gebe, Bücher zu verkaufen. Mário verneinte das. Aber nach und nach gelang es Ione, den Buchverkauf an Stellen zu etablieren, an denen es vorher undenkbar war.

Sie begann bei der Post. Auf Mouras Bemerkung „Die Post verkauft keine Bücher" fragte sie ihn, ob er es schon einmal versucht habe, was er natürlich verneinen musste. Also ging sie hin, und es gelang ihr tatsächlich, die Post zu überzeugen, für seine Bücher einen Platz zur Verfügung zu stellen. Jetzt gab ihr Mário freie Hand. Als nächstes ging sie die Tankstellen an, bei denen bisher natürlich ebenfalls keine Bücher verkauft wurden. Sie investierten etwas Geld und schafften Autos und Regale an, um selbst die Verteilung der Bücher an die Tankstellen durchzuführen. Lassen wir noch einmal Paolo Coelho selbst zu Wort kommen: „Die Idee war einfach und komplex zugleich: Da die Menschen selten in Buchhandlungen gehen, warum nicht versuchen, sich dorthin zu begeben, wo sie sind?" (Kleine Zwischenbemerkung: Da ist sie wieder, die „Dawos-Strategie"!)

Und nach und nach tauchen die Bücher des Pergaminho-Verlags an vielen Stellen auf, wo es vorher keine Bücher gegeben hatte: in Parfümerien, Restaurants, am Straßenrand, in Sportstudios und Videoclubs. Das Ergebnis kann sich sehen lassen: Heute beträgt das Verkaufsvolumen rund 1,2 Millionen Exemplare pro Jahr, mit überdurchschnittlich steigender Tendenz. Paolo Coelhos Resumée: „Und was ist an der Geschichte so außergewöhnlich? Als ich Mário Moura zu ersten Mal begegnet bin, war er 72 Jahre alt. Er hat seinen Lebenstraum verwirklicht, als viele seiner Kollegen in Pension oder in einer Phase waren, in der sie vom Leben nichts mehr erwarteten. Er hat ,verrückte' Ideen übernommen und in sie investiert, als viele Verleger darüber klagten, dass keiner mehr liest. Er glaubt nicht an Gott, sondern an den Menschen, und darin liegt die Bedeutung seiner Geschichte. Das Beispiel, das er uns allen gibt, zeigt, dass es nie zu spät ist, seinen Traum zu leben."

Briefumschläge mit trojanischem Inhalt

Trojanisches Marketing eignet sich auch bestens zum Einsatz bei Seminar- und Fachkonferenzveranstaltern, und dazu möchten wir die Aussagen eines ehemaligen Marketingleiters aus dieser Branche wiedergeben. Hier sein Bericht: „Meine Aufgabe war es, die Seminare zielgruppenkonform zu vermarkten. Dazu stand mir eine umfangreiche Datenbank zur Verfügung, welche mit Hilfe spezieller Aktionen gefüllt wurde. In mehreren Wellen wurden die Einladungsprospekte an potenzielle Teilnehmer versandt. Das Hauptproblem bestand darin, dass die Datenbank eigentlich nie komplett war und dass die Empfänger unsere Kuverts oft ungeöffnet wegwarfen, weil sie in der Fülle der Werbebriefe untergingen. Als Ausweg aus diesem Dilemma begann ich, für jede Veranstaltung passende Kooperationspartner zu suchen, die thematisch mit dem Seminar zu tun hatten. Das Ziel war, dass diese Kooperationspartner unsere Einladungsprospekte in ihren jeweiligen Briefumschlägen mitsamt auf ihrem Briefpapier gedruckten Begleitbriefen versendeten. Der Erfolg gab mir recht; wir verzeichneten einen deutlichen Anstieg der Zahl der Seminarteilnehmer."

Das Trojanische Pferd war der Briefumschlag des Kooperationspartners, den dieser an die Adressen aus seiner eigenen Datenbank verschickte, also an Kunden, die den Absender kannten und dem sie vertrauten. Sie konnten ja nicht ahnen, was sich in diesem Kuvert versteckt hatte, nämlich die Einladung des Seminarveranstalters – also eines unbekannten Dritten. Als weiteres „Zuckerl" offerierte der Begleitbrief, wiederum auf Papier und mit Unterschrift des Kooperationspartners, einen speziellen Preisnachlass von zehn Prozent. Weil die Strategie sich als extrem erfolgreich herausstellte, wurden ähnliche Aktionen auch für andere Seminare durchgeführt und entsprechende Partner gesucht und gefunden.

Bevor wir Christian Roth bitten, uns über Trojanisches Marketing in der virtuellen Welt zu berichten, noch schnell ein lustiges Beispiel aus dem realen

Universum. Angeblich waren es Bill Gates und Microsoft, denen die folgende Geschichte passiert bzw. gelungen ist (wir haben versucht, das zu recherchieren, konnten sie aber nicht verifizieren). Sollte sie nicht wahr sein, so ist sie wenigstens gut erfunden; jedenfalls danken wir hiermit dem Freund, der sie uns erzählt hat. Lassen wir die handelnden Personen offen und sprechen wir im Folgenden vom Unternehmen X.

Eine große amerikanische Stadt, eine bedeutende Wirtschaftsmesse steht vor der Tür, die dort in jedem zweiten Jahr stattfindet. Das Unternehmen X nimmt schon lange regelmäßig als Aussteller daran teil. In diesem Jahr wurde aus irgendeinem Grund, der nicht mehr nachvollziehbar ist, die Anmeldung versäumt. Und als man endlich daran denkt, ist es längst zu spät dafür, alle möglichen Standplätze sind vergeben. Jetzt ist guter Rat teuer. Nicht zu erscheinen kann man sich nicht leisten, das würde in der Branche und bei den Kunden zu lebensbedrohlichen Gerüchten führen. Aber was tun? Schließlich hatte jemand die rettende Idee, nachdem er ein trojanisches Brainstorming mit sich selbst veranstaltet hatte und gezielt nach der „Dawos-Strategie" vorging. Er überlegte folgendes: „Die Kunden, die wir ansprechen wollen, kommen aus allen Teilen der Welt zu dieser Messe angereist und bleiben in der Regel ein paar Tage. Also werden sie irgendwo übernachten müssen, normalerweise also ein Hotel buchen." Also schloss man mit allen wichtigen Hotels der Stadt und der Umgebung Verträge ab und ließ tausende Kopfkissenbezüge produzieren, die mit der eigenen Werbebotschaft bedruckt waren. Fast alle Hotelbetten wurden mit diesen speziellen Kopfkissen ausgestattet mit dem Effekt, dass die Gäste – die überwiegende Mehrheit war ohnehin wegen der Messe gekommen – am Abend vor dem Schlafengehen als letzte Botschaft des Tages die Werbe-Message des Unternehmens X serviert bekamen. Ein starker Eindruck, nachdem sie den ganzen Tag von Messestand zu Messestand gewandert waren und sich kaum noch erinnern konnten, mit wem sie auf dieser Gewalttour was besprochen hatten. Die letzte Botschaft des Tages aber war vom Unternehmen X gekommen und verfolgte einige bis in die Träume ... Besser kann man Werbung kaum platzieren! Am nächsten Tag sprachen alle davon, auf der Messe war es das Gesprächsthema Nummer 1. Obwohl das Unternehmen X dort überhaupt nicht vertreten war, war es ihm gelungen, alle anderen Mitbewerber in den Köpfen der Kunden auszustechen.

Überhaupt ist Werbung, die Witz und Charme und Jux und Humor einsetzt, mit großer Erfolgswahrscheinlichkeit gesegnet, wenn man die Grenze zur Peinlichkeit nicht überschreitet. Oft schon wurde der 1. April, der Tag, an dem man andere Leute „in den April schickt", für Marketingaktionen genutzt. Witze sind im Prinzip „freudige Ereignisse" und eignen sich daher besonders als Trojanische Pferde. Näheres dazu im Kapitel „Die gute Stimmung nutzen: freudige Ereignisse".

Jetzt aber Bühne frei für Christian Roth und seine virtuellen Welten. Es handelt sich hier um die gekürzte Version seines hochaktuellen Artikels, den Sie in voller Länge auf unserer Homepage www.TrojanischesMarketing.com finden. Wie Sie sich dort registrieren und kostenlos Artikel komplett herunterladen können, erfahren Sie im Kapitel „Die trojanische Community".

Werbung in virtuellen Welten – Computerspiele auf der Überholspur

von Christian Roth

Das Computerspiel ist dabei, sich zu einem Leitmedium des 21. Jahrhunderts zu entwickeln. Warum sind Computerspiele so beliebt? Menschen nutzen Computerspiele, um Spaß zu haben und unterhalten zu werden, um der Wirklichkeit zu entfliehen und sich zu entspannen, um sich zu beweisen und sozial zu interagieren. Für das Marketing sind Computerspieler die „goldene Demographie". Umfangreiche amerikanische Studien (wie z. B. die der Entertainment Software Association) zeigen, dass der Altersdurchschnitt zwischen 28 – 33 Jahren liegt, was erstaunlich hoch ist. Mehr als ein Drittel ist unter 18 Jahre alt, ein knappes Drittel ist zwischen 18 und 35 Jahre alt und 40% sind älter als 35 Jahre. Die Hälfte aller Spieler ist zwischen 18 und 49 Jahre alt und über 60 % aller Spieler sind männlich. Konsolenspieler sind im Schnitt deutlich jünger als PC-Spieler. Oliver Brüggen, Leiter der PR Area Central Adidas, weiß, dass der Gamer schon lange nicht mehr dem Klischee von einst entspricht, „er ist überdurchschnittlich sportlich und sozial aktiv, stylish und offen orientiert, sowie markenaffin und kaufkräftig" und spiegelt damit die junge Adidas-Kernzielgruppe (≥ 17 Jahre) wider.

Diese attraktive Zielgruppe ist nämlich längst auf das interaktive Medium gewechselt, schaut weniger fern, geht seltener ins Kino, liest weniger Printmedien, spielt stattdessen Computerspiele und informiert sich im Internet. Das Marketing muss sich auf die veränderten Bedingungen einstellen. Überraschenderweise ist die Werbeintensität in Bezug auf Computerspiele, verglichen mit anderen Medien, äußerst gering und das, obwohl die Nutzung interaktiver Medien stark ansteigt. Nielsen Interactive Research schätzt die generierten Kontakte zwischen Werbung und Nutzer als sehr hoch ein. Um ein Einzelspielerspiel durchzuspielen, benötigt man 10 bis 200 Stunden. Die meistverkauften Spiele erreichen weltweit 5 Millionen Kunden. Daraus resultiert pro Spiel eine Mediennutzungszeit von 50 Millionen bis 1 Milliarde Stunden. Onlinespiele haben noch höhere Nutzungszeiten und werden pro Nutzer teilweise bis zu 60 Stunden in der Woche über Monate und Jahre gespielt. Blizzard verkaufte sein Onlinerollenspiel „World of Warcraft" an bislang mehr als 9 Millionen Spieler, davon allein in Europa 1,5 Millionen Mal. Diese Mediennutzung unterscheidet sich qualitativ von der Nutzung anderer Medien: Durch die interaktive Einbezogenheit ist ein hohes Maß an Aufmerksamkeit vorhanden, die emotionale Beteiligung ist hierbei ebenfalls stärker als beim Filmkonsum.

Vielfältige Werbemöglichkeiten

Welche Möglichkeiten bieten sich an, Computerspiele als Werbemedium (d. h. als Trojanisches Pferd) zu nutzen? Der folgende Abschnitt beantwortet diese Frage und thematisiert das Werben im Spiel (In-Game-Advertising) sowie um ein Computerspiel herum (Around-Game-Advertising). In der Anwendung finden sich häufig Mischkonzepte, die unterschiedliche Vorteile kombinieren.

Static In-Game-Advertising

Viele Spiele bieten die Möglichkeit, virtuelle Reklametafeln geschickt unterzubringen. In vielen Fällen tragen diese Billboards zu einer authentischen Spielwelt bei. Besonders in Sportspielen sind reale Markennamen z. B. als Bandenwerbung sehr willkommen (siehe Fallstudie). Studien ergaben, dass im Spiel vorkommende Markennamen im Gedächtnis der Spieler präsent waren und positiv bewertet wurden. Schnelle Rennspiele fordern dem Spieler eine hohe Konzentration ab. Werbebotschaften werden in solchen Situationen meist unbewusst wahrgenommen. In vielen Spielen gibt es jedoch auch ruhigere Phasen, in denen eine Werbebotschaft länger im Blickfeld bleibt. So zum Beispiel in Ubisofts „Splinter Cell: Double Agent", bei dem der Spieler in der Rolle eines Agenten an einer großen Axe-Leuchtreklame vorbeiklettert, um ein feindliches Lager zu infiltrieren.

Dynamic In-Game-Advertising (DIGA)

Während die erwähnten Werbetafeln fest in das Spiel einprogrammiert wurden (hard coded), bietet sich in vielen Fällen eine dynamische Variante (soft coded) an, bei der Werbebotschaften je nach Bedarf wie auf einer echten Litfasssäule oder Werbetafel ausgetauscht werden können. Der Vorteil liegt klar auf der Hand: Eine Werbekampagne, die das nutzt, kann kurzfristig sehr viele Menschen erreichen und ohne großen Aufwand mit DIGA in mehreren Spielen zugleich präsent sein. Diese Form der dynamischen Werbung hat großes Potenzial. Microsoft erkannte das schnell und kaufte Massive Inc., eine Firma, die DIGA anbietet. Desweiteren buhlen auf diesem Sektor Anbieter wie IGA Worldwide, Double Fusion und mit großer Wahrscheinlichkeit demnächst auch der Werberiese Google um die Gunst der Werber.

Product Placement

Wie in einem Film kann ein Produkt auch in Computerspielen geschickt platziert werden. Der Protagonist im erwähnten Agentenspiel Splinter Cell kommuniziert während seiner riskanten Aufträge beispielsweise über ein Mobiltelefon der Firma Sony Ericsson, kaut Wrigleys-Airwaves für den frischen Atem beim nächsten Verhör und benutzt Nivea-Aftershave. Joseph Venezia, Marketing-Direktor bei Beiersdorf Skincare kommentiert die Verwendung von Werbung in Computerspielen: "It's a chance to present our brand in a younger, hipper way".

Besonders vorteilhaft für eine gelungene Werbebotschaft ist neben einer sinnvollen Einbindung in die Spiel-Handlung die emotionale Kopplung zwischen Spieler und Produkt- bzw. Markennamen. Das erreicht man nicht allein durch das Platzieren seiner Marke in einem Spiel. Computerspiele eröffnen hier ganz besondere Möglichkeiten. Microsoft bot 2006 auf seiner Spielkonsole Xbox360 allen Onlinespielern des Rennspiels „Project Gotham Racing 3" das sogenannte Cadillac-Elite-Program an. Innerhalb dieser Werbeaktion konnten Spieler als Fahrzeug einen Cadillac steuern. Gewannen sie das Rennspiel mit einem Cadillac, erhielten sie spezielle Achievements. Das sind virtuelle Auszeichnungen, ein Aushängeschild für die Leistungen des Spielers, die die Online-Community bewundern kann. Dadurch entsteht die persönliche Verknüpfung des Markennamens mit positiven Emotionen wie Stolz, Freude und dem Gefühl erworbener Ehre. Diese Auszeichnungen können auch spielrelevante Belohnungen beinhalten.

Sponsored Extra Content

Spielrelevante Belohnungen können z. B neue Spielfiguren (Branded Characters), Fahrzeuge und Levels, also Spielebenen sein. Eine weitere Möglichkeit, Extrainhalte mit einem Markennamen zu verbinden, besteht darin, den Produkten einen spezifischen Code beizulegen, mit dem im Spiel neue Inhalte freigeschaltet werden. Burger King fügte z. B die Spielfigur „The King" in das Electronic Arts-Prügelspiel „Fight Night Round 3" ein. Solche Zusatzinhalte sind jedoch aufwendig in der Vorbereitung und Planung. Burger King kombiniert zudem verschiedene Werbemöglichkeiten und ist auf statischen, in das Spiel integrierten Werbetafeln präsent. Darüberhinaus kann durch den Sieg in einem Burger-King-Sponsorenkampf ein spezieller Burger-King-Trainer für den Kämpfer gewonnen werden.

Auditive Advertisement

Neben visuellen können auch auditive Werbebotschaften in Spielwelten integriert werden. Im Spiel „Grand Theft Auto" laufen diverse Radiosender mit fiktiven Werbejingles – hier könnten auch reale Produkte beworben werden. Die Hintergrundmusik stammt in diesem Spiel und in anderen Rennspielen (z. B „Need for Speed"-Serie) von mehr oder weniger bekannten Interpreten, die ihre Musik dadurch promoten können.

Pre-, Mid- & Post-Game-Advertisement

Ein Sponsor kann auch in kurzen Werbeeinblendungen beim Start und Beenden eines Spiels oder zwischen Spielabschnitten (Levels) erscheinen. Werbung in Spielunterbrechungen (Intersticials) birgt jedoch ein Risiko in Bezug auf ihre Werbewirkung. Wenn die Werbebotschaft kurz nach einer frustrierenden Situation (Bildschirmtod) erfolgt, könnte man beim Konsumenten schlechte Assoziationen bezüglich der Marke erzeugen.

Advergame

Gibt es etwas umsonst, so nehmen die Meisten auch Werbung in Kauf. Diesem Prinzip folgt das sogenannte Advergame. Oftmals wird ein simples Spielprinzip für kurzweilige Unterhaltung zum Download oder direkt zum Onlinespielen angeboten. Über Mundpropaganda (Viral Marketing) verbreiten sich solche Angebote sehr schnell, wenn sie gut umgesetzt wurden. Ein bekanntes Beispiel ist das erste Moorhuhnspiel aus dem Jahr 1999. Laut der Studie „Werbenutzen einer unterhaltenden Website – Eine Untersuchung am Beispiel der Moorhuhnjagd" der Universität Mannheim nahmen Probanden die Marke Johnnie Walker – den Auftraggeber der Moorhuhn-Entwicklung – als jünger und trendgemäßer wahr, wenn sie das Moorhuhnspiel bereits kannten. Sie hatten zu dem Markenzeichen des Whiskey-Labels, dem Striding Man (schreitender Mann), lebendigere Assoziationen als Nicht-Spieler.

Das amerikanische Militär wirbt mit dem kostenlosen Onlinespiel „America's Army" um neue Soldaten und bessert das Image bei seiner Zielgruppe auf. Dieser Trend zeigt sich auch in den Zahlen der Bostoner Yankee Group Marktforschung, die der Werbespielindustrie ein starkes Wachstum prognostiziert (von 83 Millionen Dollar 2004 auf 312 Millionen Dollar im Jahr 2009).

Viele Advergames setzen Spieler-Ranglisten ein, um durch den so geförderten Wettbewerb eine höhere Nutzungszeit zu erreichen und weitere Spieler anzulocken (Viral Marketing: „Hey, ich hab 1250 Punkte bei diesem coolen kostenlosen Internetspiel. Du schlägst meinen Highscore nie!"). Um Erfolg zu haben, reicht es nicht, irgendein Werbespiel anzubieten. Das Spiele-Design ist dabei sehr wichtig. Darüber hinaus sollte die Spielidee auf pfiffige Weise das Produkt, den Firmennamen oder das Maskottchen einbinden. Ein gutes Beispiel ist das Werbespiel „Jelly Jumper" von Logitech (www.jellyjumper.com), bei dem man das leuchtend grüne Firmenmaskottchen über eine edle schwarze Logitech-Tastatur hüpfen lässt. Der Spieler wird stetig über seinen bisherigen Erfolg im Spiel informiert und erhält 20% Nachlass auf Logitechprodukte, wenn er einige Level schafft, was anfangs noch ein Kinderspiel ist. Dieses Werbespiel ist sehr beliebt, herausfordernd, und es taucht auf mehreren Internetseiten auf, die kostenlose Spiele anbieten. Durch die Kopplung des Spiels an einen Preisnachlass hat der Besucher nicht nur Spaß, sondern auch einen direkten Mehrwert. Er wird Logitech durch diese Werbeaktion in guter Erinnerung behalten. Advergames haben auch auf dem Handysektor sehr gute Chancen, angenommen zu werden.

Virtual Presence
Besonders zukunftsweisend scheinen Dependancen und Produkte in virtuellen Welten zu sein, die die Markenbekanntheit und das Image steigern können. Am bekanntesten ist momentan die Onlinewelt Second Life, in der Nutzer eigene Inhalte (Gegenstände, Immobilien etc.) herstellen und für reales Geld kaufen und verkaufen können. Auf der IQPC Conference London wurde betont, dass sich Konsumenten in Second Life wie im echten Leben verhalten. Auch kleinere Firmen haben hier gute Chancen, eine gute Idee vorausgesetzt, da die Entwicklung in Second Life vergleichsweise günstig ist. Die Nutzung von Second Life ist kostenlos, Land zum Bebauen muss allerdings gekauft werden.

Der Erfolg einer Marketingaktion hängt maßgeblich von dem Nutzen für den User ab. Dieser kann sowohl für die virtuelle als auch für die reale Welt geschaffen werden. In virtuellen Welten ist die Exklusivität sehr wichtig. Über die Gestaltung der eigenen Spielfigur und Architektur kann der Nutzer seine virtuelle Identität erschaffen. Durch ungewöhnliche oder limitiert erhältliche Gegenstände kann der Wunsch nach Exklusivität bedient und die Markenbekanntheit bei dieser Zielgruppe nachhaltig gesteigert werden. Einen Nutzen für die reale Welt bietet z. B. die Deutsche Post in ihrem Post Tower an. Hier können Postkarten, u. a. mit Bildern aus der virtuellen Welt, erstellt werden, die dann an Empfänger in der realen Welt geschickt werden. Ingo Bohlken vom Vorstand des Unternehmensbereichs Brief bei der Deutschen Post erklärt: „Unsere Vision ist, mit vielfältigen interaktiven Aktionen eine Brücke vom Second Life ins wirkliche Leben zu schlagen". Dies ist geglückt.

Bei kommerziellen Onlinewelten ist besonders wichtig, dass Werbung nicht obstrusiv, also störend wirkt. Dies kann die Spielerfahrung des Nutzers beeinträchtigen und im schlimmsten Fall zu Reaktanz gegenüber dem beworbenen Produkt bzw. der Marke führen. „Everquest", eine Fantasiewelt, die mit einem Augenzwinkern dargestellt wird, ermöglicht seinen Bewohnern durch die Eingabe des Befehls /pizza das direkte Bestellen bei Pizzahut aus ihrem Spiel heraus. Dies ist eine Form der unaufdringlichen Verknüpfung, die zudem einen realen, direkten Nutzen für beide Seiten mit sich bringt.

Was Werbung in virtuellen Welten bringt: Chancen und Risiken
Für In-Game-Werbung spricht laut einer Studie von Nielsen Entertainment und dem Publisher Activision, dass der Nutzer beim Spielen eine hohe Werbeerinnerung hat (6 – 7 Mal mehr Werbeeindrücke als beim Fernsehen), und dass das Medium Computerspiel die Meinung der Nutzer maßgeblich beeinflussen kann. Eine Studie weist nach, dass Markennamen teilweise noch 5 Monate nach einmaligen Computerspielen erinnert wurden. Die Behaltensleistung wird durch wiederholten Konsum erwartungsgemäß noch gesteigert.

Advergames sind besonders für Low-Involvement-Produkte, die ohne große Vorbereitung und Informationssuche gekauft werden (Spirituosen, Zigaretten, Kaugummis etc.) gut geeignet, um das Markenimage aufzubauen und zu schärfen. Die Marketingexperten, welche die Moorhuhnstudie durchführten, argumentieren, dass eine solche Werbemaßnahme auf gesättigten Märkten mit homogenen Produkten kaufentscheidend sein kann. Da immer mehr Unternehmen den hohen Nutzen von Advergames erkennen, wird es vergleichsweise schwerer, langfristig neue und spannende Unterhaltung im Sinne einer Unique Content Proposition anzubieten. Advergames mit gutem Game Design und frischen Ideen verbreiten sich manchmal wie ein Lauffeuer über das Internet (Viral Marketing). Eine sinnvolle Verbindung zwischen

Markennamen und Spiel und eine emotionalen Kopplung (siehe Product Placement) ist nicht nur bei Advergames besonders wichtig. Fehlt diese, sind Werbetafeln in Spielen dem Product Placement vorzuziehen, da diese besser wahrgenommen und erinnert werden. Eine weitere Variante sind Abkommen wie beispielsweise der Deal zwischen Coca-Cola und Ubisoft. Für das Basketballspiel „Street Hoops" wurde auf Sprite-Getränkedosen geworben, die als Gegenleistung in diesem Spiel vorkamen. Vermieden werden sollten Werbeeinbindungen, die die Kommunikation im Spiel unterbrechen, verzögern oder unangemessen verändern.

Ausblick

Virtuelle Welten bieten neue Formen der Werbung, indem sie Nutzer und Produkt auf interaktive Weise verbinden. Der Markt für Werbung in kommerziellen Computerspielen und Advergames wird weiter wachsen, virtuelle Welten werden immer realistischer und bieten immer vielfältigere Interaktionsmöglichkeiten. Spiel, Abenteuer und virtueller Einkaufsbummel könnten zukünftig miteinander verschmelzen (Web 3D). Es wird zunehmend einfacher, in virtuellen Welten zu werben, allerdings wird die Konkurrenz die gleichen Vorteile nutzen. Daher ist es wichtig, so früh wie möglich Erfahrungen in diesem zukunftsweisenden Bereich zu sammeln.

◆　◆　◆

Die Trojanischen Pferde in den virtuellen Welten

Die Autoren des Buches danken Christian Roth für seinen erstklassigen Beitrag. Wir wollen zusammenfassend noch einmal auf die trojanischen Aspekte hinweisen, die hier im Spiel sind:

● Erreichte Achievements (virtuelle Auszeichnungen), wie z. B das Cadillac-Elite-Programm im Rennspiel „Project Gotham Racing 3" sind freudige Ereignisse, bei denen Stolz, Freude, Gefühl und die erworbene Ehre zentrale Elemente sind. Freudige Ereignisse zeichnen sich dahingehend aus, dass Glückshormone ausgeschüttet werden und dadurch die aufgenommene Werbebotschaft nachhaltig verankert wird. Ein weiterer Effekt der freudigen Ereignisse besteht darin, dass man durch das Glücksgefühl gerne und bereitwillig die Werbung aufnimmt. Mehr zu diesem spannenden Thema finden Sie im Kapitel „Die gute Stimmung nutzen: freudige Ereignisse".

- Ein weiteres Trojanisches Pferd sind Highscore-Listen. Wie wir alle wissen, strebt der Mensch danach, oben auf dem Siegespodest zu stehen. Bekanntlich ist noch kein Meister vom Himmel gefallen, und um dennoch ganz vorne auf der Highscore-Liste zu stehen, braucht man schon eine gewisse Übung, die nur durch eine hohe Nutzungszeit erreicht wird. Je öfter nun ein Spiel gespielt wird, desto nachhaltiger ist die wahrgenommene Werbung. Zusätzlich spielen auch hier freudige Ereignisse wieder eine zentrale Rolle, denn einen erreichten Listenplatz kommuniziert man gerne weiter. Die Bekanntheit des Spiels und natürlich der darin vorkommenden Werbung wird durch das Mitteilungsbedürfnis der Spieler mittels Viral Marketing enorm verbreitet.

- Ähnlich wie beim Guide-Prinzip, das wir in einem der folgenden Kapitel näher kennenlernen werden, sind die meisten Advergames Trojanische Pferde, da sie kostenlos angeboten werden und Menschen Dinge gerne nehmen, wenn sie sie gratis bekommen. Das gleiche gilt auch für den Guide, der in den meisten Fällen ohne Kosten zu beziehen ist. Somit wird die darin enthaltene Werbung gerne akzeptiert.

- Ein besonders raffiniertes Pferd entsteht durch die Koppelung des Spieles in Advergames mit Preisnachlässen für Produkte. Christian Roth hat dies anhand des Werbespiels „Jelly Jumper" von Logitech illustriert, in dem die Spieler 20% Rabatt auf Logitech-Produkte erhalten, wenn sie bestimmte Spielerfolge erzielt haben.

- Der Faktor Zeit ist ebenfalls ein trojanischer Aspekt. So werden Einzelspielerspiele in einem Zeitrahmen von 10 bis 200 Stunden absolviert, wodurch die Werbebotschaft nachhaltig penetriert und entsprechend gut verinnerlicht und erinnert wird. Eine Studie von Nielsen hat gezeigt, dass durch den wiederholten Konsum das Behalten der Werbebotschaft noch nach 5 Monaten nach der Beendigung des Spieles vorhanden ist.

Fallbeispiel ORF-SkiChallenge: das größte virtuelle Skirennen der Welt

Ein Beispiel für eine gelungene trojanische Umsetzung der gerade genannten Aspekte liefert die „ORF-SkiChallenge". Das ist ein kostenloses 3D-PC-Spiel des Österreichischen Rundfunks (ORF) mit In-Game-Advertising, welches Sie unter der Adresse http://skichallenge.orf.at finden. Dieses Spiel ist das größte virtuelle Skirennen der Welt. Bei diesem virtuellen Abfahrtsrennen geht es wie im alpinen Ski-Weltcup um Weltcup-Punkte, und die Erfolgreichsten werden in der Highscoreliste abgebildet. Ziel des Spiels ist es, bei fünf verschiedenen Einzelrennen (Gröden, Bormio, Wengen, Kitzbühel und Val d'Isère) möglichst viele Weltcup-Punkte zu sammeln, die analog zur realen Weltcupliste zusammengerechnet werden. Im Februar wird dann der virtuelle Gesamtweltcup-Sieger medial gefeiert. Von den Bewerbern ist jeder teilnahmeberechtigt, der während der Online-Qualifikation ein bestimmtes Zeitlimit nicht überschreitet.

Abbildung 4:
Die ORF-Ski Challenge: Hochspannung beim Zieleinlauf

Doch was bewog den Österreichischen Rundfunk (ORF), dieses Spiel zu konzipieren? Im Jahre 2004 stellte sich die Geschäftsführung von ORF Online und Teletext die Frage, wie TV-Inhalte auf anderen Plattformen präsentiert werden können. Ein Paradigmenwechsel in der Mediennutzung, der bis heute anhält, begann sich damals schon zugunsten digitaler Spiele abzuzeichnen. Das Marktvolumen für In-Game-Advertising wird weltweit von 80 Millionen US-Dollar im Jahr 2005 auf rund 400 Millionen Dollar im Jahr 2009 steigen (Marktforschungsinstitut Parks Associates, USA). Nach Berechnungen der Marktforscher von DFC Intelligence wird im Jahre 2011 sogar die 1-Millarde-Dollar-Marke überschritten werden. Was sind die Gründe für die rasante Entwicklung? Das TV-Gerät im Wohnzimmer wird (meist) von Männern und deren Kindern oft für Konsolenspiele verwendet, der PC wird vermehrt auch für Online-Spiele genutzt. Zurzeit entdecken jedoch auch immer mehr Frauen ihre Vorliebe für Konsolenspiele. Mit den Webangeboten von ORF.at gibt es eine reichweitenstarke Plattform, auf der sich die Themen eSport und Computerspiele neu inszenieren lassen. Ziel der Überlegungen bei ORF ON war es, die Kernkompetenz des Broadcasters ORF bei den Sportübertragungen des Ski-Weltcups über die Berichterstattung hinaus zu manifestieren.

Die österreichische Entwicklungsfirma Greentube konzipierte ein 3D-Spiel, das aufgrund seiner geringen Dateigröße und der einfachen Bedienbarkeit auch Benutzer ansprach, die nie zuvor ein Computerspiel gespielt hatten. Der Broadcaster ORF stellte TV-Bilder der Sportübertragungen für die Programmierung zur Verfügung, und ORF ON konnte aus den virtuellen Rennen der Computerspieler Videos mit der Bildästhetik klassischer TV-Übertragungen produzieren.

Diese Übersetzung eines PC-Games in TV-Analogien war auch der Schlüssel für die erfolgreiche Vermarktung des Formats ORF-SkiChallenge. Die Entwicklung und Abwicklung des Online-Weltcups der ORF-SkiChallenge wird ausschließlich über die Vermarktung von Werbeflächen im Spiel und im Online-Portal refinanziert. Das Konzept dazu folgt dem klassischen Sportsponsoring.

Alle Wettkampftage im Online-Weltcup finden zeitgleich mit den Rennwochenenden der echten Skirennen statt. Bandenwerbung, Logos auf Helmen und Startnummern sowie Platzierungen im Spielmenü und im Onlineportal werden Werbekunden angeboten. Namhafte Unternehmen wie UNIQA, tipp3, Siemens Österreich, Samsung, Otto-Versand, Raiffeisen, Sporthilfe und Adidas nutzen die zahlreichen Werbeformen innerhalb des Spiels, dessen Werbewert seit Jahren kontinuierlich steigt. Dazu zitieren wir Carl Gabriel, Marketingleiter UNIQA, aus der Zeitschrift „Medianet": „Das Spiel erfreute sich auch im eigenen Haus so großer Beliebtheit, dass zeitweise der Mail-Verkehr zusammengebrochen ist, weil so viele Mitarbeiter gleichzeitig Rennen gefahren sind. Zudem lagen auch ernstzunehmende Sportverletzungen vor – Sehnenscheidenentzündungen." Für das mobile Game-Highlight sorgt in der Saison 2008 Hutchison 3G. Der Mobilfunkanbieter „3" bietet so auch für unterwegs den virtuellen Pistenspaß.

In der dritten Saison (2006/2007) wurde ein Werbewert von 21,7 Millionen Euro für ORF ON, Greentube und Werbe- und Medienpartner generiert. Die Basis der Bewertung (Europäische Sponsoring-Börse, St. Gallen/Köln, www.esb-online.com) waren die österreichischen Werbekontakte aus drei Millionen Downloads, mehr als 230 Millionen Online-Rennen, die Bewertungen der Berichterstattung in Print- und Rundfunkmedien sowie die Web-2.0-Effekte mit von Usern generierten Inhalten auf YouTube und in diversen Internetforen.

Eine inhaltliche und technische Konvergenz ist die Grundvoraussetzung für den Erfolg des preisgekrönten Formats (Golden Award in Montreux, 2 x Certificate beim Mobius Award L.A., Jurypreis beim Österreichischen Gamers Award 2007). Ein Unternehmen wie zum Beispiel der Versicherer UNIQA kann so seinen Auftritt im Skisport auch im Computerspiel konsequent umsetzen und von der Präsenz in verschiedenen Medienformaten profitieren, deren User die klassischen Medien gar nicht oder parallel nutzen. So dokumentiert der Usereintrag eines Fahrers in einem ORF-SkiChallenge-Fanforum deutlich, wie TV und Computerspiel gemeinsam wirken: „.... Ich fahr die Kurve bei der Steilhangausfahrt anders als Bode Miller. ...".

Andere TV-Sender wie z. B. das Schweizer Fernsehen, werben ebenfalls für das Spiel, und durch die große Nachfrage aus Wachstumsmärkten wie den USA wird die ORF-SkiChallenge nun auch in einer englischen Version am Markt angeboten.

Das Beispiel des ORF ist in doppelter Hinsicht ein gelungenes Exempel für gekonntes Trojanisches Marketing auf verschiedenen Ebenen. In erster Linie bietet das Spiel – so wie Christian Roth das beschrieben hat – für die werbende Industrie die Möglichkeit, Werbeflächen zu buchen – wie im richtigen Leben. Die Werbung wird dabei nebenbei und eher unbewusst wahrgenommen, da der Spieler sich auf die Steuerung seiner Spielfigur konzentriert. Das Spiel ist das Trojanische Pferd, das den Transport der Botschaften übernimmt. Aber auch der ORF selbst profitiert von dieser für einen Broadcaster nicht selbstverständlichen Art der Öffentlichkeitsarbeit, indem er ein Sekundärmedium nutzt, um das Kerngeschäft zu promoten.

2.2 Neues vermarkten: Produkteinführung und Produktrelaunch

In diesem Kapitel beschäftigt uns eine der schwierigsten Aufgaben im Marketing – die erfolgreiche Einführung eines neuen Produkts. Mit der australischen Weinmarke [yellow tail] und der Kultmarke Bionade lernen Sie zwei gelungene Beispiele dafür kennen. Für eine erfolgreiche Produkteinführung im Dienstleistungssektor steht das Fallbeispiel der Allianz-Versicherung.

Fallbeispiel [yellow tail]: der Wein mit dem Känguru

Abbildung 5:
Teil der Strategie von [yellow tail] ist die Beschränkung des Portfolios auf vier Weinsorten.

Erinnern Sie sich noch an Ulrike, die Dame, die wir Ihnen zu Beginn vorgestellt haben? Sie hat sich für den heutigen Abend mit ihrer Freundin Gitti verabredet. Beide wollen gemeinsam einen guten Schluck zu sich nehmen, Spaß haben und über das Leben plaudern. Gitti trinkt gerne Bier und erfrischende Cocktails. Für den anstehenden Abend möchte sie Ulrike ein nettes Geschenk machen und beschließt, eine Flasche edlen Rotwein zu kaufen, da sie damit, wie sie weiß, Ulrikes Weingeschmack trifft. Da Gitti keine Weinspezialistin ist, macht sie einen Abstecher in eine nahe gelegene Vinothek und schaut sich verschiedene Weinflaschen an. Doch schon nach kurzer Zeit kommt sie mit den verschiedenen Begriffen, die seitens der Weinhersteller in aufwändigen Broschüren und auf den Etiketten gemacht werden, nicht mehr zurecht.

Verzweifelt wendet sich Gitti an einen Mitarbeiter der Vinothek, der eine für einen Weinverkäufer in Europa eher untypische australische Outback-Bekleidung trägt. Nachdem dieser sie höflich nach ihren alkoholischen Präferenzen befragt und Gittis Vorliebe für Cocktails in Erfahrung gebracht hat, bietet er ihr ein Glas Shiraz von [yellow tail] an. Gitti ist begeistert, denn dieser Wein hat eine fruchtige Süße und besticht durch edle Fruchtaromen. Außerdem gefällt ihr das originelle Logo von [yellow tail] mit dem Känguru, das sie gleich an die Fröhlichkeit, Ungezwungenheit und Lebensfreude der Australier erinnert, und sie kauft zwei Flaschen dieses Weines. Nach dem ersten Glas, das die beiden Damen gemeinsam genossen haben, sagt auch die Weinkennerin Ulrike: „Ein wirklich hervorragender Wein, leicht zu trinken und sehr schmackhaft!"

Schauen wir uns jetzt die Erfolgsgeschichte von [yellow tail] genauer an. Dazu machen wir zuerst einen Ausflug in die Vereinigten Staaten von Amerika, wo das Volumen der Weinbranche über der 20-Millarden-Dollar-Marke liegt. Dieser Markt ist durch einen mörderischen Preisdruck und stark konkurrierenden Wettbewerb gekennzeichnet. Alle dort angebotenen Weine lassen sich, wenn man sie aufgrund der Produkteigenschaften klassifiziert, in zwei Klassen einteilen: Billigweine und Premiumweine.

Mit Hilfe der „Strategischen Kontur" von Chan W. Kim und Renée Mauborgne, zwei renommierten INSEAD-Professoren, die ein diagnostisches und strategisches Analysewerkzeug für erfolgreiche Produkteinführungen darstellt, werden zuerst die vorhandenen Produkteigenschaften der Billig- und Premiumweine durchleuchtet. In der einschlägigen internationalen wissenschaftlichen Fachterminologie wird dieses Konstrukt als „Value Innovation Tool" bezeichnet. Die beiden Wissenschaftler haben dazu sieben zentrale Eigenschaften der angebotenen Weine in den USA identifiziert und diese anschließend auf der x-Achse eines normalen Koordinatensystems abgebildet: Preis, Aufmachung der Etiketten mit unverständlicher Fachsprache, Marketing, Alterungsfähigkeit, Image des Weingutes, Komplexität des Weines sowie die Auswahl von Weinsorten. All dies sind bestimmende Faktoren, die den Wettbewerb der Weinbranche zurzeit bestimmen. Auf der y-Achse ist eine Werteskala angebracht. Je höher der Wert, desto mehr wird seitens der Weinanbieter in die jeweilige Produkteigenschaft bzw. ins Marketing investiert. Die Verbindung der einzelnen Punkte wird als Nutzenkurve (Value Curve) bezeichnet.

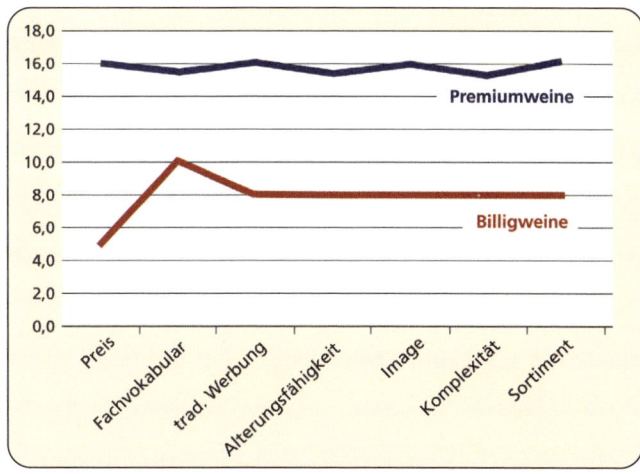

Abbildung 6:
Die Value Curve von Premium- und Billig-weinen in den USA in Anlehnung an Kim/ Mauborgne

Wenn wir die einzelnen Kernelemente (Key Elements) betrachten, zeigt sich, dass zwischen Billigweinen und Premiumweinen ein hoher Aus-prägungsunterschied (Wert auf der y-Achse) festzustellen ist. Diese Diffe-renz zieht sich dann bei den weiteren Schlüsselpunkten fort, diese verlau-fen jedoch parallel. Dies bedeutet, dass alle Anbieter von Weinen in den USA dieselben strategischen Ausrichtungen haben, die sich nur am Investi-tionsvolumen bzw. in der Nutzenwahrnehmung unterscheiden. Das Fachvo-kabular, also die Verwendung von önologischen Fachtermini, ist bei beiden Arten der Weine am Etikett sowie in Infobroschüren kompliziert. Bei hoch-preisigen Weinen ist dies ein integrierter Bestandteil der Differenzierungs-strategie. Dazu werden neben dem Fachvokabular zusätzlich all die mys-teriösen „Wein Châteaus" angepriesen und damit versucht, das Image auf-zubessern. Beide Wein-Segmente pumpen immense Summen in die tradi-tionelle Werbung.

Die Unternehmungen der Weinbranche können noch so viel Geld in das Marketing und die Marktforschung stecken, ein profitables Wachstum lässt sich unter diesen Bedingungen aber nicht erreichen, denn der Markt ist gesättigt.

Als Ausweg bleibt das Denken in Alternativen, einen Strategiewechsel im Angebot vorzunehmen: „Um die strategische Kontur ihrer Branche grundle-gend verändern zu können, müssen die Unternehmen zunächst den Fokus ihrer Strategie verlagern – von der Konkurrenz zu den Alternativen und von den Kunden der Branche zu den Nichtkunden." (Kim / Mauborgne). Vor allem die Nichtkunden, also die Nicht-Weintrinker, stellen ein potenzielles

Reservoir von möglichen zukünftigen Kunden dar. Doch wie werden diese gefunden? Die herkömmliche Marktforschung hilft hier nicht weiter. Um eine neue Nutzenkurve zu schaffen, die die Nichtkunden mit einschließt, müssen z. B. neue Kernelemente geschaffen werden, die bis jetzt noch nicht auf dem Wein-Markt angeboten worden sind und die sich auch deutlich von den anderen Key Elements der Mitbewerber unterscheiden.

Dazu haben Kim und Mauborgne das sogenannte Vier-Aktionen-Format entwickelt, das zur gezielten Schaffung einer neuen Nutzenkurve verwendet wird. Dieses innovative strategische Werkzeug besteht aus folgenden vier strategischen Aktionen, die in einem Planungsprozess hinterfragt werden müssen:

- **Eliminierung** ⎤ von Kernelementen
- **Reduzierung**   ⎬ des Produkts /
- **Steigerung**   ⎦ der Dienstleistung
- **Kreierung** von neuen Kernelementen, die neu in der Branche sind

Abbildung 7:
Die vier strategischen
Aktionen

Die Punkte Eliminierung und Reduzierung dienen der Kostensenkung. So wurde bei [yellow tail] auf die Lagerung in Eichenfässern verzichtet. Dadurch konnte ein wesentlicher Kostenblock bei der Herstellung minimiert werden. Eine weitere Kostenreduktion wurde durch die Streichung von Werbemaßnahmen (Inserate) vorgenommen. Zudem wurde der Wein anfangs nur in den beiden Sorten Chardonnay und Shiraz und in identischen Flaschen angeboten. Dies führte zu einer signifikanten Erhöhung des Waren- und Lagerumschlags.

Ein wesentlicher Punkt ist die Kreierung von neuen Kernelementen, die in der Weinbranche bis jetzt noch nicht vorkamen. Bei [yellow tail] wurde eine neue Motivstruktur aufgezogen, was durch die Beschäftigung mit den Nichtkunden gelang. „Durch die Betrachtung der Alternativen Bier und Fertigcocktails und die Berücksichtigung der Wünsche der Nichtkunden kreierte Casella in der US-amerikanischen Weinbranche drei neue Faktoren: leichte Trinkbarkeit, einfache Auswahl sowie Spaß und Abenteuer. Alles andere wurde eliminiert oder reduziert." (Kim / Mauborgne)

Weiterhin wurde eine vollkommen neue POS-Aktion gestartet. So wurden die Mitarbeiter von Vinotheken und anderen Weinverkaufslokalen mit dem typischen australischen Outbackdress eingekleidet. Das erzeugte eine hohe Identifikation des Verkaufspersonals mit der Marke [yellow tail] und der Spaßfaktor dabei förderte zusätzlich die Verkaufsmotivation. Die leichte Trinkbarkeit kam bei der großen Masse besonders gut an. Dies wurde durch die Eliminierung des „elitären Codes" erreicht, denn die Etiketten sind schlicht und von keinem Château geziert. Zudem wurden keine Angaben zum Weingut gemacht. So konnte eine Reduzierung der Komplexität erreicht werden.

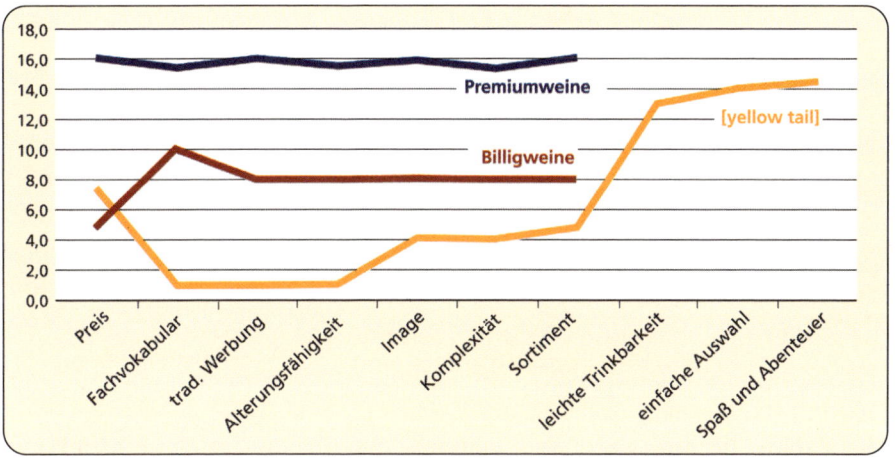

Abbildung 8: Die „Strategische Kontur" von [yellow tail] in Anlehnung an Kim / Mauborgne

Wie aus der obigen Grafik ersichtlich ist, entstand bei [yellow tail] durch die Kreation von neuen Kernelementen (leichte Trinkbarkeit, einfache Auswahl sowie Einführung einer neuen Motivstruktur) eine vollkommen neue Wertekurve. Somit wurde eine einzigartige Positionierung erreicht. Es wurden dem Segment der Premiumweine und der Billigweine keine Marktanteile abgenommen, sondern es wurde ein vollkommen neuer Markt kreiert, der sich an den Bedürfnissen der vormals Nichtkunden orientierte.

Trojanische Elemente bei [yellow tail]

Betrachten wir die trojanischen Elemente von [yellow tail], die einen erheblichen Einfluss auf den sagenhaften Verkaufserfolg des Weines haben, denn im August 2003 war [yellow tail] bereits der meistverkaufte Rotwein in den Vereinigten Staaten; über 4,5 Millionen Kartons wurden 2003 alleine in den USA verkauft. Im Kapitel „Der trojanische Pfeil" werden wir das Konstrukt der „kognitiven Landesimagefacetten" kennenlernen.

Wie die nachfolgende Abbildung zeigt, handelt es sich dabei um eine landestypische Markenpositionierung mit Bezugnahme auf das eigene Land. Diese ist eine Möglichkeit einer emotionalen Positionierung, deren Gegenpol als „informative Positionierung" bezeichnet wird.

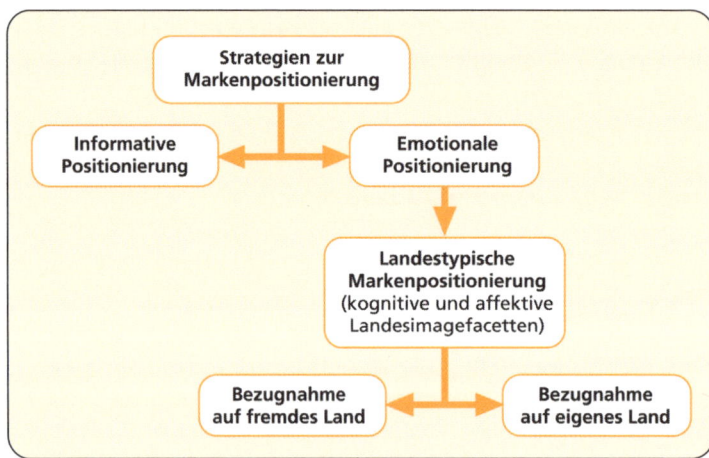

Abbildung 9: Strategien zur Positionierung von Produkten und Marken nach Kurz

Wichtigstes Element bei der Verwendung von kognitiven Landesimage-Facetten (LIF), einem trojanischen Werkzeug, ist das Herausstreichen von Elementen, die typisch und einzigartig für ein Land sind. Im Fall von [yellow tail] ist es das Känguru als australisches Nationaltier, ein Tier mit immensem Symbolcharakter. Das auf dem Etikett abgebildete Tier ist ein sogenanntes Gelbfluß-Wallaby. Dadurch wird eine Alleinstellung erreicht. Ein weiteres trojanisches Element ist der gelungene Schriftzug , der sich von allen anderen Schriftzügen bei Weinen deutlich unterscheidet.

Abbildung 10: Das Logo von [yellow tail] nutzt den Symbolcharakter des australischen Nationaltiers

Trojanisch ist auch die Ausrichtung des Weines auf die Nichtkunden, die vorher keinen Wein tranken. Das Trojanische Pferd ist hier der Fruchtsaft-Eindruck, der die große Masse der Nichtweintrinker abholte. Dadurch konnte ein riesiger Markt – Kim und Mauborgne nennen dies den „blauen Ozean", wo es keine Konkurrenz gibt – erobert werden. Und noch ein trojanisches Prinzip wird im Marketing von [yellow tail] erfolgreich eingesetzt: Das Miteinbeziehen des Verkaufspersonals in typischer australischer Outback-Kleidung. Dadurch wird eine maximale Identifikation mit dem Produkt hergestellt.

Im Kapitel „Der trojanische Pfeil" untersuchen wir die Motive, die menschlichen Antriebskräfte. In Anlehnung an die kognitiven Landesimagefacetten werden für dieses Produkt typische australische kognitive Landesmotivfacetten (LMF) verwendet, die der großen Gemeinde der vorher Nichtweintrinker entsprechen. Diese Motive wie Abenteuer, Lockerheit, Verwegenheit, Spaß und leichte Zugänglichkeit entsprechen bestens der australischen Lebensweise und treffen als „trojanischer Pfeil" genau in die Motivstruktur der neuen „Fruchtsafttrinker".

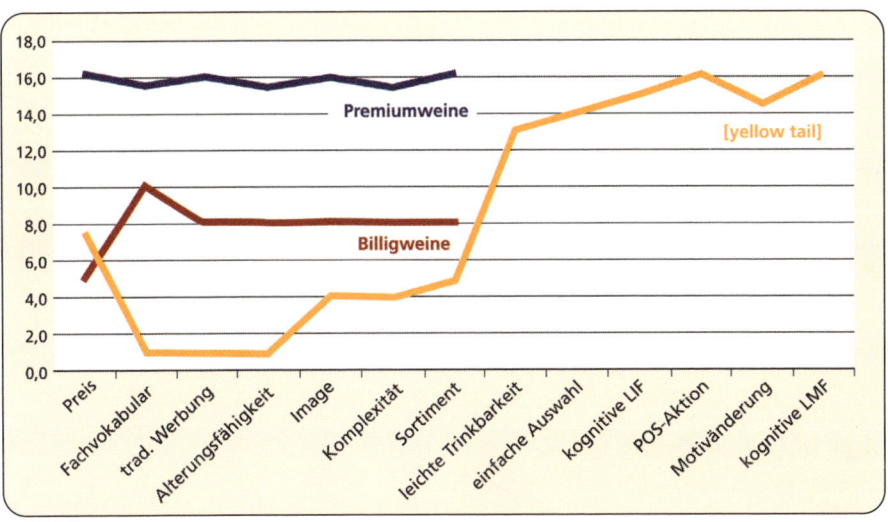

Abbildung 11: [yellow tail] erschließt neue Wein-Dimensionen

Sonstige Werbeaktionen von [yellow tail]

Von Oktober bis Dezember 2007 trat [yellow tail] mit einer verkaufsaktiven Onpack-Promotion sowie einem attraktiven Reise-Gewinnspiel auf den Markt. Als Zugabe trugen die Flaschen in diesem Zeitraum einen formschönen und dauerhaft verwendbaren Griffkorken für optimales Wiederverschließen. Der wurde in den passenden [yellow tail]-Farben als dekorativer Anhänger an jeder zweiten Flasche der erfolgreichen Range angebracht und bot einen besonderen Blickfang für Regal und Zweitplatzierung.

Beim 14. Wettbewerb um das beste Display wurde die australische Erfolgsmarke mit einer Goldmedaille und dem Titel „Superstar 2007" in der Kategorie Langzeitdisplay ausgezeichnet. Der Wettbewerb des Display Verlags demonstrierte eindrucksvoll die gesamte Bandbreite von attraktiven Lösungen für den POS. Verschiedene Aspekte wie Design, Konstruktion, Gesamtwirkung, aber auch die gute Flächennutzung, die gerade für den Handel hohe Relevanz hat, waren für die Prämierung ausschlaggebend. Das siegreiche [yellow tail]-Display überzeugte die Jury vor allem durch seine hohe Signalwirkung im Markt.

[yellow tail], in Deutschland seit dem Jahr 2006 im Vertrieb des Hauses Racke, führt im deutschen Lebensmitteleinzelhandel (LEH) das Segment der australischen Weine als eindeutiger Marktführer (Umsatz) an. Die sich sehr dynamisch entwickelnde Weinlinie ist auch im Absatzranking bereits an der zweiten Position angelangt (Quelle: A. C. Nielsen Umsatz YTD 2007, LEH gesamt ohne Aldi).

Fallbeispiel Bionade: die biologische Kulturbrause

Viele sprechen schon vom „Coca-Cola des 21. Jahrhunderts", wenn man die beeindruckenden Verkaufszahlen von Bionade betrachtet. 2002 waren es zwei Millionen Flaschen, 2004 10 Millionen, 2005 bereits 25 Millionen, 2006 73 Millionen und 2007 waren es schon um die 200 Millionen verkauften Flaschen. Ein Siegeszug ohnegleichen!

Bionade ist ein neues alkoholfreies Getränk, das wie ein Bier gebraut wird und aus rein biologisch angebauten Bestandteilen entsteht. Der Start von Bionade war keinesfalls ein leichtes Unterfangen. Nachdem der spezielle Brauvorgang patentiert worden war, wollte keine einzige Brauerei die Lizenz erwerben. Anfangs hatte die äußere Form (Etikett und Flasche) ein viel zu schlichtes Image, das die Assoziation mit einem faden Bio-Getränk hatte.

Das Gesetz der Wenigen

Der Durchbruch erfolgte im Jahr 1997, als der Hamburger Getränkegroßhändler Göttsche Bionade in sein Sortiment aufnahm und durch geschickte Mundpropaganda in der Medien- und Werbehauptstadt das Getränk in die Sportgastronomie sowie in die relevante Szene brachte. Die Multiplikatoren wurden zu Botschaftern der Marke, und die in Hamburg zahlenmäßig überdurchschnittlich häufig anzutreffenden Journalisten taten ein Übriges. Der Erfolg hat seine Wurzeln in den Techniken von Malcom Gladwells Bestseller „The Tipping Point". Gladwell beschreibt hier das „Gesetz der Wenigen", worin die Vermittler, Kenner und Verkäufer die zentralen Akteure sind. Zusätzlich gibt es noch den Verankerungsfaktor sowie die Macht der Umstände. Für eine erfolgreiche Produkteinführung ist das Verstehen dieser Wirkungskreise essentiell. Ein „Vermittler" gibt 20 Freunden einen Rat und 10 handeln danach. Ein „Kenner" erzählt 10 Freunden von einer Materie und alle 10 geben diesen Ratschlag weiter. Nachfolgende Aufstellung zeigt die drei Hauptakteure sowie deren kommunikative Ausprägungen aus dem Konstrukt des „Gesetzes der Wenigen". Für die Verbreitung einer Idee ist vor allem die Schnittstellenfunktion der Vermittler für die Verbreitung der Kommunikation zu anderen Interessensgemeinschaften und Kunden wichtig, da dadurch die Markeninformation wie ein Trojanisches Pferd weitergetragen wird.

Vermittler	Kenner	Verkäufer
Gesellig, kennt viele wichtige Leute	Hat Spaß, Infos zu sammeln	Nimmt die Angelegenheit selbst in die Hand (Selbstmotivation)
Schnittstelle für verschiedene Gruppen (trojanisches Pferd)	Lässt andere an seinem Insiderwissen teilnehmen	Schnittstelle für verschiedene Gruppen (trojanisches Pferd)
Erfährt viel Neues	Ist sozial motiviert	Erfährt viel Neues
	Will keinen überreden	
Verbreitet die Information	**Ist für die Information**	**Überzeugt und überredet die Menschen zum Handeln**

Abbildung 13: Die Akteure im „Gesetz der Wenigen" sind Vermittler, Kenner und Verkäufer

Die Idee einer besseren Welt

Im nächsten Schritt wurden Produkt-Samplings bei Kulturveranstaltungen wie z. B. Filmfestivals und bei Sportevents verteilt, um das Produkt einer größeren Masse zugänglich zu machen. Die neue Werbelinie greift die unmittelbare Welt von Bionade, die Biowelt, als zentrales Leitmotiv auf. Der Slogan der Plakate lautet: „Das offizielle Getränk einer besseren Welt". Dabei wird jeweils ein bestimmtes Bionade-Getränk von Tieren, die die jeweiligen Früchte symbolisieren, begleitet. Die Plakate enthalten auch die Internetadresse www.stille-taten.de, wie die folgende Abbildung zeigt.

Abbildung 14: Schmetterlinge symbolisieren die Bionade-Geschmacksrichtung „Holunder".

Die Internetaktion verfolgt die Idee der „besseren Welt" weiter und bezieht die Kunden aktiv in die Gestaltung mit ein. Die Verbraucher sollen dort in anonymisierter Weise anderen Personen etwas Gutes tun. Eine „Stille Tat" ist es z. B., dem Nachbarn den Schnee vom Auto zu räumen oder einen bereits ausgefüllten Lottoschein, der in einer Restaurant-Serviette versteckt wird, zu hinterlassen. Besonders originell ist das Beispiel mit dem Gedicht. Dabei versteckt man eine Kopie seines Lieblingsgedichts zusammen mit einer „Stille-Taten-Karte" in einem Buch, das einem selbst gefällt und stellt das Buch anschließend wieder zurück. Nach getaner „Stiller Tat" bleibt lediglich eine anonyme Grußkarte zurück. Ein anderes Beispiel ist das mit der Kinokarte. Hier sucht man in der Kinoschlange eine sympathische Person aus, die weiter hinten in der Reihe steht, bezahlt deren Kinokarte und der Kassierer überreicht dann dieser Person neben dem Ticket eine „Stille-Taten-Karte". Laut Website steht keine Organisation dahinter, und die handelnden Personen sind die anonymen Helden. Anonym deshalb, weil es Spaß machen und die Fantasie anregen soll. Anleitungen für diese Good-Will-Aktionen wurden von der amerikanischen Website „Ssssh" geholt. „Stille Taten" ist ein gelungenes Beispiel für die Verzahnung von Off- und Onlinewerbung, sowie für die gelungene Einbeziehung der Kunden.

Eine zusätzliche Aktion sind die sogenannten „Anrufe für eine bessere Welt". Dabei handelt es sich um acht verschiedenen Radiospots, die durch subtilen Witz bestechen. So wird z. B. in der Beschwerdestelle der Bahn angerufen und dafür gedankt, dass die Pendlerzüge immer pünktlich sind. Der verwunderte Bahnangestellte fragt dann nach: „Irgendeine Beschwerde werden sie doch haben". Die Antwort des Anrufers: „Nein!". Die angerufenen Leute werden durch die Aktion überrascht, denn sie sind gewohnt, dauernd Kritik entgegen zu nehmen.

Auch bei der Gestaltung des Logos haben die Bionade-Macher trojanisch gedacht: Zierte die Flasche anfangs noch ein nicht aussagekräftiges, im Bio-Look gehaltenes Logo, so findet sich nun ein moderner Schriftzug, der im Grunde ein versteckter Martini- bzw. Campari-Schriftzug ist. Das ist einerseits der Versuch eines Imagetransfers – Bionade zu trinken soll als genauso „schick" empfunden werden wie das Genießen der üblichen Drinks à la Martini und Campari. Andererseits handelt es sich um die trojanische Technik der Vorlagennutzung, auf die in einem späteren Kapitel noch ausführlich eingegangen wird.

Abbildung 15: Das Logo von Bionade erinnert in seiner aktuellen Form geschickt an den mondä-nen Campari-Schriftzug

Nun haben wir zwei ausführliche Beispiele für die erfolgreiche Einführung eines neuen Produkts gesehen. Doch wie sieht das bei neuen Dienstleistungen aus? Welche Mechanismen hier funktionieren, erfahren Sie im folgenden Beitrag von Iris Krempig über ein Angebot der Allianz-Versicherung.

Fallbeispiel „Unfall 60 Aktiv": das „Assistance-Paket" der Allianz

von Iris Krempig

Vor dem Hintergrund des zunehmend aktiven Lebensstils der Senioren und deren Bedürfnis, auch nach einem Unfall die Selbständigkeit zu wahren, hat die Allianz Versicherungs-AG die Unfallversicherung „Unfall 60 Aktiv" entwickelt. In einem umfangreichen „Assistance-Paket" werden Beratung, häusliche Betreuung und Pflege in der eigenen Wohnung angeboten. Die wichtigsten Hilfsleistungen sind beispielsweise Einkaufs-, Menü- und Reinigungsservice sowie Begleitung zu Ärzten und Behörden. Natürlich ist auch die klassische Komponente einer Unfallversicherung enthalten, die finanzielle Unterstützung.

Das Kampagnenmotto lautet: „Die Unfallversicherung, die auch pflegt, putzt und einkauft".

Die Allianz füllt mit dieser Versicherung eine wesentliche Lücke im gesetzlichen Sozialversicherungssystem. Für die heutige Generation und vor allem für die künftigen wird es selbstverständlich sein, dass bestimmte Dienstleistungen im Alltag, aber auch Notfälle eigenverantwortlich und gegen Bezahlung organisiert werden müssen. Die Familie als soziales Netzwerk fängt in immer weniger Fällen diesen Bedarf auf (vgl. Erichsen / Loew, Marketing Journal, Juni 2005)

Neben der offensichtlichen demografischen Zielgruppensegmentierung – Versicherung für Menschen ab 60 Jahren – lässt sich diese Gruppe überwiegend bei den „erlebnisorientierten Aktiven" einordnen.

Eine integrierte Kommunikationsstrategie

Die Mediaplanung wurde entsprechend dem speziellen Mediennutzungsverhalten der „Best Ager" angepasst. Vor allem drei Aspekte wurden beim Medienkonsum der „Best Ager" berücksichtigt:

- Verstärkte Nutzung öffentlich-rechtlicher TV-Sender
- Überproportionale Nutzung des Zeitschriftensegments Yellow Press
- Hoher allgemeiner Werbedruck in der Zielgruppe

Vor allem der hohe allgemeine Werbedruck löst den Kampf um die Aufmerksamkeit aus. Das veranlasste die Allianz, neben den klassischen Medien (TV-Spots und Print-Anzeigen) anlassbezogene Medien auszuwählen: Ambient Medien. Aber auch der POS, sprich der Vertrieb in den Allianz Agenturen, wurde mit abgestimmten Verkaufsunterlagen und Schaufenster-Postern ausgestattet. So wurde die Werbebotschaft in einem integrierten Ansatz inhaltlich und formal über alle zur Verfügung stehenden Kommunikationskanäle transportiert.

Die Ambient-Kampagne

Um die bestehende Kommunikationsbotschaft über die klassischen Wege noch zu verstärken, positionierte die Allianz die Werbebotschaft mitten in den Lebensumfeldern der aktiven älteren Zielgruppe, um dort einen realistischen Bezug zu den Produktleistungen herzustellen. Die nachfolgenden Abbildungen zeigen, auf welche Art und Weise die Botschaft kommuniziert wurde.

Lebensumfelder	Werbeträger	Werbemittel
Kegelbahnen	„Aufräum-Maschine"	Aufkleber
Kurbäder	Haartrockner	Aufkleber
Kurhotels	Kleiderbügel	Anhänger
Bäckereien	Bäckertüten	mit Printaufdruck
Supermärkte	Einkaufswagen	Mobilplakate

Abbildung 16: Geschickt platziert die Allianz ihr „Unfall 60 aktiv"-Paket in den Lebensumfeldern der Best Ager . Quelle: Erichsen, Allianz Versicherungs-AG

Abbildung 17:
Allianz „Unfall 60 aktiv" :
Die Unfallversicherung, die
sich bereits beim morgend-
lichen Brötchenkauf um ihre
Zielgruppe kümmert

Die Zielgruppenansprache
Bei dem Produktnamen „Unfall 60 aktiv" erfolgt die Ansprache über das Alter, dennoch ist eine positive Assoziation durch den Zusatz „aktiv" gewähr-
leistet. Eine Abgrenzung zu den unter 60-Jährigen ist notwendig, um Miss-
verständnisse zu vermeiden.

Berücksichtigung der Veränderung im Alter
Bei der Ansprache der Zielgruppen wurden die Veränderungen im Alter im
Hinblick auf Intelligenz und Wahrnehmung berücksichtigt:

Intelligenz: Im Alter sinkt die fluide Intelligenz, wohingegen die kristalline
Intelligenz zunimmt. Was für die Kommunikation bedeutet, dass abstrakte
Schlussfolgerungen und Argumentationen langsamer und Aussagen, die
auf Erfahrungswissen der Zielgruppe beruhen, schneller verarbeitet werden können. Die Allianz hat diese Tatsache berücksichtigt und das Produkt
mit einfachen und wiedererkennbaren Beispielen dargestellt. Die Produktinformationen wurden klar und verständlich in ganzen Sätzen artikuliert.
Ein Beispiel: „Es gibt auch eine Unfallversicherung, die für Sie einkauft."

Wahrnehmung: Für die Ansprache der „Best Ager" hat die Allianz eigens ihr Corporate Design im Hinblick auf die Schriftgröße und Farbgebung modifiziert. Die Schrift wurde vergrößert, und die Farben wurden für einen stärkeren Kontrast kräftiger herausgearbeitet (vgl. Erichsen / Loew, Marketing Journal, Juni 2005).

Die Anforderungen aus Zielgruppensicht
Neben den für die physische Aufnahme erforderlichen Anforderungen konnte die Allianz auch die Ansprüche der Zielgruppe erfüllen, die für die Akzeptanz notwendig sind. Die Produktinformationen – die Leistungen der Versicherung – werden, wie es die Zielgruppe erwartet, „nett verpackt". Der sympathische Transport der Botschaft entsteht durch den jeweils situationsbedingten Einsatz oder vielmehr durch den Bezug zum Lebensumfeld, wie zum Beispiel die Werbebotschaft auf Kegelbahnen „Auch mit Aufräumservice." Die Botschaft selbst wird lediglich über den Text auf eine sachliche und informative Weise übermittelt.

Abbildung 18:
Die Allianz holt ihre Zielgruppe gezielt in ihrem Lebensumfeld ab – sogar an der Kegelbahn

Die wichtigsten Kernaussagen
Jens Erichsen, Marketingleiter der Allianz Versicherungs-AG (München), nennt zur Ambient-Media-Strategie der Allianz im Interview die folgenden Kernthesen:

● Ambient Media wird genutzt, um die Kommunikationsbotschaften der klassischen Kanäle zu verstärken: Multiplying-Effekt.

● Ambient Media dient als Testfeld, um neue Kanäle für den Transport von Marke und Werbebotschaften für die Zukunft zu entwickeln.

- Trotz der verhältnismäßig hohen Marktforschungskosten sind keine Aussagen über nachweisliche Erfolge von Ambient Media möglich.

- Der Einsatz von Ambient Stunts (Sensations-Marketing an strategisch interessanten, real existierenden Orten) wäre grundsätzlich denkbar, aber die Schwierigkeit liegt in einer Konzeption, die den Geschmack der Zielgruppe trifft.

Die Allianz Versicherungs-AG nimmt die Position der Vorreiter-Rolle ein, indem sie zeigt, dass der Einsatz von Ambient Medien, zugeschnitten auf die Ansprüche und Bedürfnisse älterer Menschen, als neuer Kommunikationskanal möglich ist. Dieses Beispiel zeigt vor allem, dass Ambient Media auch ohne jugendliche, freche oder provokative Grundelemente nicht seinen Reiz verliert.

◆ ◆ ◆

Was ist daran trojanisch?

Die Allianz-Versicherung nutzt in ihrer „Unfall 60 aktiv"-Kampagne Trojanisches Marketing gleich auf unterscheidlichen Ebenen.

Einerseits sind es die Kommunikationskanäle, die trojanisch zur Erreichung der Zielgruppe „Best Ager" genutzt werden. Seien es Einkaufswagen oder Kegelbahnen, das sind die Orte, an denen die avisierte Zielgruppe überdurchschnittlich häufig erwartet wird. Diese trojanischen Orte (POT = Points of Troian Marketing) sind der Anker, der für diese Zielgruppe gesetzt wird. Hier lässt sich auch die Dawos-Strategie – die wir bereits in einem anderen Kapitel erwähnt haben – wiederfinden. Da, wo's diese Zielgruppe häufig und in großer Anzahl aufzufinden gibt, gilt es, mit den werblichen Maßnahmen anzusetzen.

Ein weiterer trojanischer Aspekt ist die typographische Anpassung an die ältere Zielgruppe mit größerer Schrift und angepassten Farben. Auch hier wird ein Trojanisches Kommunikations-Pferd eingesetzt. Ältere Personen, die mit der optischen Wahrnehmung zunehmend technische Probleme haben, fühlen sich automatisch von Botschaften angesprochen, die aufgrund der leicht erkennbaren Farben und Schriften besser wahrgenommen werden können.

Ein dritter trojanischer Aspekt betrifft den Inhalt der Werbebotschaft. Jedes der drei Wörter in „Unfall 60 aktiv" ist für Mitglieder der Zielgruppe ein trojanischer Anker. Sowohl „Unfall" (mit dem muss jeder mit zunehmendem Alter ständig rechnen) als auch „60" sind Reizvokabeln, die im Sinne des ersten A des AIDA-Prinzips als aufmerksamkeitsstark gelten können. Die – vermeintlich kontradiktorische – Verknüpfung mit „aktiv" tut ein Übriges. Sie verstärkt in ihrer scheinbaren Widersprüchlichkeit den Effekt und trägt einen zusätzlichen Aufmerksamkeitsimpuls bei. Kritisch könnte angemerkt werden, dass statt „60" besser „60+" verwendet würde, um die 70-, 80- und 90-Jährigen ebenso sicher zu erreichen (für die ja 60 schon mehr oder weniger lange zurückliegt). Wir vermuten, dass die Allianz-Marktforschung stichhaltige Argumente dagegen gefunden hat, die wir hier nicht nachvollziehen können und wollen.

Die Versicherung, „die auch pflegt, putzt und einkauft", ist ein viertes trojanisches Moment. Für einen älteren Menschen – womöglich alleinstehend oder alleine wohnend, angewiesen auf Pflege und/oder Putzhilfe und/oder Einkaufsunterstützung – stellen diese Vokabeln einen großen Problembereich des täglichen Lebens dar. Wer auch immer sich dieser Themen annimmt – und sei es auch eine Versicherung – kann sich großer Aufmerksamkeit sicher sein. Dieses trojanisches Moment nutzt die Allianz-Versicherung, um die Zielgruppe auf sich aufmerksam und ein großes Versprechen zu machen: Wir kümmern uns um Sie! Und dieses trojanische Versprechen wird jede betroffene ältere Person gerne als Trojanisches Pferd in ihre Festung einlassen.

Trojanisches Marketing für Mittelständler und Freiberufler

Wenn man die soeben präsentierten Beispiele Revue passieren lässt, kann den Eindruck gewinnen, dass sich diese Art, Trojanisches Marketing zu betreiben, nur für große Unternehmen durchführen lässt. Wo bleiben dabei der Mittelstand, die kleinen und mittleren Unternehmen, die Einpersonenunternehmen und Freiberufler? Auch sie können von Trojanischem Marketing profitieren, denn wir sind der Meinung, dass sich Unternehmen jeder Größenordnung dafür eignen.

Schauen wir uns dazu noch einmal die Prinzipien an, nach denen die in diesem Kapitel vorgestellten Unternehmen vorgegangen sind.

Bei [yellow tail] beispielsweise, dem australischen Weinproduzenten, war es der geniale Einfall, das Segment der bisherigen Nichtkunden, also der Fruchtsafttrinker, in Angriff zu nehmen: Es wurde dabei bewusst auf Weinmarkt-Stereotypen verzichtet und es wurden neue Eigenschaften „erfunden", die bisher in dieser Branche nicht verwendet worden waren. Das kann im Prinzip jeder so tun. Denken Sie an Ihr eigenes Geschäft und an die Stereotypen, die dort gang und gäbe sind. Auf welche könnten Sie verzichten, weil sie ohnehin trivial sind und von jedermann verwendet werden? Und welche neuen Eigenschaften könnten Sie in den Vordergrund stellen, die bisher eher vernachlässigt worden sind?

Nehmen wir als Beispiel einen Zahnarzt, der sich neu niederlässt und der Patienten für seine neue Praxis sucht. Trivial ist z. B. die Aussage, dass er Zähne verschönern, pflegen und reparieren und – wenn notwendig – durch Prothesen ersetzen kann. Wenn er Patienten mit Argumenten aus diesem Bereich gewinnen will, wird er nicht viel erreichen. Stattdessen könnte er eine neue Dimension einführen und mit dem Slogan „Unsere kostenlosen Mundhygienekurse machen richtig Spaß" die Patienten in einer sensiblen Gefühlsregion ansprechen.

Übertragen wir das Ganze auf einen Handwerker, beispielweise einen selbständigen Installateur, der neu auf den Markt kommen will: Hier ist es trivial, dass er Installationen von Gas-, Wasser- und Heizungsanlagen vornimmt und solche Anlagen bei Bedarf repariert – was alle anderen Installateure ja auch von sich behaupten können. Er könnte die neue Dimension „Wir hinterlassen eine saubere Baustelle!" einführen, um seine Kunden von der Einzigartigkeit (USP) seines Angebots zu überzeugen.

Wenn Sie an Ihre eigene Branche denken, fallen Ihnen sicher ähnliche Möglichkeiten ein, Trivial-Eigenschaften wegzulassen und dafür neue Dimensionen zu erfinden. Nehmen Sie dazu ruhig auch Anleihen aus anderen Branchen. Sie müssen das Rad nicht unbedingt neu erfinden, wenn es einen Prototyp in einem anderen Bereich bereits gibt. Ziel muss es sein, nicht in erster Linie in einem hart umkämpften Markt einem Mitbewerber Kunden abspenstig zu machen, sondern bisherige Nichtkunden davon zu überzeugen, dass es sich lohnt, bei Ihnen Kunde zu werden.

Am Beispiel Bionade haben wir unter anderem gesehen, wie es gelingen kann, ein Produkt zum Kult, zum „Must have" zu machen. Dazu hat man als Trojanische Pferde die „Szene" und Journalisten eingesetzt, die eine Welle von Mundpropaganda erzeugt haben. Das konnte nur in einer Stadt funktionieren, die beide Gesellschaftsgruppen in überdurchschnittlich großer Anzahl beherbergt. Außerdem hat man, allerdings erst im zweiten Schritt, das Produktdesign so gestaltet, dass sich die Zielgruppen davon angesprochen fühlten. Der optische Auftritt signalisiert eben nicht ein weiteres Bio-Getränk für die Müsli-Jünger, sondern orientiert sich stark an alkoholischen Mitbewerbern. Das heißt, es ist mit Sicherheit gelungen, bisherige Nichtkunden wie beispielsweise Partybesucher, die mit dem eigenen Auto nach Hause fahren wollen, zu gewinnen. Bionade zu trinken ist genauso „in", wie einen alkoholischen Cocktail zu schlürfen.

Warum soll ein kleines Unternehmen so etwas nicht auch zustande bringen? Natürlich ist eine wichtige Voraussetzung, ein passendes Produkt zu haben, das sich als „Kultprodukt" eignet. Das geht nicht nur, wenn es sich um eine wirkliche Innovation am Markt handelt. Es geschieht auch immer wieder, dass aus bestehenden Produkten Kultprodukte werden. Denken Sie am eigenen Beispiel darüber nach, ob es in Ihrem Fall Produkte gibt, die sich für eine solche Art der Vermarktung eignen. Wenn das der Fall ist, überlegen Sie, welche gesellschaftlichen Gruppen Sie brauchen, um den Kultstatus herbeizuführen.

Und wenn Sie solche Gruppen identifiziert haben, suchen Sie sie an den Stellen auf, wo sie überdurchschnittlich häufig anzutreffen sind. Geben Sie den Leuten etwas zu reden. Bieten Sie Hilfsmittel an, wie Informationen über das Produkt weitergetragen werden können. Bionade z. B. vertreibt über seine Homepage Poster, die für wenige Euro gekauft werden können. „Das offizielle Getränk einer besseren Welt" ziert sicher so manches Jugendzimmer. Wir sind überzeugt, dass in diesem Bereich auch für Bionade noch mehr möglich wäre.

Auch aus dem Beispiel der Allianz - „Unfall 60 aktiv" - können kleinere Unternehmen lernen. Eines der trojanischen Elemente war ja das Verwenden einer gut lesbaren Schrift und die Verstärkung der optischen Kontraste. Wie oft verstoßen Sie selbst gegen dieses Prinzip, dass Ihre Zielgruppe in der Lage sein muss, Ihre Botschaften rein technisch zur Kenntnis zu nehmen? Prüfen Sie Ihr eigenes Material einmal auf diesen Aspekt. Uns fällt immer wieder auf, dass vor allem technische Informationen sowohl im B2C (Business to Consumer)- als auch im B2B (Business to Business)-Bereich nur schwer lesbar sind, weil z. B. zu kleine Schriften verwendet werden. So trivial das vielleicht klingen mag, aber damit beginnt es: Ein Trojanisches Pferd kann niemals attraktiv für die Zielgruppe sein, wenn es nicht als solches erkannt werden kann.

Ein weiterer trojanischer Aspekt der Allianz-Aktion war „die Versicherung, die einkauft" und sonst einiges tut, was man von Versicherungen eigentlich nicht erwartet. Auch dieser „Trick" kann auf andere Unternehmen und Branchen übertragen werden. Das Prinzip dabei ist, Dinge mit dem Produkt oder der Dienstleistung zu assoziieren, die normalerweise nicht dazu gehören und die man in der Regel nicht erwartet, die aber ein zentrales Bedürfnis der Zielgruppe ansprechen.

Zugegeben, es ist nicht leicht, die hier vorgestellten Beispiele zu imitieren und ähnliche trojanische Aktionen zu erfinden. Unmöglich ist es vermutlich in keinem einzigen Fall. Falls Sie im konkreten Fall Hilfe bei der Konzeption Ihrer nächsten trojanischen Aktion benötigen, nutzen Sie unsere Website www.TrojanischesMarketing.com und stellen Sie Ihr konkretes Problem unserer trojanischen Community vor. Dort finden sich sicher Experten, die ein ähnliches Problem schon einmal elegant und trojanisch gelöst haben.

2.3 Image und Bekanntheit trojanisch steigern

In diesem Kapitel zeigen wir, wie man mit Hilfe trojanischer Methoden Image und Bekanntheit von Unternehmen, Produkten und Dienstleistungen erzeugen und steigern kann – und das in der Regel zu geringen Kosten. Anhand von konkreten Fallbeispielen erfahren Sie, was bisher in vielen Bereichen schon erfolgreich gelungen ist. Außerdem erhalten Sie zahlreiche Praxistipps und Anregungen, wie Sie mit diesen Methoden Vorteile für Ihr eigenes Business erzielen.

Der Begriff Image

Unter einem Image versteht man einen Gesamteindruck, der sich im Laufe der Zeit bezüglich eines Gegenstands (oder einer Person, eines Produkts, eines Unternehmens) gebildet hat. Ein Image ist immer ein emotional verfestigtes inneres Bild. Der Begriff Image wird synonym zum Begriff Einstellung verwendet. Da sich Images im Zeitablauf verfestigt haben, kann eine Veränderung nur langsam durchgeführt werden.

„Images bestehen aus schematischen Vorstellungen, vereinfachen die Wahrnehmung und üben somit eine Entlastungsfunktion bei der Urteilsbildung aus: Die Unmengen von Bedeutungen und Merkmalen komplexer Gegenstände werden auf ein einfaches Bild reduziert, eine unbequeme, komplizierte, vernunftgesteuerte Beurteilung wird vermieden." *(Schweiger / Schrattenecker)*

Die drei wichtigsten Komponenten des Images sind Bekanntheitsgrad, Ansehen / Ruf sowie das Profil der Marke. Oberstes Ziel jeder Imagekampagne ist die Verfestigung des inneren Gesamtbilds und somit, die Präferenz und die Kaufabsicht für Produkte zu erhöhen.

Fallbeispiel Kärcher: historische Reinigungsaktionen zur Imgagepflege

Er ist sicher in so manchem Haushalt zu finden, der Hochdruckreiniger von Kärcher, einem Familienunternehmen, das sich auf die Entwicklung, die Produktion und den Vertrieb von Reinigungstechnik spezialisiert hat. Zum Produktprogramm gehören neben Hochdruckreinigern auch Strahlsysteme, Sauger, Kehr- und Scheuersaugmaschinen sowie Reinigungsmittel und Fahrzeugwaschanlagen, aber auch Wasser- und Abwassertechnik.

Seit mehr als 20 Jahren setzt sich der deutsche Reinigungsspezialist im Rahmen seines Kultursponsorings für Reinigungsmaßnahmen an historischen Monumenten ein. Dabei wurden bis jetzt rund 80 Aktionen durchgeführt. So erhielten 1990 das Brandenburger Tor in Berlin und die Christusstatue in Rio de Janeiro eine schonende und fachgerechte Reinigung. 1998 wurde mit der Reinigung der Kolonnaden des Peterplatzes in Rom die größte Fassadenreinigung an einem Bauwerk durchgeführt. 2003 haben Fachleute von Kärcher schädliche Schmutzschichten auf den über 3.300 Jahre alten Memonkolossen im oberägyptischen Luxor entfernt. Und ein Jahr später wurden in Athen unter anderem die Nationalbibliothek und in Piräus die antike Stadt- und Hafenmauer gereinigt.

Gesichtspflege für amerikanische Präsidenten

Mit eine spektakulären Reinigungsaktion machte Kärcher im Jahr 2005 in den USA von sich reden. In der Nähe von Rapid City in South Dakota am Mount Rushmore befinden sich die Monumentalköpfe der amerikanischen Präsidenten George Washington, Thomas Jefferson, Theodore Roosevelt und Abraham Lincoln. Diese wurden von dem Bildhauer Gutzon Borglum in den Jahren 1927 bis 1941 geschaffen und stellen neben der Freiheitsstatue in New York das weltweit wohl bekannteste Monument der Vereinigten Staaten von Amerika dar.

Abbildung 19:
Die steinernen US-Präsidenten vom Mount Rushmore, USA,
© Alfred Kärcher GmbH & Co. KG

Die erste Reinigungsaktion am Mount Rushmore begann am amerikanischen Unabhängigkeitstag, dem 4. Juli 2005, und endete Anfang August 2005. Insgesamt reinigten 15 Personen die Präsidentenköpfe. Zum Team zählten Reinigungsexperten von Kärcher, professionelle Seiltechniker sowie Rangers des National Park Service (NPS). Die Reinigung wurde mittels fünf dieselbetriebener Heißwasser-Hochdruckreiniger von Kärcher durchgeführt. Diese waren zu Beginn der Aktion von einem Hubschrauber unmittelbar hinter den Köpfen platziert worden. Gereinigt wurde mit reinem Wasser, ohne Zusatz von Chemikalien.

Das Ziel der Reinigung, steinschädigende Schmutzschichten abzutragen, ohne den Untergrund zu beeinträchtigen, wurde wie erwartet erreicht. Nicht gerechnet hatte man damit, dass auch die optische Sauberkeit des Monuments, die sich dem Betrachter von der Aussichtsplattform darstellt, deutlich verbessert werden würde: Tatsächlich wurden die Köpfe durch die Hochdruckwäsche sichtbar aufgehellt und heben sich jetzt stärker von ihrem natürlichen Hintergrund ab.

Abbildung 20: Mount Rushmore, USA: Spektakuläre „Action" am Präsidentenkopf © Alfred Kärcher GmbH & Co. KG

Der Erfolg der Reinigungsarbeit am Mount Rushmore basiert auf der ausgezeichneten Zusammenarbeit innerhalb des deutsch-amerikanischen Reinigungsteams. Die Deutsche Botschaft in Washington nahm dies zum Anlass, den National Park Service am Mount Rushmore mit dem Deutsch-Amerikanischen Freundschaftspreis auszeichnen.

Was ist daran trojanisch?
Die Kultursponsoring-Aktionen, die die Firma Kärcher seit Jahren betreibt, indem sie international bekannte Monumente auf ihre Kosten und mit ihren eigenen Methoden einer möglichst spektakulären Reinigung unterzieht, haben mehrere trojanische Aspekte:

● Immer werden von Kärcher bewusst Monumente ausgesucht, die in einem speziellen öffentlichen Licht stehen. Das bedeutet, dass Medien jeder Art immer an Storys interessiert sind, die mit diesen Monumenten in Zusammenhang stehen. Was auch immer dort passiert, ist grundsätzlich für eine Meldung interessant. Was immer dort passiert, lässt sich sehr wirksam in Meldungen übersetzen und an das Publikum herantragen. Das garantiert, dass die Aktivitäten von Kärcher praktisch automatisch in die Medien gelangen, was sonst nur durch teure PR-Kampagnen erreicht werden würde.

● Genial ist die Kombination mit dem wichtigsten nationalen Gedenktag, dem Unabhängigkeitstag der USA. Dieser Tag ist für alle Bürger in den Vereinigten Staaten ein Tag besonderer Aufmerksamkeit für alle Meldungen zu diesem national bedeutsamen Thema. Was auch immer im Fernsehen oder Radio oder in den Zeitungen zu diesem Tag gemeldet wird, wird von den Sehern, Hörern und Lesern freudig aufgenommen. Es ist für die Journalisten eine besondere nationale Verpflichtung, zu diesem Tag eine besondere Veröffentlichung zu liefern und das Publikum zu „erbauen".

● Alle Amerikaner sind begeisterte Patrioten. Was auch immer mit der Nation und ihren Gedenktagen zu tun hat, spielt eine besondere Rolle. Einem US-Amerikaner wird es warm ums Herz, wenn nationale Symbole im Spiel sind. Beobachten Sie einmal eine Gruppe von US-Amerikanern, wenn deren Nationalhymne in irgendeinem Zusammenhang gespielt wird. Dann legen alle ihre rechte Hand aufs Herz und schauen feierlich; fast möchte man glauben, dass sie vor Rührung feuchte Augen bekommen.

Genau hier setzt Kärcher mit seiner Maßnahme der spektakulären Reinigung der steinernen Präsidentenköpfe an. Mitten in die Rührung platziert das Unternehmen eine Werbekampagne, die aufgrund der trojanischen Konnotation kein amerikanisches Auge trocken lassen kann. Wer als patriotischer US-Amerikaner Bilder im Fernsehen sieht, die seine ureigene nationale Identität betreffen – also die Köpfe seiner beliebtesten Präsidenten –, der kann gar nicht anders, als emotional erregt zu sein. Und in diese Kerbe schlägt die Meldung, dass es das Kärcher-Reinigungsteam ist, das dieser nationalen Monumentaldarstellung wieder zur ursprünglichen Reinheit (man beachte die Doppeldeutigkeit des Begriffs!) verholfen hat.

Dass das auch mit den Nationalsymbolen anderer Länder funktioniert, hat Kärcher an einigen Beispielen, die schon genannt wurden, vorexerziert. Dabei wurden immer Beispiele ausgesucht, die nicht nur im nationalen Kontext von Bedeutung sind. Immer sind es Monumente, die auch international Bekanntschaft und Ansehen genießen. Dadurch wird sichergestellt, dass auch die Medien anderer Länder über die aufsehenerregenden Aktionen berichten und den Namen Kärcher als Hersteller potenter Reinigungsgeräte erfolgreich und nachhaltig in die Medien und damit in die öffentliche Wahrnehmung bringen.

Tipps für Ihre trojanische Marketingarbeit

Dieses trojanische Prinzip können auch Sie für Ihr Unternehmen nützen, ohne gleich amerikanische Ex-Präsidenten bemühen zu müssen.

Dazu eine Geschichte, an die sich einer der Autoren zu diesem Thema erinnert:

„Während meiner Kindheit war mein Vater einige Jahre Geschäftsführer eines Unternehmens, das sich mit dem Teeren von Straßen und Plätzen beschäftigte. Bei einem seiner Besuche in seinem Heimatdorf im Rheinland bei Koblenz klagte der Bürgermeister, dass der Hauptplatz des Dorfes in einem erbärmlichen Zustand sei. Es sei nicht möglich, dort weiterhin die jährlichen Dorffeste abzuhalten, ohne sich vor aller Welt zu blamieren. Mein Vater überlegte nicht lange und schickte bald nach diesem Gespräch einen seiner automatischen Teer-Lkw in sein Dorf, der dort innerhalb kurzer Zeit den ganzen Hauptplatz der Gemeinde in einen ansehnlichen Zustand versetzte. Nicht nur der Bürgermeister und die Gemeindemitglieder waren ihm sehr dankbar für die großzügige Tat. Auch die örtlichen Medien – damals waren das hauptsächlich die Regionalzeitungen (Fernsehen und Radio spielten noch nicht ihre heutige Rolle) – berichteten seitenweise und voll des Lobes."

Das zeigt, dass man nicht nur auf nationaler Ebene mit solchen Aktionen Aufsehen erregen kann. Überlegen Sie nun, an welchen nationalen, regionalen oder lokalen Ereignissen Ihr Unternehmen anknüpfen kann.

Beziehen Sie die folgenden Aspekte in Ihre Überlegungen mit ein:

- Welche nationalen oder regionalen oder lokalen Feiertage gibt es, die Sie für Aktionen nutzen können? Denken Sie an den jeweiligen Nationalfeiertag in Ihrem Land, an regionale Heiligentage, oder an lokale Festivitäten (z. B. das örtliche Kirchweih-Fest). Alle diese Tage sind geeignete Anknüpfungspunkte für Ihre Aktivitäten. Nutzen Sie die erhöhte Aufmerksamkeit an diesen Tagen – sowohl der Medien als auch des Publikums.

- Welche nationalen, regionalen oder lokalen Symbole gibt es, die Sie für Aktionen nutzen können? Denken Sie an Wappen, Hymnen, Fahnen, Zeichen! Was auch immer die Bürger als Identifikationsobjekt kennen, ist ein potenzielles Trojanisches Pferd für Ihre Produkte und Dienstleistungen.

- Welche nationalen, regionalen oder lokalen Organisationen gibt es, die Sie für Aktionen nutzen können? Denken Sie an Hilfsorganisationen, Vereinigungen und Vereine, Organisationen jeder Art. Was auch immer aus diesem Bereich Berührungspunkte mit Ihren Interessen hat, soll in Betracht gezogen werden.

- Welche nationalen, regionalen oder lokalen Events/Veranstaltungen gibt es, die Sie für Aktionen nutzen können? Denken Sie an alles – vom Feuerwehrfest bis zum Tanzkränzchen. Wo immer es potenzielle Tangenten zu Ihrem Business gibt, sind Sie gut vertreten.

- Welche nationalen, regionalen oder lokalen Persönlichkeiten und Meinungsführer (Opinion Leaders) gibt es, die Sie für Aktionen nutzen können? Denken Sie an meinungsbildende Prominente, Politiker, Schauspieler, Lehrer, Ärzte, andere Respektspersonen. Wie können Sie diese in Ihre Aktionen einbinden? Gibt es eine Möglichkeit, diese als Testimonials heranzuziehen? Gibt es Möglichkeiten, diese zum öffentlichen Konsum Ihres Produktes oder Ihrer Dienstleistung zu animieren?

- Welche nationalen, regionalen oder lokalen Spezialitäten gibt es, die Sie für Aktionen nutzen können? Denken Sie an regionaltypische Speisen und Getränke, Bräuche, Erzeugnisse. Sehen Sie hier Anknüpfungspunkte, deren Image auf Ihr Unternehmen umzuleiten?

- Wie Sie sehen, bietet sich eine Fülle trojanischer Möglichkeiten an, die Sie selbst für sich und Ihr Unternehmen nutzen können. Das Erfolgsgeheimnis ist, dass Sie sich einfach fragen, welche Eigenschaften Ihres Umfelds Sie für sich als Trojanisches Pferd nutzen können und wollen.

Das Guide-Prinzip – Information als Trojanisches Pferd

Einer der beiden Autoren hatte vor kurzem ein interessantes Beratungsgespräch mit einer Bekannten, die seit längerer Zeit für verschiedene karitative Organisationen tätig ist. Von der letzten Organisation hat sich die Dame getrennt und versucht jetzt, eine beratende und operativ tätige Organisation für pflegebedürftige ältere Personen aufzubauen. In Anbetracht des aktuellen Pflegenotstands, den wir in Deutschland und Österreich haben, ist das eine starke Herausforderung, denn im Grunde steht in beiden Ländern in den nächsten Jahren ein „Super-Gau" in Bezug auf Pflegehilfe an. Gründe dafür sind die zunehmende Überalterung der Gesellschaft sowie die jetzt schon teilweise unzureichenden Finanzmittel des Staates. Erschwerend kommt dazu, dass viele Leute keinen Einblick in die Bürokratie des Gesundheitswesens haben und daher nicht in der Lage sind, objektive Informationen über Pflegegeld, Pflegeleistungen und die Durchführung der Pflege zu erhalten. Der Pflegemarkt wird zurzeit von staatlichen Institutionen, Non-Profit-Organisationen sowie vom Schwarzmarkt gestellt.

Im Zuge des Gesprächs konnten zwei relevante Zielgruppen eruiert werden, für die Informationen rund um die Pflege wichtig sind. Dies sind Personen, die akut Pflegeleistungen brauchen, also meistens ältere Menschen, sowie Personen, deren Angehörige Pflegeunterstützung benötigen. Die Letztgenannten stehen dabei vor einer enormen Herausforderung, denn sie stehen meist mit beiden Beinen im Berufsleben und haben dadurch wenig Zeit, sich um die pflegebedürftigen Angehörigen zu kümmern. Auch die finanzielle Komponente stellt eine nicht zu vernachlässigende Größe dar.

Ziel der neuen Pflegeorganisation muss aus diesen Gründen die Vermittlung von Informationen rund um das Thema Pflegehilfe sein. Für karitative Organisationen scheiden auf Grund fehlender finanzieller Mittel herkömmliche Marketingaktionen wie Inseratenwerbung, groß angelegte Mailingwellen, Fernsehspots etc. aus. Die Lösung dieser Kommunikationsherausforderung besteht in der Schaffung einer Informationsbroschüre – eines Guide. Darin sollen alle Details rund um das Thema Pflege aufgelistet werden, also ein Ratgeber mit Tipps von A bis Z. Als zentrales Motiv in der bildlichen Darstellung muss die Zeiterleichterung für die Zielgruppe kommuniziert werden, denn die Zielgruppe möchte neben einem anstrengenden Job auf keinen Fall die Zusatzbelastung Pflege. Der Guide muss informativ und objektiv gestaltet werden, denn hier sind vor allem die neutralen Informationen zum Thema „Alles über die häusliche Pflege" ausschlaggebend. Erst am Ende werden dann Angaben zur karitativen Organisation gemacht.

Der Begriff „Guide" ist uns nicht leicht gefallen. Ursprünglich haben wir von einer „Fibel" gesprochen, wurden dann aber darauf aufmerksam gemacht, dass „Fibel" doch etwas altmodisch sei. Auch „Ratgeber" wurde vorgeschlagen. Dieser Begriff passt jedoch aus unserer Sicht eher zu allgemeinen Lebens-Ratgebern (für Ehe, Familie, Kindererziehung etc.) jedoch weniger zu einem Marketing-Fachbuch, wie es hier vorliegt. Wir haben uns daher entschlossen, generell den Begriff „Guide" zu verwenden. Bei einigen Beispielen müssen wir jedoch bei der „Fibel" bleiben, weil die Originale wirklich so heißen.

Der „Altenpflege-Guide", wie wir ihn jetzt nennen, wird zum einen als Download auf der Homepage der karitativen Organisation positioniert, wo er gegen Angabe der Adresse des Beziehers gratis herunter geladen werden kann. Auf diese Weise lässt sich die Datenbank des neuen Unternehmens in relativ kurzer Zeit aufbauen. Die auf diesem Weg gewonnenen Daten haben somit größte Zielgruppenaffinität und können anschließend für spezifische Aussendungen der Pflegehilfeorganisation verwendet werden. Mittels eines Weiterempfehlungsbuttons auf der Website wird der „Altenpflege-Guide" von Seiten der Informationssuchenden gleich weiter an andere potenzielle Kunden verwiesen. Nach Eingabe der Adresse kann der „Altenpflege-Guide" gratis bezogen werden. Durch Virus-Marketing kann sogar ein enormer Multiplikationseffekt für den Guide entstehen.

Jetzt hat die Dame, die die Hilfsorganisation gründen will, leuchtende Augen bekommen, denn sie hat verstanden, dass es relativ einfach ist, mittels eines Guides zielgruppenspezifische Adressen zu bekommen und in relativ kurzer Zeit Bekanntheit für ihr Projekt aufzubauen. Die Reise mit dem Guide geht jedoch weiter. Im nächsten Schritt gilt es, Journalisten zu kontaktieren, die über die Altenpflege schreiben. Sie werden informiert, dass es eine kostenlose Informationsbroschüre bzw. einen Informations-Guide zum Thema gibt, und die Journalisten werden sicherlich die Internetadresse zur Bestellung des „Altenpflege-Guide" in den kommenden Beiträgen bringen. Als weiterer Schritt wäre ein Druck des Altenpflege-Guide denkbar, vorausgesetzt, ein Sponsor wird gefunden. Der gedruckte Guide wird dann z. B. bei Seniorenmessen oder ähnlichen Veranstaltungen verteilt, natürlich nur mit zuvor angegebener Adresse des Beziehers.

Der trojanische Aspekt des Guides

In diesem Fall wird die Information über die Pflege, der Altenpflege-Guide, als Trojanisches Pferd für die Beschaffung von zielgruppenrelevanten Adressen verwendet. Durch das Trojanische Pferd, den Guide, kann innerhalb kürzester Zeit eine Datenbank aufgebaut werden, die Grundlage für rasche Bekanntheit ist. Weiterhin stärkt der Guide auch das positive Image der karitativen Organisation, denn alle Leistungen werden darin „objektiv" positiv dargestellt.

Adressenbeschaffung für Kooperationspartner

Wie wir im vorherigen Beispiel gesehen haben, dient ein gut aufbereiteter Guide nicht nur als neutrale Informationsquelle über ein Produkt bzw. Dienstleistung, sondern ist auch das Trojanische Pferd zur Beschaffung von Adressen. Wir gehen jetzt einen Schritt weiter und zeigen anhand eines konkreten Beispieles, wie man durch den Einsatz eines Guides zu relevanten Adressen für einen Kooperationspartner kommt.

Einer der beiden Autoren ist Studiengangsleiter an der Fachhochschule des Berufsförderungsinstituts (bfi) Wien und leitet das neue interdisziplinäre Fachhochschulstudium „Technisches Vertriebsmanagement", das im innovativen Technologiezentrum „ENERGYbase" beheimatet ist. Im Nachbargebäude „TERCHbase" ist auch Österreichs bekanntestes Forschungsunternehmen, arsenal research mit den dazugehörigen Labors untergebracht. Zudem befindet sich im Gebäude der Firmensitz des Automotive Cluster Vienna Region, ein Netzwerk für innovative Unternehmen rund um die Themen Mobilität, Verkehr und neue Fahrzeugtechnologien. Insgesamt arbeiten rund 300 Personen direkt im TECHbase, wovon mehr als die Hälfte Akademiker sind. In unmittelbarer Nachbarschaft vom TERCHbase sitzt außerdem die größte Niederlassung von Siemens in Österreich. Im Erdgeschoß des Technologiezentrums befindet sich das Restaurant eines internationalen Unternehmens, das eine hervorragende Mittagsküche zu einem einigermaßen vernünftigen Preis anbietet. Ein idealer Standort für ein Restaurant, dessen Zielgruppe vor allem hungrige Akademiker sind, die besser als der Durchschnitt verdienen.

Im Oktober 2007 lag im Restaurant ein ganz besonderer Guide mit der Überschrift „Curry – Feurige Versuchung" aus. Es handelt sich dabei um ein Magazin zu den Curry-Wochen des Restaurants. Im Inneren dieses Guides wird eine „Expedition der Sinne", durch die Curry-Welt unternommen. Beginnend mit einer Reise in die Geschichte des Curry werden schmackhafte Rezepte zum Thema Kochen mit Curry angeboten, die bildlich sehr einladend illustriert sind. Der Guide ist jedoch zusätzlich mit einem Gewinnspiel ausgestattet. Den Gewinnern winkt eine Traumreise nach Indien, der Heimat des Curry-Gewürzes. Auf einer Seite wird ein Überblick über diese Reise geboten. Die wesentlichsten Stationen dieser erlebnisreichen Tour sind aufgelistet, und am unteren Ende erfährt man, wo weitere Details zu dieser und anderen Reisen angefordert werden können. Es handelt sich dabei um das Reisebüro einer großen österreichischen Bank. Auf der gegenüberliegenden Seite wird von einer Wiener Konzertagentur für die Show „Bollywood" geworben. Hier gibt es ebenfalls Gewinne in Form von Eintrittskarten. Beide Produkte, die Reise nach Indien und die indische Show, harmonieren hervorragend mit dem „Curry-Guide".

Doch wie funktioniert das Gewinnspiel? Der Guide und eine getrennt dazugehörige Gewinnkarte im Postkartenformat liegen bei der Kasse auf und fordern damit jeden Zahlenden zum Mitnehmen auf. Die Kassendame verweist zusätzlich noch höflich auf das tolle Gewinnspiel. Die Gewinnfrage ist so gestellt, dass man durch Rubbeln auf der Postkarte ein mit Currygeschmack versehenes Feld öffnet und den wichtigsten Bestandteil dieser Currymischung erraten muss – Pfeffer, Ingwer oder Zimt. Das entsprechende Ergebnis wird auf der Rückseite der Karte ankreuzt. Auf dieser Gewinnkarte müssen jedoch ebenfalls Name, Adresse, Postleitzahl, Ort, Telefon und E-Mailadresse angegeben werden. Bei so tollen Preisen wie einer 8-tägigen Flugreise für zwei Personen nach Nordindien, werden sicherlich viele beim Gewinnspiel mitmachen und in der Hoffnung zu gewinnen gerne ihre Daten angeben.

Wo steckt hier das Trojanische Pferd? Ganz einfach in den gewonnenen Adressen, die nicht nur die Restaurantkette nutzen kann, sondern auch die beteiligten Unternehmen, die wahrscheinlich dafür die Reise und die Eintrittskarten zur Verfügung gestellt haben. Im Kleingedruckten der Gewinnkarte steht, dass man die Restaurantkette ermächtigt, die gewonnen Daten zu Marketingzwecken zu verwenden bzw. an die an dieser Aktion beteiligten Firmen weiterzuleiten. Somit erhalten alle Beteiligten Adressenmaterial von gut verdienenden, akademisch ausgebildeten Angestellten. Besonders das Reisebüro der Bank, das auch im Segment der Kulturreisen tätig ist, bekommt dadurch bestes Adressenmaterial, da man sich der Tatsache bewusst ist, dass Akademiker gerne einen Kulturtrip unternehmen. Besser kann man es nicht machen!

Noch mehr trojanische Aspekte des Guides und Tipps für Ihre Arbeit

Im ersten Beispiel (Altenpflege-Guide) haben wir erfahren, dass relevantes Adressenmaterial durch das Guide-Prinzip relativ leicht zu beschaffen ist, da man für neutrale Informationen gerne seine Adresse hergibt. Zusätzlich können dadurch aktuelle Informationen von A bis Z an Journalisten herangetragen werden, die ja ständig nach gut aufbereitetem Informationsmaterial suchen. Dadurch profitieren beide, der Herausgeber des Guides sowie die Medienschreiber.

Im Curry-Guide geht man einen Schritt weiter und integriert einen Kooperationspartner. Dieser stellt einen auf die Zielgruppe zugeschnittenen Preis in Form eines Gewinnspiels zur Verfügung. Somit wird ein zusätzliches trojanisches Element geschaffen, das einen zusätzlichen Nutzen zur Zielgruppe transportiert: einen Gewinn, und der verhält sich wie das Trojanische Pferd – er wird abgeholt. Bei dieser Variante ist jedoch Vorsicht geboten, denn Preise, die einen niedrigen Wert darstellen, laden nicht zum Mitmachen ein, sondern bewirken gerade das Gegenteil, nämlich, dass man eher abgestoßen wird.

Bedenken Sie bei Kooperationen, die in den Guide mit integriert werden, immer, dass der angebotene Preis einen relevanten Wert für die Zielgruppe besitzt. Der wichtigste zusätzliche Nutzen solcher Aktionen ist der Adressengewinn für beide Kooperationspartner, und Kooperationen sollen immer zu einer Win-Win-Situation führen. Stellen Sie sich anhand des Curry-Guides vor, wie schwer es für das Reisebüro im Normalfall ist, an das akademische Zielpublikum zu kommen. Durch die Integration in den Guide geschieht dies mühelos. Das Fazit daraus: Prüfen Sie immer, wenn Sie als Kooperationspartner in einen Guide einsteigen, ob das dadurch erlangte Adressenmaterial mit Ihren Produkten harmoniert.

Noch ein wichtiger praxisrelevanter Tipp für Ihr Trojanisches Marketing: Adressen und deren richtige Verarbeitung stellen sozusagen das Herzstück vieler Unternehmungen dar. Die Kunst der Adressenverarbeitung besteht darin, dass die erhaltenen Adressen auch richtig codiert, d. h. mit Zusatzinformationen ausgestattet werden. Dies geschieht in Adressendatenbanken durch sogenannte Tags (englisch für „Kennzeichen" und „Anhängezettel"). So ein Tag für die Adressen, die das Reisebüro als Kooperationspartner erhält, könnte folgendermaßen aussehen: „Gewinnspiel Restaurant XY 2007". Durch diese Abgrenzung lassen sich unter anderem genaue Mailing-Aktionen mit diesen potenziellen Neukunden planen, deren Rücklaufquote leicht zu überprüfen ist. Die weitere Abgrenzung besteht auch innerhalb der Adressendatenbank, da diese neu gewonnen Adressen nicht mit den Daten der Stammkunden vermischt werden. Sollte das Reisebüro noch zusätzliche Kooperationen dieser Art eingehen, kann es aufgrund der Responsequoten auch jede einzelne Aktion auf deren Effizienz hin überprüfen. Wird im Jahr 2008 wieder eine solche Aktion durchgeführt, so lautet der Tag „Gewinnspiel Restaurant XY 2008".

Betrachten wir jetzt noch den Image- und den Bekanntheitsaspekt. Im Kapitel „Trojanisches Marketing mittels Kooperationen" gehen wir noch genauer auf die Vorteile Trojanischer Pferde bei der Zusammenarbeit mit Partnern ein. Hier beim Guide profitieren beide, der Guide-Herausgeber und das Reisebüro, vom zusätzlichen Imagegewinn sowie der Erhöhung des Bekanntheitsgrades, der durch die Abbildung des Logos des Kooperationspartners ausgelöst wird. Das Reisebüro profitiert vom guten Ruf des Restaurants, und umgekehrt verhält es sich genauso. Ziel von Kooperationen ist neben einer Umsatzsteigerung für beide auch der dadurch gewonnene Bekanntheitsgrad sowie der zusätzliche Imagegewinn.

Der Guide zur Imagekosmetik

Vorrangiges Ziel der vorher erwähnten Guides war die Adressenbeschaffung. Jetzt betrachten wir den erhöhenden Imageaspekt, der durch so genannte „Ratgeber-Guides" bewirkt wird. Ein gelungenes Beispiel dafür ist die „Ernährungsfibel: PowerLebensmittel Brot" des Wiener Bäckermeisters Ströck. Dieser professionell aufbereitete Guide liefert auf 24 Seiten jede nur erdenkliche Information zum Thema gesunde Ernährung mit Brot. So werden Empfehlungen der deutschen Gesellschaft für Ernährung weitergegeben, und Nährwerttabellen veranschaulichen, wie man sich gesund ernährt; natürlich kommen auch Tipps zum Abnehmen vor. Ein eigenes Kapitel widmet sich dem ökologischen Landbau, da der Bäckermeister ausschließlich Getreide aus dem biologischen Anbau verwendet.

Gelungen ist vor allem die Rubrik „Wussten Sie ...", die sich wie ein Leitmotiv durch den gesamten Guide bewegt. So wird am Anfang des Guide mit Hilfe dieser Rubrik darauf hingewiesen, dass Ströck der offizielle Sponsor der österreichischen Schwimm-Nationalmannschaft ist, oder dass bei Ströck die handwerkliche Komponente nach wie vor maßgeblich ist und daher die Brote zum Großteil noch von Hand geformt werden. Die Rubriken werden durch ein grafisches Textfeld umrahmt, um einen bestimmten Informationsgehalt prägnant hervorzuheben. Interessant ist vor allem das Kapitel „Geschichte des Brotes", das nach dem Prinzip des Storytelling aufgebaut ist. (Mehr dazu erfahren Sie in diesem Buch im Beitrag von Werner T. Fuchs, der sich im Kapitel „Der trojanische Pfeil" befindet). Des Weiteren befindet sich am Ende des Guides das „Brotglossar", das auf wichtige Bestandteile des Brotes, wie z. B. Dinkel, Einkorn, Gluten, Natursauerteig etc. eingeht. Auf der Rückseite des Guides sind alle Filialen von Ströck aufgelistet, denn die Produkte sollen ja auch gefunden und gekauft werden.

Wenn Sie sich den Guide selbst anschauen wollen, gehen Sie ins Internet: www.stroeck.at. Dort rufen Sie in der „Infocorner" die Downloads auf und können sich die „Brot- und Gebäckfibel" herunterladen.

Image und Bekanntheit sind zentrale Erfolgskriterien im heutigen Marketing. Durch neutrale Berichterstattung über Produkte beziehungsweise Dienstleistungen mittels eines Guide wird die Imagekomponente eines Unternehmens entscheidend gestärkt. Da Guides hauptsächlich direkt verwertbare Informationen liefern, werden sie auch länger aufbewahrt als andere Marketinginformationen und dienen, wenn beispielsweise Rezepte oder praktische Anwendungen enthalten sind, als Nachschlagewerke. Dies schafft eine zusätzliche Kundenbindung, und dadurch steigt auch die Bekanntheit, weil man einen Guide gerne weiterempfiehlt. So gesehen ist ein gut aufbereiteter Guide ein Werkzeug der Mundpropaganda, eine trojanische Waffe, deren Verteilung wenig kostet, da sie von den eigenen Kunden betrieben wird.

Die Grill-Fibel von Bell
Eine weiterer besonders gelungener Guide für das Image ist die „Grill-Fibel" des schweizerischen Unternehmens Bell. Mit dem Konzept „Grillchef", das wir im Kapitel „Vorhandenes verwenden – Vorlagen nutzen" noch näher betrachten, hat Bell den Schweizer Marketingpreis 2007 gewonnen. Dazu ein Auszug aus der Einleitung zur Grill-Fibel: „Damit Ihre Grillparty von A wie Anzünder bis Z wie Zapfenstreich gelingt, haben wir in dieser Broschüre zusammen mit den besten Spezialisten der jeweiligen Produktgattungen die

Abbildung 21:
Eine trojanische Waffe der Firma Bell:
Die Grill-Fibel

wichtigsten Infos zusammengefasst: Tipps und Tricks rund ums Grillen, Marinaden-Rezepte, einen Mengenbedarfsrechner, eine Garzeitenübersicht und vieles mehr. Denn mit Bell wird jeder zum Grillchef und Ihre Party ein voller Erfolg ..." (www.bell.ch).

Ein zentraler Stellenwert kommt in der Grill-Fibel dem Cross-Marketing zu. Die mitwirkenden Firmen werden geschickt in das Gesamtkonzept mit eingebunden. Sie fungieren dabei in der jeweiligen Rubrik des Guide als Trojanische Pferde. So werden beim Thema „Welcher Grilltyp sind Sie?" verschiedene Grillgeräte der Firmen Koenig und Weber und deren Produkteigenschaften vorgestellt. Beim Thema „Marinieren und Würzen" werden Zutaten für eine erlesene Marinade erklärt, dazu gibt der Grillchef noch den richtigen Praxistipp. Anschließend werden die Senfprodukte der Firma Thomy gut dosiert in Szene gesetzt. Damit die Veranstalter einer Grillparty auch die ausreichenden Stückzahlen einkaufen, gibt es eine Tabelle mit den Mengenangaben von Fleisch und Getränken. Umrahmt wird dies mit Abbildungen der Biere der Brauerei Feldschlösschen. Merchandising-Artikel wie Grillgabeln, Grillhandschuhe, Grillreinigungsbürsten werden ebenfalls angeboten, die man mittels beiliegender Bestellliste unkompliziert ordern kann. Als Anreiz zur Bestellung ist ein Gewinnspiel, bei dem es einen Suzuki-Kleinwagen zu gewinnen gibt, eingebunden. In diesem Fall lassen sich wiederum wertvolle Adressendaten der Kunden gewinnen, die für verschiedenste Marketingaktionen seitens Bell genutzt werden können.

Der Guide für Steuersparer

Einer der Autoren hatte im Zuge von Beratungsgesprächen mit einem jungen Steuerberater zu tun, der sich über das flaue Anfangsgeschäft beklagte. „Wie soll man bei dieser Anzahl von konkurrierenden Steuerberatern und all den großen internationalen Steuerberatungsgesellschaften noch sein eigenes Geld verdienen?", lautete seine deprimiert wirkende Frage. Als Lösung wurde ein Guide mit dem Titel „Nachhaltig Steuersparen für den Mittelstand" konzipiert. Darin wurden mit Hilfe von Storytelling einfache Konzeptionen aufgezeigt, wie mittelständische Unternehmungen ohne großen Aufwand erhebliche Steuersparpotenziale erreichen können. Im nächsten Schritt wurden Kleinstanzeigen in ausgesuchten Medien für den Mittelstand geschaltet, die einen Hinweis auf diesen wertvollen Guide gaben. Der Vorteil dieser Kleinstanzeigen bestand darin, dass niedrigste Inseratkosten anfielen, was gerade für einen jungen Steuerberater von Vorteil ist, da er noch über kein ausreichendes Marketingbudget verfügt. Der Guide wurde zum Download auf seiner Homepage angeboten. Da die anfragenden Firmen ihre Adresse sowie Ansprechpartner bekannt geben mussten, entstand in kürzester Zeit eine wertvolle Datenbasis potenzieller Neukunden, und viele Unternehmen, die zuvor den Guide heruntergeladen hatten, riefen später an und bedankten sich herzlich für diese tollen kostenlosen Informationen. Einige der Unternehmen waren mit ihrem bisherigen Steuerberater nicht zufrieden und engagierten daraufhin den jungen Steuerexperten, der jetzt – und das in kürzester Zeit – volle Auftragsbücher hat. Ein weiterer Aspekt war, dass der junge Steuerberater relativ schnell eine große Bekanntheit erreichte und ein Image als kompetenter Mann fürs Steuersparen aufbauen konnte. Diesen Aspekt erkannten auch Journalisten, und er wurde daraufhin häufig in Presseberichten zum Thema Steuersparen zitiert.

Der Guide für Männer:
Triumphs „Kleines ABCDE der Dessous"

Abbildung 22:
Nachhilfe für Männer: Der Wäscheratgeber
„Kleines ABCDE der Dessous" von Triumph.

Wie wir gesehen haben, geht es bei Guides in der Regel darum, Image zu erzeugen oder zu verstärken. Wie man Männern auf diese Weise den Einkauf von Damenwäsche erleichtert, zeigt die Firma Triumph mit „Österreichs 1. Wäscheratgeber für Männer – Kleines ABCDE der Dessous."

Dazu ein kleiner Auszug aus dem originell aufbereiteten Text: „Damit ‚Mann' beim Shoppen nicht ‚dumm' aus der Wäsche schaut, hilft ihm Triumph mit dem ersten Dessous-Ratgeber für Männer auf die Sprünge. Der Guide macht aus jedem Unterwäschemuffel einen Experten. Auch auf die

Frage, was der ‚Mann von Welt' darunter trägt, findet er die passenden Antworten".

Dieser spezielle Guide, der in einer Printversion als auch in einer Internetvariante zur Verfügung steht, vermittelt in vier Schritten – inklusive Expertentipps – die optimale Auswahl der richtigen Dessous. In Schritt 1 („Im Schrank verstecken sich nicht nur Liebhaber") wird ein trojanischer Tipp gegeben, woran der Mann von heute die richtige Größe für das Dessous seiner angebeteten Liebsten erkennt (Auflösung: am Etikett). Die Umsetzung erfolgt konkret mit dem Expertentipp, der besagt, dass man die Wäschegröße, die am Etikett ablesbar ist, in ein dafür vorgesehenes Feld innerhalb des Expertentipps eintragen und damit anschließend zur nächsten Triumph-Filiale pilgern soll, die natürlich alle in dem Guide aufgelistet sind. Somit können sich die Männer nicht mehr verirren.

Schritt 2 mit der Überschrift „Wo Triumph draufsteht, muss kein Auto drin sein" nimmt schließlich den Männern die Angst, sich in eine Triumph-Filiale zu begeben und dort einzukaufen: „Uns interessieren hier natürlich die Shops, die österreichweit 60 Mal zu finden sind. Was viele nicht wissen: Männer sind dort ausdrücklich erlaubt! Ziel ist es also, Ihnen, liebe Männer, die Schwellenangst zu nehmen". Dann erfolgt eine konkrete Anleitung, wie man an die Sache herangeht, natürlich wieder von Expertentipps begleitet. In Schritt 3 gibt es wichtige Tipps für die Männer in eigener Sache, damit sie die richtig passende Unterwäsche auch für sich selbst kaufen können. Perfektes Cross-Marketing, kann man dazu nur sagen! Im abschließenden 4. Schritt wird der „Triumph-Männer-Geschenk-Service" vorgestellt, damit die gekauften Dessous auch in der richtigen Geschenkverpackung an die Empfängerin übergeben werden können.

Wenn Guides das erste Mal auf den Markt kommen, müssen sie natürlich in den gesamten Kommunikationsmix integriert werden. Ziel dieser integrierten Marketingmaßnahmen ist die höhere Verbreitung und Bekanntmachung der Guides. Für den Guide „Kleines ABCDE der Dessous" wurden auch zwei Plakatmotive geklebt, von denen eines im Folgenden zu sehen ist.

Abbildung 23: Plakate weisen auf den Guide „Kleines ABCDE der Dessous" hin.

Das Triumph-Beispiel zeigt, dass ein Guide ein geeignetes Instrument ist, die Zielgruppe – vielleicht auf Umwegen – zu erreichen.

Der Guide für kritische Bankkunden

Mit dem sabinischen Kriegsgott im Logo (mehr zum Thema Kriegsgott im Kapitel: „Sprache als Trojanisches Pferd") wappnet sich die quirin bank mit einem unkonventionellen und innovativen Konzept zum Angriff gegen die etablierten Hausbanken. Kernzielgruppe sind Privatkunden mit einem mittleren Vermögen ab 50.000 Euro, die mit dem Modell einer Flatrate bedient werden. Dabei zahlen die Kunden Monat für Monat einen kalkulierbaren Fixbetrag von 75 Euro, in dem alle Bankleistungen enthalten sind. Dabei stehen folgende Grundelemente im Vordergrund:

● Objektive und unabhängige Beratung anstelle des Verkaufs von hauseigenen Produkten
● Rückvergütung aller Provisionen statt undurchsichtige und versteckte Gebühren
● Einfachheit und Transparenz anstelle Komplexität

Als Vorlage dienten angelsächsische Finanzinstitute, die mit dem Modell der Flatrate (Fixpreis in der Beratung und Rückvergütung aller Provisionen) einen Marktanteil von rund 20 % erreicht haben. Im Oktober 2008 hat die Bank bei der Verwaltung von Kundenvermögen die Marke von 1 Milliarde Euro überschritten. Die Berater der quirin bank (www.quirinbank.de) sind nur am Erfolg der Kunden beteiligt.

Die zentrale Waffe der Bank ist der Guide „Neues Gesetzbuch des Private Banking", der anhand von verschiedenen Guide-Gesetzesparagraphen die gröbsten Fehler der üblichen Finanzberatung aufzeigt. Der Guide liest sich wie ein hochdramatischer Wirtschaftskrimi und dient als trojanische Überzeugungswaffe. Der aufwendig produzierte Guide ist von einer Banderole umgeben, auf deren Vorderseite folgender Text steht: „Jetzt gelten neue Gesetze für Vermögen ab 50.000 Euro". Rückseitig ist zu lesen: „Ihre alte Bank würde Ihnen dieses Buch am liebsten verbieten: Viele Anleger haben das Gefühl, ihrer Bank nicht wirklich vertrauen zu können. Bei jedem Anruf fragen sie sich: Warum rät man mir zu dieser Transaktion? Hilft es wirklich der Performance meines Depots? Oder nur dem Aktienkurs der Bank? Dieses Buch zeigt, dass die Wahrheit noch viel schlimmer ist. Es enthüllt, warum bisherige Banken nicht daran interessiert sind, Sie wirklich bestmöglich zu beraten. Aber dieses Buch ist auch Werbung – für Deutschlands erste Bank mit einem ganz anderen Geschäftsmodell: Denn bei der quirin bank dreht sich wirklich alles um den Erfolg des Anlegers."

Abbildung 24: Sorgt für Mundpropaganda: Die Banderole des quirin-bank-Guide

Von Mitte Dezember 2006 bis Ende Februar 2007 wurde in einer deutschlandweiten Werbekampagne zum ersten Mal auf das Leistungsangebot der Bank unter dem Motto „Jetzt gelten die neuen Gesetze ab 50.000 Euro" mit Hilfe von Werbeträgern wie „Der Spiegel", „Spiegel Online", „n-tv" und „N24" auf das neue Leistungsangebot aufmerksam gemacht. Laut einer Studie der Spiegel-Gruppe wurde durch die gleichzeitige Kommunikation über Print und Online die Werbewirkung der eingesetzten Werbemittel deutlich gesteigert. Fazit: Bei Mono-Kontakt erkannten 28 % der Befragten die Werbung der bis dahin werblich unbekannten quirin bank wieder. Beim Crossmedia-Kontakt waren es bereits 37 %, die die Werbung wiedererkannten. Zusätzlich konnte sich die Werbung der Bank an erster Stelle als innovativer Anbieter von Finanzprodukten etablieren. Durch den erstklassigen Guide wurde eine massive Mundpropaganda-Aktivität ausgelöst.

Auch hier zeigt sich wieder dasselbe Prinzip: Mit Hilfe eines „allgemeingültigen" Guides wird die Zielgruppe trojanisch überzeugt, dass es sich beim Anbieter des Guides und der entsprechenden Bankleistungen um ein seriöses und kompetentes Unternehmen handelt.

Praxistipps für Ihre Guidekonzeption

Wenn Sie einen Guide zur Image- und Bekanntheitssteigerung planen, sollten Sie folgendes berücksichtigen:

- Stellen Sie die imagebildenden Komponenten Ihres Produkts in den Vordergrund. So wird z. B. in der Ströck-Brotfibel die Verwendung von biologischen Getreidesorten exemplarisch betont. Dadurch erfährt der Konsument einen zusätzlichen Nutzen, der den Kaufprozess maßgeblich beeinflusst.

- Geben Sie konkrete Tipps, wie Ihr Produkt verwendet werden kann, denn viele Konsumenten wissen oft gar nicht, bei welchen zusätzlichen Anwendungsfällen sich das Produkt einsetzen lässt. So lag beim Reinigungsmittel Danclor früher einen „Anwendungs-Guide" bei, in dem 99 konkrete Anwendungsbeispiele für den Einsatz aufgelistet waren. Dadurch lässt sich die Wiederkaufrate erhöhen. Weiterhin können Sie Tipps und Ratschläge zu angrenzenden Bereichen liefern, die mit dem Produkt verbunden sind. In der Brotfibel geschieht dies durch Anleitungen zum richtigen Abnehmen, ein Thema, das viele gerne aufnehmen.

- Verwenden Sie das Prinzip des Storytelling. Alle Menschen lieben Geschichten und eine nette Geschichte zum Produkt erhöht den Erinnerungswert, da sie direkt im episodischen Gedächtnis abgespeichert wird. Im Beispiel mit der Brotfibel geschieht dies durch das Kapitel „Die Geschichte des Brotes". Erzählen Sie Ihren Kunden, wie Ihr Produkt oder Bestandteile Ihres Produktes früher erzeugt wurden. Sie können weiter Geschichten von begeisterten Kunden einbinden, wie dies bei erfolgreichen Kundenzeitschriften geschieht.

- Integrieren Sie ein Glossar in Ihren Guide. Dieses liefert in komprimierter Form Erklärungen zu den wichtigsten im Produkt verwendeten Bestandteilen. Dadurch hat der Konsument eine weitere Informationsquelle, die er gerne nutzt.

● Versuchen Sie, bekannte Personen in Ihrem Guide darzustellen, die sich positiv zu Ihrem Produkt oder Dienstleistung äußern oder in der Produktanwendung präsentiert werden. So könnte ein Fitnessstudio eine Rückenfibel konzipieren, worin bekannte Ärzte auf die Wichtigkeit von Rückengymnastik eingehen. Dies erhöht wiederum die Glaubwürdigkeit und steigert somit die Bekanntheit. Fragen Sie Prominente nach kurzen Statements, Zitaten oder Ratschlägen, die Sie in den Guide einbauen. Dazu eine kleine Geschichte:

Einer der beiden Autoren lernte vor Jahren einen inzwischen erfolgreichen Unternehmensberater kennen. Anfangs wollten die Geschäfte beim ihm nicht richtig anlaufen, und in der Branche und bei den potenziellen Auftraggebern war er ein Unbekannter. Um eine rasche Bekanntheit zu erlangen, konzipierte er einen speziellen Guide mit Aussagen der wichtigsten Wirtschaftsbosse, die er dafür befragte. Diese Statements und Zitate hatten alle einen wirtschaftlichen Background und passten hervorragend zur Tätigkeit des Unternehmensberaters. Schnell waren die Guides dank reger Nachfrage vergriffen. Somit wurden in kürzester Zeit Image und Bekanntheit aufgebaut und bald konnte sich der Unternehmensberater vor Aufträgen nicht mehr retten. Anders betrachtet: Die Wirtschafskapitäne der größten Unternehmungen dienten als Trojanische Pferde.

● Bieten Sie einen Guide immer gratis an, dann wird er auch gerne und bereitwillig angenommen, da Konsumenten immer auf der Suche nach Informationen sind, die ihnen das Leben erleichtern. So könnte ein Steuerberater eine „Steuersparfibel" konzipieren und ein Bankhaus einen „Geldspar-Ratgeber" für den täglichen Einkauf in Umlauf bringen.

● Stellen Sie den Guide auf Ihrer Homepage gratis zur Verfügung, damit dieser von Ihren Kunden heruntergeladen und weitergeleitet werden kann.

● Integrieren Sie Ihren Guide immer in den Kommunikations- bzw. Marketingmix. Dadurch erreichen Sie mehr Aufmerksamkeit und mehr Werbewirkung für Ihr trojanisches Werkzeug, den Guide.

Nachfolgend geben wir Ihnen einen Überblick, mit welchem Guide Sie in welcher Branche das Image Ihres Unternehmens steigern können. Diese Anleitung sollte Ihnen helfen, den richtigen Guide als Trojanisches Pferd für Ihre Kunden zu „zimmern".

Branche / Beruf	Guidekonzept
Architekt	Baurecht für Anfänger
Arzt	Gesundheits-Guide (Tipps zur Raucher-entwöhnung; Sanfte Medizin durch Akupunktur)
Blumengeschäft	Blumen in Licht und Schatten
Feuerlöscherhersteller	Brandschutz im Unternehmen
Griechische Taverne	Die griechische Kochfibel, Olivenöl-Guide
Masseur / Physiotherapeuten	Die richtige Bewegung
Persönlichkeitstrainer	Das 1 x 1 der Präsentation
Tourismusverband	Mundart-Guide

Abbildung 25: Beispiele für kundenspezifische Guides

Den Guide gekonnt mittels Mundpropaganda in Umlauf bringen

Für die Konzeption eines Guides haben wir gesehen, dass z. B. bekannte Persönlichkeiten eine Rolle im Guide spielen können, denn Sie schaffen Glaubwürdigkeit und somit Vertrauen. Die Informationen, die von diesen Persönlichkeiten ausgehen, werden von den Kunden ohne die sonst übliche „Suggestivität" der Werbung wahrgenommen. Dies macht die erhaltenen Informationen doppelt so wertvoll, da diese dadurch als neutrale Information empfunden und weitergegeben werden. Die Prominenten spielen im Guide die Rolle des Meinungsführers (Opinion Leader) und sind dadurch zentraler Bestandteil der Mundpropaganda.

Praxistipps zur Steuerung der Mundpropaganda

Um die Mundpropaganda gezielt zu steuern, versuchen Sie, die in Ihrem Guide dargestellten Opinion Leaders gezielt zur Verbreitung des Guides zu gewinnen. Die meisten dieser Leute haben eine Datenbank und machen sicherlich von Zeit zu Zeit Kundenmailings. Legen Sie nun die Information über den Guide einem dieser Mailings bei. Es entsteht dadurch eine Win-Win-Situation für Sie und den Opinion Leader, denn dieser kann seinen Kunden ebenfalls einen Zusatznutzen bieten, und Sie erreichen auf trojanische Art und Weise eine neue, bis jetzt noch nicht angesprochene Zielgruppe. Dadurch wird Ihr Aktionsradius enorm erhöht. Um der ganzen Sache noch mehr Gewicht zu verleihen und an neue Adressen für Ihr Geschäft zu gelangen, sollten Sie für das Kooperationsmailing einen Gutschein bzw. ein Gewinnspiel integrieren. So machen Sie die potenziellen Neukunden neugierig auf Ihr Produkt.

Dazu ein Beispiel aus unserer Beratungspraxis: Ärzte unterliegen in den meisten Ländern gewissen Restriktionen im Hinblick auf Marketing und Werbung. Eine Ausnahme besteht jedoch meist bei Patienteninformationen, sofern diese neutral gehalten sind. Ein Zahnarzt kann seinen Patienten einen Guide mit dem Titel „Richtige Mundhygiene von A bis Z" übergeben oder zusenden, wenn dieser keine Elemente einer „marktschreierischen Werbung" (so die Formulierung im einschlägigen österreichischen Gesetz) beinhaltet. Für dieses Mailing wird jetzt ein passender Kooperationspartner gesucht, der für die angeschriebene Zielgruppe ebenfalls einen Guide mitsendet. Dafür würde sich z. B. ein Arzt aus einem anderen Fachgebiet, eine benachbarte Apotheke oder ein Physiotherapeut eignen. Der Vorteil einer solchen Kooperation liegt auch darin, dass die Portokosten geteilt werden. In unserem Fall konnten wir eine dem Zahnarzt benachbarte Apotheke gewinnen, die eine „Gesichtspflegefibel" herstellt und diese beilegt. Für Apotheken sind Kosmetika als hochpreisige Zusatzprodukte ein willkommener zusätzlicher Umsatzbringer. Anders gesehen: Der Zahnarzt spielt das Trojanische Pferd für die Apotheke, die durch das Mailing an neue Kunden herantritt. Die Apotheke steigert dadurch ihren Bekanntheitsgrad. Ein beigelegter Gutschein der Apotheke für eine kostenlose Gesichtshautanalyse tut ein Übriges. Ein zusätzlicher Gewinn für den Zahnarzt besteht darin, dass er Patienten anspricht, die eventuell schon länger nicht mehr bei ihm in der Praxis waren und die durch den Guide überzeugt wurden, wie wichtig eine professionelle Mundhygiene ist, die für den Zahnarzt einen weiteren Umsatzbringer darstellt. Hier liegt eine durch das Prinzip des Trojanischen Marketings ausgelöste wirkliche Win-Win-Situation für beide Kooperationspartner vor. Vergessen Sie aber auf keinen Fall, prominente Persönlichkeiten bzw. Opinion Leaders in die jeweiligen Guides einzubauen, denn diese besitzen als Meinungsführer erhöhte Glaub- und Vertrauenswürdigkeit. Dies ist zentraler Bestandteil einer erfolgreichen Mundpropaganda.

Ein Fall für Virus-Marketing

Im vorherigen Abschnitt haben wir gezeigt, wie Sie gekonnt und unter Mithilfe von Opinion Leaders Ihren Guide zielführend verbreiten. Als nächsten Schritt kommen wir zur Technik des Viralen Marketing (auch: Virus-Marketing), die Sie zur effizienten Verbreitung und Gewinnung neuer Adressen nutzen können. Streng akademisch müssten wir an dieser Stelle von Viral Advertising sprechen, wir belassen es aber aus Gründen der allgemeinen Bekanntheit bei Viral Marketing.

Was ist Viral Marketing? Es ist nichts anderes als Mundpropaganda im Internet, besser gesagt, die Verbreitung von Informationen in sozialen Netzwerken. Statt von Mundpropaganda (englisch „word of mouth") spricht man hier gerne von „word of mouse". Solche Netzwerke können Ihr eigenes E-Mail-Adressenmaterial, Businessnetzwerke, spezielle Firmennetzwerke, Blogs und Diskussionsforen sein. Ziel von Viral-Marketingaktionen ist, dass sich die Botschaft, ähnlich wie ein Virus, epidemisch ausbreitet.

Praxistipps zur Steuerung des Viral Marketing für Ihren Guide

- Integrieren Sie eine „Tell-A-Friend-Funktion" in Ihre Website, wo der Guide mit all seinen nützlichen Informationen problemlos heruntergeladen und weitergeleitet werden kann. Hier wird das Prinzip des Weiterempfehlens genützt, denn Personen, die sich für Informationen interessieren, geben diese auch gerne weiter, besonders, wenn es sich um neutrale Informationen wie einen Guide handelt.

- Belohnen Sie Ihre Vermittler. Menschen lieben es, für Ihre Arbeit, auch wenn es nur das Weiterleiten einer Information ist, belohnt zu werden. Eine solche Belohnung könnte z. B. ein Gutschein für eine Leistung oder einen Rabatt für ein Produkt bzw. eine Dienstleistung sein. Nach der Methode des Trojanischen Marketings eignen sich hierfür auch Gutscheine und Rabattkarten von kooperierenden Unternehmen, und Ihnen entstehen dadurch keine zusätzlichen Kosten.

- Vergessen Sie auf keinen Fall, dass der Informationsweiterleiter Ihnen zuerst den Namen und die E-Mailadresse des vom ihm ausgesuchten Empfängers auf Ihrer Homepage hinterlegt. So vergrößern Sie wiederum Ihre Datenbank und Ihren Aktionsradius.

- Verwenden Sie bei Ihren E-Mails immer einen Hinweis auf den Guide in Ihrer E-Mail-Signatur. Dadurch machen Sie zusätzliche Personen durch Ihren elektronischen Schriftverkehr auf den Guide aufmerksam.

- Suchen Sie gezielt nach Opinion Leaders und anderen Multiplikatoren in Ihren sozialen Netzwerken. Das könnten Personen sein, die sehr viele persönliche Kontakte haben. Diese leiten dann den Guide, so wie das Trojanische Pferd die griechischen Krieger, zu neue Interessenten weiter. Wie wir bereits erwähnt haben, vergessen Sie bitte nicht, den Opinion Leaders eine Belohnung für ihre Arbeit anzubieten.

- Üben Sie sich in Geduld! Der Erfolg einer Virus-Kampagne stellt sich selten von heute auf morgen ein. Wie die Ansteckung und Verbreitung eines herkömmlichen Virus folgt die Ausbreitung im Internet in der Regel einer exponentiellen Entwicklungskurve.

- Beteiligen Sie sich an Diskussionsforen, Listen und Blogs im Internet und deuten Sie dezent auf Ihren Guide hin. Im Fachjargon der Marketingleute nennt man dies „name dropping", d. h. bei jeder sich bietenden Möglichkeit lässt man den Namen des Guides fallen.

Lassen Sie uns abschließend nochmals die wichtigsten Aspekte bei der Erstellung eines Guides Revue passieren, die wir in folgender Checkliste für Sie zusammengestellt haben.

Checkliste Guide

1. Guide-Inhalte

⇨ Welche Informationen können Sie anbieten, die von allgemeinem Interesse sind?

⇨ Für welche Zielgruppen können Sie allgemeine Informationen anbieten?

⇨ Für welche Altersgruppen können Sie allgemeine Informationen anbieten?

⇨ In welchen Sprachen sollte der Guide verfasst sein?

⇨ Ist klar definiert, welchen Nutzen Ihnen der Guide bringen soll?

⇨ Ist klar definiert, was der Guide-Empfänger mit den Informationen tun soll?

2. Mögliche Kooperationen

⇨ Wer könnte in Ihrem Guide noch involviert sein (der keine direkte Konkurrenz ist)?

⇨ Wer könnte dazu beitragen, den Guide zu verbreiten?

⇨ Wer könnte in Ihrem Guide Inserate schalten?

3. Guide-Organisation

⇨ Gibt es einen Hauptverantwortlichen für den Guide?

⇨ Welche Personen in Ihrem Unternehmen haben entsprechende Kontakte, um Kooperationen in die Wege zu leiten (Geschäftsleitung, Außendienst, Einkauf etc.)?

⇨ Gibt es ein definiertes Budget für den Guide (Konzept, Text, Layout, Erstellung und Verteilung)?

⇨ Gibt es einen definierten Organisationsplan für die Handhabung des Guides?

4. Guide-Verbreitung

⇨ Welche Möglichkeiten haben Sie, Ihren Guide zu verteilen?

⇨ Findet man auf Ihrer Homepage die Möglichkeit, den Guide zu bestellen?

⇨ Versehen Sie Ihre E-Mails standardmäßig mit einer Information über Ihren Guide?

⇨ Enthalten Ihre übrigen Werbemaßnahmen (Prospekte, Folder etc.) Informationen zu Ihrem Guide?

⇨ Gibt es indirekte Möglichkeiten der Verteilung?

⇨ Kann man den Guide auf Ihrem Messestand bestellen bzw. mitnehmen?

⇨ Welche Ihrer Geschäftspartner und Kunden könnte zur Verbreitung beitragen?

5. Nachbereitung

⇨ Erfassen Sie alle Namen und Adressen der Guide-Empfänger?

⇨ Pflegen Sie eine Datenbank mit diesen Daten?

⇨ Gibt es einen Plan, wie oft die Adressen der Guide-Nutzer von wem und mit welchen Aktionen genutzt werden?

⇨ Ist klar, wie Sie den Erfolg des Guide messen?

⇨ Fragen Sie Kunden, die Sie zum ersten Mal kontaktieren, ob Sie aufgrund des Guide zu Ihnen kommen?

2.4 Die gute Stimmung nutzen: freudige Ereignisse

In diesem Kapitel erfahren Sie, wie sich das Gedächtnis bei freudigen Ereignissen verhält und welche Inhalte dabei gespeichert werden. Und vor allem, wie und warum Erinnerung und Emotionen eng miteinander verbunden sind. Einige Beispiel aus der Marketingpraxis zeigen, wie man diese Erkenntnisse konkret in die eigenen kommunikativen Aktivitäten einbinden und daraus entsprechende Maßnahmen ableiten kann. Schließlich erhalten Sie „Rezepte", wie Sie selbst diese Methode für Ihr eigenes Marketing nutzen können.

Eine besonders Erfolg versprechende Gelegenheit, Trojanisches Marketing einzusetzen, sind freudige Ereignisse jeder Art. Dem liegt die folgende Theorie zugrunde:

Bei allen Ereignissen, die für ein Individuum überdurchschnittlich positiv sind, erfolgt eine körperliche Reaktion, die zur Ausschüttung besonderer „Glückshormone" führt. Diese führen nicht nur zum subjektiv erlebten Gefühl von Freude und Glück, sondern bewirken auch, dass das Gehirn ein erhöhtes Aufmerksamkeitspotenzial aufweist. Das bedeutet, dass in Glückmomenten die Bereitschaft zur Aufnahme von Informationen deutlich gesteigert ist.

Gleichzeitig ist der Mensch in für ihn freudigen Situationen seiner Umwelt gegenüber grundsätzlich positiv eingestellt. Hochstimmung führt zu erhöhter Fehlertoleranz, lässt leichter über Dinge hinwegsehen, die normalerweise – d. h. in der gewöhnlichen Alltagsstimmung – zu einer Stimmungsbeeinträchtigung führen würden. Gute Stimmung tendiert prinzipiell zur Selbsterhaltung; der Mensch versucht unbewusst, sich diese Stimmung nicht verderben zu lassen und so lange wie möglich in diesem positiven Stimmungszustand zu verbleiben.

Das Programm des menschlichen (und natürlich auch des tierischen) Gehirns sieht eine weitere Möglichkeit vor, das Glück zu perpetuieren. Jedes positive Ereignis zeichnet im Gedächtnisapparat ein besonders nachdrückliches Bild auf, ein besonderes Engramm. Das gilt im Prinzip für alle stark vom Durchschnitt abweichenden Ereignisse, in verstärktem Maße auch für besonders negativ erlebte Situationen, an die man sich lange erinnert. Negative Erlebnisse haben im Sinne des Trojanischen Marketings dieselbe Funktion wie freudige Ereignisse – allerdings mit umgekehrtem Vorzeichen. Darauf gehen wir später noch ein. Alles hier zu freudigen Ereignissen Gesagte gilt in der Umkehrung auch für unerfreuliche Begebenheiten.

Wissen Sie noch, wo und wie das war, als Sie Ihre Führerscheinprüfung absolviert und bestanden haben? Haben Sie noch das Bild vor sich, wie es war, als Sie – nach der Ausbildung – ihre erste „richtige" Arbeitsstelle bekommen haben? Und wahrscheinlich erinnern Sie sich auch noch, wo Sie am 11. September 2001 waren und was Sie gerade taten, als Sie die Nachricht vom Attentat auf das World Trade Center in New York erhielten?

Alle diese Ereignisse sind stark emotional geprägt gewesen, und Sie erinnern sich – egal, wie lange diese Ereignisse zurückliegen – noch heute daran, als sei es erst gestern gewesen. Woran liegt das? Wie ist es zu erklären, dass sich solche emotional aufwühlenden Ereignisse so tief in das Gedächtnis einprägen?

Physiologische Gehirn-Mechanismen

Inzwischen ist die Neurowissenschaft dahinter gekommen, warum das so ist. Man hat durch sogenannte bildgebende Verfahren der Medizin (z. B. Computertomographie) festgestellt, dass es bestimmte Areale im Gehirn sind, die während der Wahrnehmung emotional stimulierender Ereignisse besonders aktiv sind, erkennbar an einer überdurchschnittlich hohen Feuergeschwindigkeit der beteiligten Synapsen, die sich messen lässt.

Die Untersuchungen zeigen, dass besonders die Amygdala (der Mandelkern) und der Hippocampus aktiv sind, die beide auch in enger räumlicher Nähe im Gehirn situiert sind. Dabei stellt – vereinfacht gesagt – die Amygdala den Sensor für den Emotionsgehalt einer Nachricht dar. Und der Hippocampus ist stark in alle Gedächtnis- und Erinnerungsprozesse involviert. Wenn man messen kann, dass in emotionalen Situationen beide Areale gleichzeitig aktiviert werden, bedeutet das eine „enge Verzahnung von Emotionen und Erinnerungen", wie Christian Scheier dies 2006 formuliert hat (in: „Wie Werbung wirkt"; siehe Literaturverzeichnis).

Andere Autoren sprechen von „Erinnerungsbergen" (Reminescense Bumps), zu denen sich wichtige emotionale Erlebnis auftürmen (vgl. Markowitsch / Welzer 2005). „Die Gefühle sind dabei als Gedächtnisverstärker aktiv", wie die Autoren ausführen.

Erst kürzlich berichtete „Bild der Wissenschaft" über eine Studie an Mäusen, die ebenfalls den Zusammenhang zwischen Emotion und Lernen nachgewiesen hat. Demnach haben Wissenschaftler des Spring Harbor Laboratory in New York herausgefunden, dass es vor allem der Botenstoff Noradrenalin ist, der hier eine zentrale Rolle spielt. Denn Noradrenalin im Gehirn „ist verantwortlich dafür, dass mit Emotionen verbundene Ereignisse leichter im Gedächtnis bleiben" (Bild der Wissenschaft, 08.10.2007).

Bei diesem Experiment wurden Mäuse unter erhöhten Stress gesetzt, indem man ihnen entweder Fuchs-Urin zu riechen gab oder den Adrenalinspiegel durch intravenöse Zufuhr der Substanz erhöhte. Gegenüber der Kontrollgruppe ohne erhöhten Blutspiegel zeigten die Tiere deutlich bessere Lerneffekte. Die Forscher vermuten, dass Noradrenalin ein für das Gedächtnis wichtiges Eiweiß aus den Gehirnzellen heraus und an deren Oberfläche spült. Dadurch steht für die Speicherung der Erinnerung an das Ereignis mehr davon zur Verfügung. Auch bestimmte Medikamente und z. B. Kokain haben denselben Effekt.

Zu ähnlichen Ergebnissen kam der Essener Forscher Manfred Schedlowski, der das Placebo-Phänomen untersucht. Bereits vor zehn Jahren hatte er an Ratten gezeigt, dass „ein Placebo in der Lage ist, die Abstoßung eines transplantierten Herzens zu unterdrücken", wie das österreichische Nachrichtenmagazin „Profil" am 26. November 2007 berichtete. Er verabreichte den Tieren das Medikament Cyclosporin zusammen mit einer Zuckerlösung. Wenn die Ratten nach einiger Zeit ausreichend auf diese Kombination konditioniert waren, ließ er das echte Medikament weg und gab ihnen nur das Zuckerwasser. Die Wirkung blieb bestehen, das Placebo allein genügte.

Inzwischen hat Schedlowski dieses Phänomen auch an Menschen nachgewiesen. Er gab seinen Probanden z. B. eine seltsam gefärbte und schmeckende Flüssigkeit zu trinken. Dazu verabreichte er ihnen gleichzeitig eine pharmakologisch wirksame Substanz, die er nach einiger Zeit wegließ. Trotzdem erzielte er nur mit Gabe des Placebos dieselbe Wirkung wie der Original-Wirkstoff. Das Gehirn scheint also in der Lage zu sein, sich selbst zu überlisten und Wirkungen, die nur gedacht sind, in die Tat umzusetzen. Ähnliche Ergebnisse wurden mit Scheinmedikamenten im sportlichen Doping erzielt, wie „Profil" in derselben Ausgabe über den Turiner Placeboforscher Fabrizio Benedetti berichtet.

„Marketing-Papst" Philip Kotler erkannte bereits 1974: „Atmospherics is the effort to design buying environments to produce specific emotional effects in the buyer that enhance his purchase probability." Und 1999 hat Florian Riedmüller den „Point of Fun" definiert als „physischen Ort, an dem sich Menschen treffen, um gemeinsam oder individuell Spaß zu haben und der ihnen die Möglichkeit zur Aufnahme von emotionalen Eindrücken bietet". In einer weiteren Publikation im Jahr 2000 zieht er das Fazit: „Unterhaltungsorientierte Orte bieten für werbetreibende Unternehmen dabei ein attraktives Umfeld für eine innovative Zielgruppenansprache. Bei einem an die Unterhaltungssituation angepassten Einsatz der Werbemittel kann eine überdurchschnittlich hohe Kontaktqualität erreicht werden."

Es ist also unbestritten und durch zahlreiche Beispiele aus der einschlägigen Forschung belegbar, dass freudige Ereignisse, die einen starken emotionalen Einfluss haben, die latente Bereitschaft des Gehirns erhöhen, andere Ereignisse aus dem zeitlichen Umfeld ebenso nachhaltig zu erinnern wie das freudige Ereignis selbst.

Ob es sich im Einzelfall um ein subjektiv erlebtes freudiges Ereignis handelt, lässt sich in der Regel und bei den meisten Menschen an deren Körpersprache, insbesondere der Mimik unmittelbar ablesen. Nimmt man die Stärke einer positiv gestimmten Mimik als Maßstab für die Stärke des persönlich erlebten Glücksgefühls, kann man leicht feststellen, dass erinnerte Glücksmomente und momentan real erlebte Glücksgefühle in etwa das gleiche Niveau erreichen.

Fragen Sie einmal eine beliebige Person aus Ihrem Bekanntenkreis nach früheren Glücksmomenten, so können Sie in deren Gesicht ablesen, wie gut sie sich an das in der Vergangenheit liegende Ereignis erinnert und wie gerne sie das tut. Bei den meisten Menschen sehen Sie ein „seliges Lächeln" über das ganze Gesicht ziehen, die Augen strahlen, der Blick wandert nach innen; man sieht dem Gesicht an, dass sich das Gehirn gut an das zum damaligen Zeitpunkt erfolgte Engramm erinnert und die damaligen Gefühle gerne nacherlebt, als wenn sie aktuell wären.

Informationen als Glücksbringer

Was bedeutet das für Informationen, die in einem solchen Glücksmoment aufgenommen werden? Erstens wird das freudige Ereignis - in Wahrheit also das subjektive Glücksgefühl - mit den Informationen verknüpft und so ebenfalls positiv „aufgeladen". Sie wird in das positive Gehirn-Engramm integriert. Das führt dazu, dass jedes Mal, wenn diese Information (bewusst oder unbewusst) abgerufen bzw. reaktiviert wird, ein positives Gefühl entsteht und wahrgenommen wird. Dadurch wird die Information selbst zum „Glücksbringer".

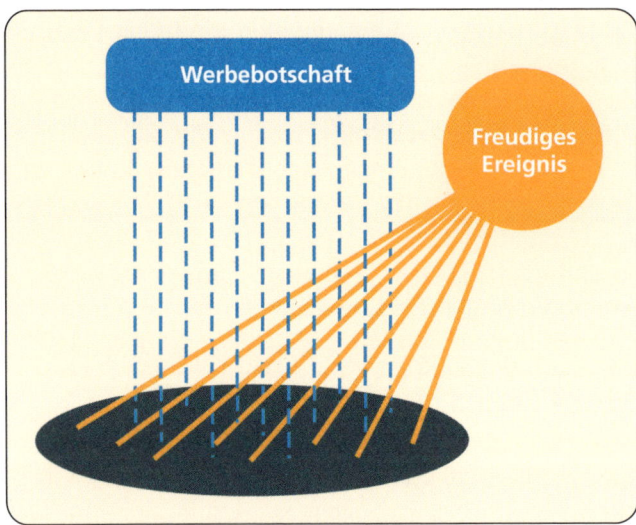

Abbildung 26:
Wie warmer Sommer-
regen trifft die Werbe-
botschaft auf den
vom freudigen Ereignis
erwärmten Boden

Trojanisches Marketing nutzt diese physiologischen Gehirn-Mechanismen aus. Das „Rezept" lautet: Verbinde die (Werbe-, Kommunikations-) Inhalte, die du positiv bei deiner Zielgruppe „aufladen" willst, mit einem Ereignis, das für die Mitglieder der Zielgruppe positiv besetzt ist. Damit erreichst du, dass deine Botschaft positiv abgespeichert und später positiv erinnert wird.

Freudige Ereignisse im Leben eines Menschen sind alle Begebenheiten, die mit einem Erfolgserlebnis verbunden sind oder anderweitig überdurchschnittlich positiv erlebt werden.

Beispiele aus dem familiären Bereich sind:
- Geburtstag
- Namenstag
- Hochzeit (Grüne, Silberne, Goldene etc.)
- Geburt eines Kindes, Taufe

Beispiele aus dem Ausbildungsbereich:
- Schuleintritt, -übertritt
- Positive Semesterabschlüsse
- Bestandene Prüfungen
- Abitur, Matura
- Erworbene Diplome, Zertifikate
- Sponsion, Promotion, Habilitation

Beispiele aus dem Arbeitsbereich
- Jobwechsel
- Beförderung
- Jubiläum
- Belobigung, Auszeichnung
- Projektabschluss
- Übertritt in die Pension

Beispiele aus dem privaten Bereich
- Öffentliche Ehrung, Ordensverleihung
- Vereinsgründung
- Wahl in Vereinsfunktionen
- Lottogewinn und sonstige Spielgewinne (Casino)
- Sportliche Erfolge
- Neues Auto
- Neues Haus, neue Wohnung
- Urlaub, Urlaubsreise
- Feste, Partys
- Konzert-, Theaterbesuche

Beispiele aus dem Schnittpunkt mit öffentlichen Ereignissen
- Wichtige Sportereignisse (WM, EM, Olympische Spiele)
- Wichtige Kultur-Events, Festivals
- Religiöse Festtage
- Nationale Feiertage/Gedenktage

Beispiele aus dem B2B-Bereich
- Gewinnen eines großen Auftrags
- Abschluss eines wichtigen Projekts
- Firmenjubiläum
- (Re-)Launch eines neuen Produkts
- Erschließung eines neuen Marktes

Bewährte Beispiele aus der Werbung

Asbach Uralt und das HB-Männchen

Eigentlich bedient sich Werbung schon seit Langem des Prinzips des Trojanischen Marketings. Noch immer ist der Weinbrand Asbach Uralt in Deutschland ein bekanntes Markenzeichen und wird als besonderes deutsches Produkt erlebt, obwohl die Marke 1999 an Underberg und das niederländische Unternehmen Bols verkauft wurde, das heute zu Rémy Cointreau gehört. Erst 2002 übernahm Underberg die Marke Asbach wieder in deutsche Hände.

In den 50er Jahren des 20. Jahrhunderts war Asbach eines der ersten Unternehmen, das das damals neue Medium Fernsehen für seine Werbung nutzte.

Der zu dieser Zeit kreierte Werbeslogan „Wenn einem so viel Gutes widerfährt – das ist schon einen Asbach Uralt wert" verwendete bereits das trojanische Prinzip. In den Fernsehspots wurden Situationen gezeigt, in denen sympathische Menschen positive Ereignisse erlebten. Nach diesem Erlebnis gönnten sie sich in deutlich sichtbarer Zufriedenheit einen Asbach Uralt. Über Jahrzehnte blieb dieser Spruch aktiv und trug sehr zum erreichten Markenimage bei.

Seit 2002 hat Asbach Uralt von den „Reader's Digest"-Lesern im Bereich Spirituosen jedes Jahr die Auszeichnung „Most trusted Brand" (vertrauenswürdigste Marke) zuerkannt bekommen. Der Name Asbach Uralt ist in Deutschland so bekannt, dass der Begriff „Asbach" zu einem Synonym für „uralt" geworden ist (nach Wikipedia, 2007). Von einem ähnlichen Konzept lebte die ebenfalls berühmte Werbung der Zigarettenmarke HB: das HB-Männchen.

Abbildung 27:
Bruno, das HB-Männchen aus der BAT-Zigarettenwerbung

Dieses HB-Männchen – eine Zeichentrickfigur mit dem inoffiziellen Namen Bruno – wurde in der TV- und Kino-Werbung für die Zigarettenmarke von BAT (British American Tobacco) immer nach demselben Schema dargestellt. Ausgangssituation war eine Alltagsszene, in der irgendetwas schiefging. Das HB-Männchen regte sich darüber sehr auf, was sich in einer unverständlichen Schimpfkanonade äußerte, die mit zunehmender Erregung immer schneller abgespielt wurde. Regelmäßig kulminierte die Situation darin, dass Bruno buchstäblich in die Luft ging, was zeichnerisch auch so dargestellt wurde. Daraufhin meldete sich mit sonorer Stimme ein Sprecher aus dem Off, der sagte: „Halt, mein Freund. Wer wird denn gleich in die Luft gehen! Greife lieber zur HB." Und in bester Laune und ohne Stress schwebte Bruno zum Boden zurück, während der Sprecher sagte: „Dann geht alles wie von selbst!"

Wie in der Internet-Enzyklopädie Wikipedia nachzulesen ist, wurden Werbespots mit Bruno von 1957 bis 1984 produziert, nach dem Werbeverbot für Zigaretten im deutschen Fernsehen (1974) aber nur noch im Kino ausgestrahlt. In den 60er Jahren brachte es das HB-Männchen auf einen Bekanntheitsgrad von 96 % der Zuschauer. Damals war HB die bekannteste Zigarettenmarke in Deutschland.

Zu der Zeit ging der Ausdruck „in die Luft gehen wie ein HB-Männchen" in den allgemeinen Sprachschatz ein und wird noch heute gebraucht.

Sowohl Asbach Uralt als auch das HB-Männchen nutzten eine positive Situation indirekt, um ihre Botschaft nachhaltig (!) an die Zielgruppe zu bringen, was beiden nachweislich hervorragend gelungen ist. Einer der Gründe für die überdurchschnittliche Performance dieser beiden Marken liegt sicher in der Tatsache, dass hier das Prinzip Trojanisches Marketing in so klarer Form bereits in den 50er Jahren des 20. Jahrhunderts zur Anwendung kam.

Um noch einmal zu wiederholen, wie das trojanische Prinzip in diesen beiden Fällen zur Wirkung kam: Mit Hilfe von klar definierten Alltagssituationen wurde dem Publikum demonstriert, welche positive Wirkung das jeweilige Produkt auf das persönliche Wohlergehen haben kann. Wenn einem Gutes widerfährt, erzeugt das ein positives Gefühl, das mit einem Glas Asbach belohnt (und damit verknüpft) wird. Das Signal, das gelernt werden soll, heißt: Immer wenn es dir gut geht, immer bei einem positiven Erlebnis, genehmige dir einen Schluck Asbach. Und auch das HB-Männchen ging zuerst in die Luft (weil ein unerfreuliches Erlebnis stattgefunden hatte), um dann zu lernen, dass es sinnvoller ist, eine HB-Zigarette zu rauchen, als sich aufzuregen und in die Luft zu gehen. Auch hier wurde das positive Endergebnis mit dem Genuss des Produkts verknüpft.

Auch heutige Unternehmen verwenden das Prinzip Trojanisches Marketing, ohne es allerdings so zu nennen. Im Folgenden werden zwei typische Beispiele für Trojanisches Marketing in freudigen Ereignissen aus jüngster Zeit beschrieben.

Die beiden historischen Beispiele Asbach und HB haben Trojanisches Marketing indirekt eingesetzt. Sie zeigten Filme mit freudigen Ereignissen und verknüpften diese mit ihrer Werbebotschaft. Es konnte gehofft werden, dass die Zuschauer durch die positive Ausstrahlung der Werbespots und ihrer Protagonisten ebenfalls in eine positive Stimmung versetzt werden.

Die beiden folgenden Beispiele zeigen den Einsatz von Trojanischem Marketing in direkter Form. Hier werden die Zielgruppenpersonen selbst in einer positiven Situation aufgesucht und in diesem Moment mit der Werbebotschaft zusätzlich „beglückt".

Red Bull geht unkonventionelle Wege

Red Bull ist bekanntlich der Energy Drink, der weltweit den Markt anführt. Seit Jahren ist diese Marke für innovatives und außergewöhnliches Marketing bekannt. Gerade Red Bull hat es immer wieder geschafft, sich durch unkonventionelle Methoden bei bestimmten Zielgruppen ein hervorragendes Markenimage zu schaffen.

Eine der Methoden der jüngsten Zeit findet auf einem Gebiet statt, das man im allgemeinen Kommunikationsumfeld von Red Bull nicht erwartet hätte. Red Bull macht exemplarisches Trojanisches Marketing bei einer Zielgruppe, die ein besonders freudiges Ereignis erlebt.

So hat es sich zugetragen:

Ulrike – die wir ja bereits aus anderen Begegnungen in diesem Buch kennen – ist, wie bereits erwähnt, eine Frau Doktor, und zwar der Wirtschaftswissenschaften. Sehr gut kann sie sich noch an die feierliche Überreichung der Promotionsurkunde in ihrer Universität in Wien erinnern:

Feierliche Garderoben, feierliche Musik, feierliche Reden. Der Rektor überreicht den Absolventen ihre Diplom- oder Promotionsurkunden. Sehr feierlich. Strahlende, stolze Gesichter bei Absolventen, Familienangehörigen und Freunden. Noch einmal feierliche Musik und feierliche Verabschiedung durch den Rektor.

Abbildung 28:
Red Bull nutzt die Gunst der Stunde und belohnt frisch diplomierte Absolventen in Feierlaune mit einer ganz speziellen Urkundenrolle

Alles strömt hinaus, die Absolventen erkennt man an den deutlich getragenen Urkundenrollen. Beim Ausgang aus dem Festsaal stehen zwei junge Frauen. Sie überreichen jedem, der eine Urkunde trägt, eine weitere Rolle, silberglänzend und edel ausschauend. Darin befinden sich ein Gratulationsschreiben und einige Dosen Red Bull.

Als Trojanisches Pferd wurde hier der feierliche, mit positiven Emotionen aufgeladene Akt der Diplomüberreichung genutzt. Mit diesem Ambiente wurde Red Bull „verlinkt". Die Idee dahinter ist, das Engramm, das die Veranstaltung ins Gehirn des jungen Universitätsabsolventen brennt („das vergisst man sein ganzes Leben nicht"), mit einem Produkt verknüpft wird. Die Hoffnung dahinter ist, dass man auch Red Bull sein ganzes Leben nicht vergisst und mit einer positiven Emotion verbindet.

Stiegl-Bier hat ein Herz für Väter

Ein weiteres Beispiel ist noch ungewöhnlicher und zeugt von der kreativen Potenz des Auftraggebers bzw. seiner Werbeagentur.

Die Privatbrauerei Stiegl in Salzburg gehört vom Image zu den führenden Bierbrauern Österreichs. Ihr ist es gelungen, einen besonderen Fall von Trojanischem Marketing zu kreieren.

Dazu ein kleiner Exkurs. Was würden Sie erwarten: Für welche Produkte würde man auf der Entbindungsstation eines Krankenhauses üblicherweise werben? Natürlich für Babynahrung, Windeln etc., oder?

Denken Sie einmal trojanisch: Welche Situation und welche Personen finden Sie in einer Entbindungsstation eines Krankenhauses normalerweise vor? In erster Linie stehen Mutter und neugeborenes Kind im Mittelpunkt. An sie richten sich die üblichen und gängigen Werbebotschaften. Aber da gibt es noch eine Person, die in einer extremen Glückssituation ist: den Vater! Der Vater strotzt vor Stolz auf das Baby, das schließlich er gezeugt hat. Das schönste Baby der Welt!! Und er fließt über vor Glückshormonen. Er ist stolz und glücklich, doch alle Welt interessiert sich nur für Mutter und Kind, keiner für ihn.

Diesen Moment nutzt die Brauerei Stiegl in genialer (trojanischer) Weise: Nachdem alle nur Mutter und Kind im Auge haben, denkt Stiegl auch an den frischgebackenen Vater – und schenkt ihm einen Träger Stiegl-Bier.

Abbildung 29: Gutschein der Salzburger Stiegl-Brauerei für den Vater eines Neugeborenen

Stiegl hat die Situation richtig eingeschätzt: Der Glücksmoment, Vater geworden zu sein, ist ideal, um eine Werbebotschaft in diesen Glücksmoment zu engraphieren. Die Gehirnregion des Vaters, die auf Jahre hinaus mit der Geburt des eigenen Kindes belegt ist, erhält den zusätzlichen Impuls „Stiegl-Bier", das in Zukunft positiv mit diesem persönlichen Erlebnis verknüpft ist.

Holmes Place denkt an gute Freunde
Wie man die bestehenden eigenen Kunden als Trojanische Pferde nutzen kann, hat eine bekannte Fitness-Kette vorgeführt. Das Unternehmen Holmes Place, ein britisches Unternehmen, das 1980 in London gegründet wurde, betreibt inzwischen drei Fitness-Clubs in Österreich. Eine der Marketingaktionen bestand darin, dass Mitglieder zum Geburtstag einen Glückwunsch-Brief erhielten. Darin enthalten war ein Gutschein, aber nicht für das Geburtstagskind, sondern ausdrücklich zum Weiter-Verschenken an gute Freunde. Der Gutschein enthielt die Möglichkeit für einen kostenlosen Mit-Besuch im Club.

Damit wurde erreicht, dass nicht nur das Mitglied sich freute, zum Geburtstag bedacht worden zu sein und ein Geschenk erhalten zu haben. Zusätzlich konnte sich der Empfänger selbst als generöser Schenker präsentieren und einem Freund oder einer Freundin ein Geschenk machen. Es kann angenommen werden, dass dieses Geschenk gerne gegeben und ebenso gerne genommen wurde. Und es entstand eine perfekte Gelegenheit, den Club durch einen zufriedenen Kunden präsentieren zu lassen. So macht man die eigenen Kunden zu Verkäufern und Mitarbeitern. Das ist Freundschaftswerbung auf geniale Art! Trojanisch eben ...

Auch diese Idee lässt sich auf praktische alle Branchen und Berufszweige übertragen. Jeder, der Kunden hat, d. h. Unternehmen jeder Größe (einschließlich Einpersonenunternehmen und Freiberuflern), kann überlegen, wie er diese zu Botschaftern der eigenen Message machen kann.

Fragt man Menschen, welches die effektivste Marketingmethode ist, kommt als Antwort häufig das Stichwort „Mundpropaganda". Das weiß also jeder. Die Frage ist aber: Wie erzeugt man Mundpropaganda? Am besten – wie wir gesehen haben – mit Hilfe freudiger Ereignisse und positiver Erlebnisse, die man gerne weitererzählt.

Genau das ist einer der zentralen Vorteile von Trojanischem Marketing, dass Mundpropaganda gezielt und systematisch generiert werden kann. Wenn man seine Kunden dazu bringen kann, dass sie – natürlich positiv – über das Unternehmen, Produkte und/oder Dienstleistungen reden, dann sind das die besten „Verkäufer", die besten Multiplikatoren, die man finden kann.

So nutzen Sie freudige Ereignisse für Ihr Trojanisches Marketing

Die vorigen Beispiele – die Liste ließe sich fast beliebig verlängern – haben gezeigt, wie das trojanische Modell der freudigen Ereignisse grundsätzlich funktioniert. Hier nochmals das „Rezept": Man nutzt den emotionalen Einfluss eines freudigen Ereignisses auf die erhöhte Gedächtnis- und Erinnerungsleistung und verknüpft dieses mit der eigenen Werbebotschaft, indem man die beiden Dinge in einen zeitlichen und/oder räumlichen Zusammenhang bringt.

Wenn Sie Ihre Zielgruppe definiert haben, überlegen Sie, welche Möglichkeiten es für freudige Ereignisse gibt. Und dann müssen Sie nur noch die beiden Dinge in Kombination bringen. Das ist alles.

Wenden wir das „Rezept" nun an einem fiktiven Beispiel an: Angenommen, Sie wollen ein Produkt vermarkten, das sich hauptsächlich an finanziell eher gut gestellte Menschen mittleren Alters richtet, also z. B. Uhren aus einem teureren Segment, exklusive Mode, hochwertige Elektronikartikel, exklusive Weine. Sie überlegen, wo Sie diese Personen finden (Sie erinnern sich: das „Dawos-Prinzip"). Neben Ihren sonstigen Marketingüberlegungen stellen Sie sich vor, dass einige dieser Zielpersonen vielleicht solche sind, die im Management von Unternehmen arbeiten und dort von Zeit zu Zeit befördert werden. Über diese Beförderung wird in den Karriereteilen von sogenannten Qualitäts-Zeitungen regelmäßig – zum Teil mit Namen und Bild – berichtet. Es könnte also eine trojanische Strategie sein, diese Personen systematisch zu erfassen und ihnen jeweils kurz nach Erscheinen der Beförderungsnachricht einen persönlichen Brief zu schreiben und ihnen zu dieser Beförderung zu gratulieren. Wenn man es geschickt anstellt und passende – nicht vordergründig anbiedernde oder offensichtlich rein auf Werbung abgestellte – Worte und Formulierungen findet, hat man die Chance, sich eine Menge treuer Stammkunden zu schaffen, die sich lange an das freudige Ereignis der eigenen Beförderung und an Ihr Schreiben erinnern.

Schreiben Sie Ihren Stammkunden beispielsweise Glückwünsche zum Geburtstag. Das tun allerdings schon viele Unternehmen. Denken Sie darüber nach, welche weiteren freudigen Ereignisse oder Feier-Gelegenheiten es darüber hinaus noch gibt. So spielt z. B. in überwiegend katholischen Gegenden auch der Namenstag eine große Rolle, manchmal sogar eine größere als der Geburtstag. Vielleicht können Sie sogar Hochzeitstage Ihrer Kunden oder ähnliche familiäre Freudentage eruieren und nutzen. Alle diese Aktivitäten machen es klarerweise erforderlich, dass eine systematische Sammlung und Pflege dieser Daten erfolgen muss.

Grundsätzlich: Denken Sie über potenzielle freudige Ereignisse nach und überlegen Sie, welche davon Sie bei Ihren Kunden nutzen könnten und welche Daten Sie dazu zur Verfügung haben bzw. recherchieren müssen. Und dann legen Sie los: Nutzen Sie jedes verfügbare freudige Ereignis, um Kontakt mit Ihren Kunden aufzunehmen. Schrecken Sie nicht vor scheinbar banalen Ereignissen zurück. Was auch immer für den Kunden ein freudiges Ereignis sein kann: Nutzen Sie es für Ihr Marketing!

Sollten Ihnen weitere freudige Ereignisse der dargestellten Art einfallen, die Sie vielleicht selbst schon einmal für Ihre Marketingaktivitäten genutzt haben, sind wir Ihnen dankbar, wenn Sie die gesamte „trojanische Gemeinde" daran teilhaben lassen. Auf unserer Homepage www.TrojanischesMarketing.com finden Sie eine entsprechende Rubrik vor, in der Sie Ihre Ideen und Vorschläge eintragen können. Wir freuen uns auf intensiven kreativen Input!

2.5 Vorhandenes verwenden – Vorlagen nutzen

Ausgehend von der trojanischen Basisstrategie machen wir eine interessante Entdeckungsreise in die Welt der „Vorlagen", die für Ihre trojanische Arbeit wichtig sind. Wir stellen Ihnen unterschiedliche Vorlagen wie Märchen, Namensadaptionen, Landschaften, imaginäre Figuren, Schemabilder etc. und deren Verwendung in konkreten Praxisbeispielen vor. Sie werden staunen, welche unterschiedlichen Vorlagen es im Trojanischen Marketing gibt und wie leicht die Umsetzung erfolgen kann!

Die wohl bekannteste Vorlage, die geschichtlich geprägt ist und jedermann kennt, ist das Trojanische Pferd selbst. Wie kein anderes mythologisches Wesen wird dieses Symbol der List in unzähligen Erzählungen, Reden, Vergleichen, Anspielungen (Allusionen) verwendet. Was liegt näher, als dieses Unikum selbst für das Marketing zu verwenden. Die bekannte Werbeagentur Jung von Matt (www.jvm.de) hat das Pferd auch zu ihrem Leitgedanken erkoren und das Trojanische Pferd selbst als Vorlage verwendet. Gehen Sie auf deren Website zum Menüpunkt „Leitbild" und dann weiter zu „Unser großes Vorbild". Sie werden einen toll inszenierten Kurzfilm mit dem Troja-

Der erste Mercedes der Welt.

► Als der Sage nach die Griechen Troja 10 Jahre lang vergeblich belagert hatten, kam Odysseus eine listige Idee. Er ließ ein riesiges Holzpferd bauen, in dessen Inneren sich einige griechische Krieger versteckten. Nachdem die Trojaner das Pferd als scheinbares Abschiedsgeschenk in die Stadt gezogen hatten, konnten die verborgenen Soldaten die Stadttore öffnen und Troja erobern. Was das alles aber mit einem Mercedes-Benz zu tun hat? Nun, genau wie das Trojanische Pferd ist ein Mercedes von außen wunderschön anzusehen und verbirgt in seinem Inneren eine enorme Kraft. Und wird so hoffentlich auch Ihr Herz erobern. Nur ein Mercedes ist ein Mercedes.

Mercedes-Benz

Abbildung 30: Das Trojanische Pferd dient als Vorlage bei Mercedes, © José Fuste Raga/zefa/Corbis

nischen Pferd sehen. Die obige Abbildung des Trojanischen Pferds in der Anzeige von Mercedes-Benz wurde von der Werbeagentur Jung von Matt/Donau konzipiert. Die Anzeige wollen wir anhand der trojanischen Basisstrategie näher betrachten.

Der erste Punkt der Basisstrategie sagt, dass man ein bekanntes Produkt, eine bekannte Dienstleistung oder ein attraktives Geschenk verwenden soll. Das Trojanische Pferd wurde bekanntlich von den Griechen mit Hilfe der Produktionsfaktoren Kreativität, Holz und Arbeit errichtet und ist somit erstens ein Produkt und zweitens eine Vorlage bzw. ein Muster. Ein Muster zeigt laut Definition immer gleichbleibende Merkmale in Produktion, Denkansätzen, Verhaltensweisen, Ausprägungen etc., die für Wiederholungen genutzt werden. Durch das ständige Wiederholen der Muster/Vorlagen durch Erzählungen, Abbildungen, Fotografien etc. werden diese mit einer enormen Erinnerungsmerkmalsfähigkeit ausgestattet und besitzen somit Einzigartigkeit. Einzigartige Dinge, seien es Produkte oder Vorlagen (Landschaften, geschichtliche Wesen, bekannte Namen etc.) merkt man sich, man hat Vertrauen zu ihnen aufgebaut und lässt sie dadurch leichter ins Gedächtnis eindringen. Darum erweitern wir jetzt den ersten Punkt der trojanischen Basisstrategie und definieren:

1. Man nehme ein bekanntes Produkt, eine bekannte Dienstleistung, ein attraktives Geschenk oder eine Vorlage/ein Muster.

Jung von Matt hat sich intuitiv an diese Regel gehalten und anschließend mit der 2. Regel der trojanischen Basisstrategie verknüpft, die besagt: „Fülle bzw. ergänze es mit einer neuen Idee, einem neuen Produkt". Die Ergänzung wurde durch das Mercedes-Logo und durch den Text vorgenommen, in dem das Pferd mit dem „neuen Produkt" Mercedes verknüpft wurde: „... Was das alles aber mit einem Mercedes-Benz zu tun hat? Nun, genau wie das Trojanische Pferd ist ein Mercedes von außen wunderschön anzusehen und verbirgt in seinem Inneren eine enorme Kraft. Und wird so hoffentlich auch Ihr Herz erobern ...". Die restlichen beiden Regeln haben Sie bereits kennengelernt, wir wiederholen sie zur besseren Erinnerung nochmals. Regel 3: „Sorge dafür, dass das Bekannte mit der Zielgruppe in Kontakt kommt und konsumiert wird", sowie die Regel Nummer 4: „und präsentiere der Zielgruppe das Neue mit Hilfe des Alten".

Exzellente Vorlagen: Märchen und Mythen

Menschliches Verhalten ist dadurch gekennzeichnet, das unser Gehirn bestimmte Muster abspeichert und bei Gebrauch wieder abruft. Ein bereits abgespeichertes Muster ist nichts anderes als eine Vorlage, und gute Geschichten und Märchen knüpfen an eine bereits abgespeicherte Vorlage an. Besonders die Märchen und Mythen, die wir in unserer Kindheit erfahren haben, sind exzellente Vorlagen für das moderne Marketing, da sie sozial gelernt wurden. Die Aufgabe der Märchen und Mythen besteht weiter darin, das enthaltene Kulturwissen und die Bedeutungen verschlüsselt, in impliziter Form, weiterzugeben. Besonders im deutschsprachigen Raum spielen die alten Märchen, Sagen und Mythen eine enorme Rolle. Nutzen Sie diese Vorlagen für Ihr Trojanisches Marketing, da die in den Märchen vorkommenden Botschaften spielend leicht den Weg zum Kundengehirn schaffen und dadurch entscheidend die Aufmerksamkeit erhöhen. Mehr zum Thema Geschichten und Storytelling erfahren Sie im Kapitel „Der trojanische Pfeil".

Fallbeispiel Campari: Märchenstunde mit Eva Mendes

Ein wunderbares Beispiel für den Einsatz von Märchen und Mythen ist das Konzept „Campari Tales", das von der französischen Werbeagentur Callegari Bereville Grey in enger Zusammenarbeit mit dem Campari-Team entwickelt wurde. Der Kalender für 2008 von Campari, der in limitierter Auflage von 9.999 Stück auf den Markt kam, setzte das seit Jahren erfolgreiche Konzept „Campari Tales" fort. Neu war jedoch der Stil, denn durch die Märchen und die mystische Bildkompositionen wird die Fantasie angeregt und das führt zum besseren Behalten der Botschaft. Realisiert wurden diese wunderbaren Märchenbilder vom Starfotografen Marino Parisotto, und als „Märchenmodell" wurde die Schauspielerin Eva Mendes engagiert, die wir aus den Filmen „Irgendwann in Mexiko", „Hitch – der Date Doktor" und „We own the night" kennen. Der rote Faden, das Leitmotiv im ganzen Kalender, ist die Campari-Flasche.

Eine Anspielung auf das „Cinderella-Motiv" zeigt das Campari-Kalendermotiv für den Juni: Mendes trinkt den Aperitif aus ihrem gläsernen Schuh, während ihr Prinz sie sehnsuchtsvoll betrachtet. Das Juli-Motiv ist eine Allusion auf den Flaschengeist aus „Aladin und die Wunderlampe", und Eva Mendes versinnbildlicht das Campari-Motto „Red Passion" auf allen Ebenen.

Abbildung 31:
Das Campari-Kalendermotiv für den Juli 2008:
Eva Mendes und der Flaschengeist

Das nächtliche Rendezvouz mit einem Werwolf als September-Motiv stilisiert das Märchen „Die Schöne und das Biest" zu einer Metapher, die die Fantasie des Betrachters anregt. Neben der Trojanischen Methode, sich der Märchen als Vorlage zu bedienen, ist in dem Kalender noch ein weiteres Trojanisches Pferd enthalten: nämlich die noblen Kleider, die Eva Mendes auf jedem Bild trägt. Sie stammen alle von bekannten Designern wie Alberta Ferretti oder Elie Saab, die den Kalender als Trojanisches Pferd zur

Steigerung ihrer eigenen Bekanntheit nutzen. Besuchen Sie die dazugehörige Website (http://www.camparitales.com/).

Märchen waren und sind bevorzugte Vorlagen für die Verwendung im Trojanischen Marketing, und auch die großen Märchenerzähler wie die Gebrü-
der Grimm verwendeten das alte Märchen von Rotkäppchen als Vorlage für
ihre Version des Märchens, das 1812 zum ersten Mal in ihrem Band „Kin-
der- und Hausmärchen" auftauchte. Die erste Erwähnung von Rotkäppchen
geht auf Egbert von Lüttich zurück, der diese Geschichte im Jahr 1023
niederschrieb. Im Lauf der Zeit änderten sich die Begleitumstände durch
die gesellschaftlichen Wandlungen, die Kerngeschichte blieb jedoch fast immer gleich.

Wie sehr gesellschaftliche Normen, Wertvorstellungen, Klischees etc. Einfluss auf die Änderung der Begleitumstände eines Märchens haben, zeigt
uns das Gedicht „Little Red Riding Hood" von Roald Dahl, das im Jahr 1982
veröffentlicht wurde. Angepasst an die Zeitumstände lässt sich das Rotkäppchen nichts mehr gefallen und erschießt mit einer Pistole den bösen
Wolf. Peng, und tot ist das böse Tier! Anschließend geht sie noch stolz mit
dem abgezogenen Pelz des Wolfs durch den Wald. Amüsant und köstlich ist
auch die Version von „Monty Python's Little Red Riding Hood", die auf You-
Tube leicht zu finden ist. Gönnen Sie sich den Spaß! Sie finden noch weitere amüsante Videos, wenn Sie „Little Red Riding Hood" im Suchfeld auf You-
Tube eingeben. Sie werden sehen, dass auch zahlreiche Künstler dieses Motiv für ihre Songs verwendet haben.

Interessant ist in diesem Kontext auch die Version des Rotkäppchens als
Motiv im Campari Kalender. Hier wird Eva Mendes als dominantes Rotkäppchen mit dem abgerichteten Wolf gezeigt, wie die folgende Abbildung
zeigt. Da sieht man deutlich, wie man geänderte Rollen perfekt in den Rahmen eines Märchens verpacken kann.

Abbildung 32:
Campari-Kalendermotiv
für den Januar 2008:
Eva Mendes als domi-
nantes Rotkäppchen

Märchen wie Rotkäppchen, die zu denjenigen gehören, die den höchsten Be-
kanntheits- und Beliebtheitsgrad besitzen, sind ideale Vorlagen im Trojanischen Marketing. So nutzte auch Chanel für sein Parfum „No.5" das Märchen von Rotkäppchen als Vorlage für einen Fernsehspot. In die Rolle des
Rotkäppchens schlüpfte die kanadische Schauspielerin Estella Warren, die
sich auch als Model vermarktet. Sie finden diesen Spot ebenfalls auf YouTube. Auch hier, analog zum Campari-Kalender-Motiv mit Eva Mendes, ist der
„böse" Wolf am Ende der Verlierer, denn Warren lässt ihn einfach durch die
Magie des Parfums alleine zurück, und der Wolf beginnt fürchterlich zu jau-
len. Was so ein Parfum doch alles bewirkt!

Abbildung 33: Das Rotkäppchen-Motiv in der UPC-Kampagne

Die obige Abbildung zeigt noch ein anderes Rotkäppchen, das in der Werbung verwendet wird. Hier wirbt es für den Provider UPC, der einen Internetanschluss im Paket mit TV und Telefon anbietet. Dazu schreibt der Pressetext der Agentur Lowe GGK, die diese Kampagne entwickelt hat: „Nachdem die Musketiere gegen Kardinal Richelieu und Bruce Lee gegen Triadekämpfer angetreten sind, setzt nun das vielleicht klassischste Gut-gegen-Böse-Motiv die UPC-Kampagne fort: Rotkäppchen und der böse Wolf. Allerdings ein bisschen anders als gewohnt. Der böse Wolf behauptet nämlich, gar nicht böse zu sein. Und Rotkäppchen beweist ihm das Gegenteil: Ohne Internet, TV und Telefon mit Gratis-Anschluss ist man schlichtweg der Böse. So einfach ist das." Die Kampagne lief Ende 2007 in TV, Kino, Print, Plakat und CityLight, Hörfunk und online.

Es soll nicht der Eindruck entstehen, als würden wir kein anderes Märchen als Rotkäppchen kennen. Wir wollten nur an diesem sehr bekannten Beispiel zeigen, welche kreativen Einsatzmöglichkeiten es in diesem Zusammenhang gibt. Natürlich finden sich in der Werbung zahlreiche weitere Beispiele für die Nutzung von Märchen als Vorlage für trojanische Aktionen. Wir denken z. B. an die Hanuta-Werbung, die sich des Robin-Hood-Mythos bedient hat. Und wir tun ja schließlich auch nichts anderes und nutzen die griechische Sagenwelt – die Griechen vor Troja – als mythologische Vorlage für den Titel dieses Buches.

Leider können wir dieses spannende Thema hier nicht erschöpfend behandeln. Daher enthält unsere Homepage www.TrojanischesMarketing.com eine entsprechende „Sammelecke" für dazu passende Geschichten.

Tipps für Ihre trojanische Marketingarbeit

- Besorgen Sie sich die Märchen von den Gebrüdern Grimm und lesen Sie in aller Ruhe die alten Geschichten durch. Dabei sollten Sie immer einen Notizblock griffbereit haben, um mögliche Vorlagen für Ihre Arbeit zu notieren. Kristallisieren Sie diejenigen Geschichten heraus, zu denen Sie bzw. Ihr Unternehmen bzw. Ihre Produkte einen Bezug haben könnten. Vielleicht ist es gerade Schneewittchen oder Rapunzel, das Sie mittels Storytelling zu neuem Leben erwecken.

- Verändern Sie den zeitlichen und gesellschaftlichen Rahmen. Adaptieren Sie das Märchen, die Leitfigur, das Zentralmotiv mit Hilfe einer narrativen Struktur. Mehr zu diesem Thema erfahren Sie im Kapitel zum „trojanischen Pfeil".

- Bekannte Persönlichkeiten, Schauspieler, Models eignen sich hervorragend als Zentralfigur für eine Neugestaltung eines bekannten Märchens. Überlegen Sie, welche Person eine Affinität zu Ihrem Unternehmen/Produkt und zur jeweiligen Geschichte haben könnte.

- Sie können alten Märchen auch durch die Verwendung von Witz und Ironie eine vollkommen neue Gestalt geben, die sie von anderen Erzählungen abheben. Witz und Humor sind gute stilistische Elemente, um die Aufmerksamkeit zu erhöhen. Betrachten Sie nochmals als Anleitung „Monty Python's Little Red Riding Hood" auf YouTube, es fallen Ihnen dann sicherlich neue Aspekte ein.

- Gehen Sie an einem freien Tag in Ihre städtische Bibliothek und schmökern Sie in den alten Geschichtsbänden. Besuchen Sie wieder mal Ihr Heimatmuseum und durchleuchten Sie die alten Sagen und deren Helden. Besonders für lokale Produkte sind dies ideale Vorlagen für Ihren Marketingerfolg. Befragen Sie Ihre Großmutter oder Ihren Großvater, welche Märchen und Sagen sie kennen.

Fallbeispiel Bell: Geschichten vom „Grillchef"

Außer Märchen, Fabeln und Mythen können auch andere Muster als Vorlage dienen. Eines davon ist der „Chef" (Meister, Guru), von dem in der Bevölkerung auch ein bestimmtes Bild existiert.

Einen solchen Weg ging die Bell AG, die mit rund 1 Milliarde Euro Umsatz das größte Fleischveredelungsunternehmen der Schweiz ist. Sie hat keine bestehenden Vorlagen verwendet, sondern ihre eigene geschaffen.

Die Grillsaison ist für Bell ein wichtiger Umsatzbringer. Dazu hat die Werbeagentur metzgerlehner worldwide partners für das Unternehmen eine kommunikative Leitidee entwickelt, die einfach und visuell leicht für die Konsumenten zu verstehen ist, stark emotionalisiert und die bei allen zur Verfügung stehen Kommunikationsinstrumenten angewendet werden kann. Das Resultat ist der „Bell-Grillchef", eine Figur, die als trojanische Vorlage dient. Der Grillchef wird vom Slogan „Mit Bell wird jeder zum Grillchef" begleitet. Dieses Konzept wurde 2007 mit Gold bei der Schweizer Marketing-Trophy in der Sparte Großunternehmen ausgezeichnet. Wir gratulieren den Kreativen von Bell zu dieser Auszeichnung!

Im Kapitel „Die trojanische Basisstrategie" haben wir bereits die „Dawos-Strategie" kennengelernt, die folgender zentraler Fragestellung folgt: „Wo gibt es Kunden, die mein Produkt bzw. meine Dienstleistung nicht nur brauchen, sondern besonders gerne haben wollen?" Dieser Methode bedient sich Bell im Zuge seiner Sponsoringphilosophie. Das Ziel von Bell ist, dort mit dem Sponsoring präsent zu sein, wo sich Menschen treffen, wohlfühlen, und gemeinsam genießen, also da, wo's (Dawos) potenzielle Kunden gibt.

In diesem Sinne lädt der Grillchef in Einkaufszentren und an Tankstellen zur Grillparty ein und verteilt kostenlose Grillbroschüren (Grillfibeln) mit Tipps und Tricks rund um das Grillen. Weitere Details zur Grill-Fibel von Bell haben Sie bereits im Kapitel „Image und Bekanntheit trojanisch steigern" erfahren. Zusätzlich finden Interessierte auf www.bell.ch weitere nützliche Seiten zum Thema Grillen.

Die Vorlage „Bell-Grillchef" wurde als Leitmotiv, als zentrale Vorlage, in allen Kommunikationsinstrumenten eingesetzt. Dabei wurden im klassischen Werbebereich Inserate und Plakate verwendet. Zusätzlich wurden spezielle POS-Aktionen, Internetwerbung und Merchandising eingesetzt. Durch besondere Aktionen wie z. B. „Grillchef-Kontaktanzeigen", „Grillfield-Grillplätze", beim Grennfield-Festival in Interlaken, bei Grillseminaren, Grillwettbewerben oder „Grillchef on tour," wurde der Grillchef auf trojanische Weise noch näher an die Zielgruppe transportiert. Weiterhin wurden alle Anspruchsgruppen (Mitarbeiter, Opinion Leaders, Handel) in die Kommunikationsstrategie integriert.

Abbildung 34:
Der „Bell-Grillchef"
ist das zentrale Leitmotiv
der Kommunikation des
Schweizer Konzerns

Bekannte Namen verwenden

Nicht nur Märchen und Hierarchie-Positionen („Chef") lassen sich als Vorlagen nutzen. Auch Namen von bekannten und berühmten Personen und Institutionen können diese Rolle erfüllen, wie wir am folgenden Beispiel zeigen wollen.

Der Vorteil der Verwendung von bekannten Namen liegt darin, dass diese bereits im Gedächtnis abgespeichert sind und somit leichter erinnert werden. Solche Namen eignen sich hervorragend als Vorlage für weitere Verwendungen im Marketing. Wir wollen uns dies am Beispiel des CIA World Factbook anschauen.

Fallbeispiel Factbook: vom CIA-Geheimdokument zum Cluster

Ein Factbook beinhaltet eine umfangreiche Datensammlung über ein spezielles Gebiet. Das jährlich von der CIA herausgegebene World Factbook enthält die wichtigsten statistischen Daten der meisten Länder. Dazu kommen noch Angaben über Wirtschaft, Demographie, Politik und Militär der aufgelisteten Staaten. Als das Factbook 1962 zum ersten Mal gedruckt wurde, war es noch ein Geheimdokument. Erst im Jahr 1975 wurde die erste öffentliche Druckversion auf den Markt gebracht und mittlerweile sind die Inhalte auch online abrufbar (https://www.cia.gov/library/publications/the-world-factbook/index.html). Der Begriff Factbook steht für umfangreiche, qualitativ hochwertig aufbereitete Daten und eignet sich bestens als Namensvorlage für Bücher in anderen Gebieten, die ebenfalls umfangreiches Datenmaterial anbieten.

Im Jahr 1997 realisierte Dr. Walter Springer seinen Traum von unabhängigen Nachschlagewerken und publizierte zwei umfangreiche Bücher zum Thema Beteiligungskapital und Vermögensveranlagung in Österreich. Intuitiv wendete er damals schon die Regeln des Trojanischen Marketings an und nannte seine Publikationen

- Factbook Beteiligungskapital in Österreich
- Factbook Vermögensveranlagung in Österreich.

Die Verwendung solcher Vorlagen bezeichnet man auch als „Namensadaption"; diese stellt eine wichtige Waffe im Trojanischen Marketing dar. Um dies zu veranschaulichen, betrachten wir nochmals die Grundüberlegung beim Trojanischen Marketing:

1. Man nehme ein bekanntes Produkt, eine bekannte Dienstleistung, ein attraktives Geschenk oder eine Vorlage/ein Muster

2. Fülle bzw. ergänze es mit einer neuen Idee, einem neuen Produkt

3. Sorge dafür, dass das Bekannte mit der Zielgruppe in Kontakt kommt und konsumiert wird

4. Und präsentiere der Zielgruppe das Neue mit Hilfe des Alten

Jetzt legen wir diese trojanischen Grundregeln auf die Factbooks von Walter Springer um. Er schaute sich zuerst nach einem bekannten Produkt in der Kategorie Bücher um und wurde beim CIA fündig, die sich bereits mit ihren Factbooks einen Namen gemacht hatte. Walter Springer setzte somit konsequent die 1. Regel um (Man nehme ein bekanntes Produkt ...). Der logische 2. Schritt (fülle bzw. ergänze es mit einer neuen Idee, einem neuen Produkt ...) wurde realisiert, indem umfangreiche Daten, die charakteristisch für ein Factbook sind, über den Kapitalmarkt und die Vermögensveranlagung in Österreich aufbereitet wurden. Mit Hilfe der Namensadaption von Factbook auf seine Werke wurde nun der 3. Punkt der trojanischen Grundüberlegung realisiert (sorge dafür, dass das Bekannte mit der Zielgruppe in Kontakt kommt und konsumiert wird). Da ein Factbook immer für eine besonders wertvolle Datensammlung steht, konnte nun auch der letzte trojanische Basispunkt realisiert werden (und präsentiere der Zielgruppe das Neue mit Hilfe des Alten). So ist es gelungen, das Image der CIA (Genauigkeit, „allwissend", unausweichlich etc.) auf die Studie über „Beteiligungskapital in Österreich" zu übertragen, wahrscheinlich ohne dass das den Buchkäufern in jedem Fall bewusst war.

Die Geburt eines neuen Factbooks

Im Jahr 1997, als Walter Springer seine ersten Factbooks auf den Markt brachte, kam auch der Autor Roman Anlanger zum ersten Mal damit in Berührung. 2001 schloss Anlanger seine Diplomarbeit „Cluster in Österreich" ab. Bei einem Cluster handelt es sich aus betriebswirtschaftlicher Sicht um räumlich benachbarte Unternehmen aus derselben Branche, die zueinander in wechselseitiger Beziehung stehen und die sich zu einem Netzwerk zusammengeschlossen haben. Aufgrund der anerkannten Qualität seiner Diplomarbeit entschloss sich Anlanger, seine wissenschaftliche Arbeit auch zu publizieren und einer breiteren Öffentlichkeit zugänglich zu machen. Zu dieser Zeit arbeitete Anlanger in einem renommierten Wirtschaftsverlag und glaubte naiv, dass er bloß seinen Geschäftsführer fragen müsse und das Buch würde gedruckt werden. Doch die Antwort war alles andere als erfreulich, denn der damalige Geschäftsführer wollte von so einem Buchprojekt nichts wissen, da ihm die Zielgruppe zu klein erschien. Anlanger ließ sich jedoch nicht entmutigen und beschloss, das Buch im Eigenverlag trojanisch zu vermarkten. Als kleine Unterstützung erhielt er von seinem damaligen Arbeitgeber die ISBN-Nummer für das Buch.

Zuerst wurde wieder die Basisregel 1 aktiviert (Man nehme ein bekanntes Produkt ...) und Anlanger wurde mit Walter Springer, dem Herausgeber der „Österreichischen Factbooks" rasch einig, denn beide erkannten sofort die auftretende Win-Win-Situation in Bezug auf die Vermarktung. Die Taufe des „Factbook: Cluster in Österreich" wurde vollzogen. Dadurch war Anlanger in der Lage, vom positiven Image der bereits am Markt befindlichen Factbooks zu profitieren und trojanisch die Distributionskanäle von Walter Springer zu nutzen, und natürlich umgekehrt. Das Layout des neuen Factbook wurde an die bereits existierenden Factbooks angepasst, um ein einheitliches Erscheinungsbild zu gewährleisten. Anders formuliert: Trojanisches Marketing durch Vorlagen.

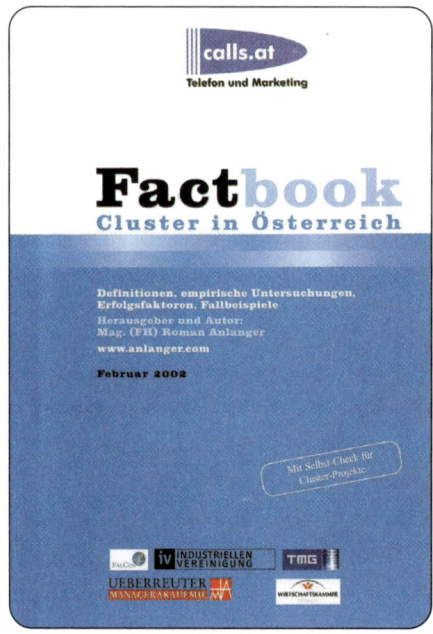

Abbildung 35:
Das „Factbook: Cluster in Österreich" von Roman Anlanger

Wie wurden nun die unterschiedlichen Distributionskanäle von Anlanger und Springer trojanisch genutzt? Bei den Aussendungen von Walter Springer für seine Factbooks wurde jeweils auch auf das neue Cluster-Factbook hingewiesen, und umgekehrt wurde bei Anlangers Aussendungen immer ein Bezug auf die anderen Factbooks vorgenommen. Mehr zu diesem spannenden Thema erfahren Sie im Kapitel „Trojanisches Marketing mittels Kooperationen".

Gehen wir jetzt einen Schritt weiter und betrachten wir, wie Anlanger zu den zielgruppenspezifischen Adressen gelangte, sodass ihn die Mailings keinen Cent kosteten. Er bat vorab bekannte Clusterorganisationen, einen Beitrag für das Buch zu verfassen, denn dieses Buch war das erste, das die Thematik der Cluster in Österreich umfassend analysierte. Viele bekannte Organisationen machten gerne mit, denn so konnte man sich selbst in Szene setzen, und Anlanger nutzte das Engagament der Beitraggeber, indem diese das Buch wiederum mit vermarkteten. Weiter wurden prominente Persönlichkeiten aus der Wirtschaft für die Bereitstellung eines Vorworts gewonnen, und auch die Sponsoren, die mit ihrem Logo auf dem Cover, auf den inneren Umschlagseiten sowie am Buchende vorkamen, erklärten sich bereit, das Buch von ihrer Seite aus zu vermarkten. Der Erfolg ließ nicht lange auf sich warten. Heute ist das Buch das Standardwerk der österreichischen Clusterliteratur und war – ökonomisch gesehen – zudem ein echter Verkaufsschlager. Eben trojanisch vermarktet!

Film-Roboter als Namens-Vorlage

Abschließend noch ein Beispiel einer Kampagne in den USA, die sich ebenfalls auf eine Vorlage stützt. Das amerikanische Postunternehmen United States Postal Service hat in 200 US-Städten Briefkästen aufgestellt, die ein besonderes Aussehen hatten. Sie glichen dem Roboter R2-D2 aus der sechsteiligen „Star Wars"-Filmsaga. Der Zweck war, für eine Briefmarke zu werben, die mit Motiven aus dem „Krieg der Sterne" erscheinen sollte. Hier wurde die allgemein als bekannt anzunehmende Figur des Roboters als Vorlage verwendet, um Aufmerksamkeit und Bekanntheit zu erreichen.

Symbolische Geografie im Trojanischen Marketing

Machen wir zuerst einen kleinen Ausflug nach Italien. An was denken Sie, wenn sie jetzt für eine Minute Ihre Augen schließen und an Italien denken? Wir können es Ihnen sagen: Urlaub, Strand, Kultur, Fußball, Ferrari, Mode; eines dieser Themen wird jetzt vor Ihrem inneren Auge erschienen sein, nehmen wir an. Das sind die sogenannten expliziten, also die direkt wahr-nehmbaren Bedeutungen, die das Wort Italien bei uns auslöst. Zusätzlich zum expliziten Code transportiert ein geografischer Begriff auch implizite Bedeutungen, die für das Marketing relevant sind. Über die impliziten Aus-prägungen eines Codes erfahren Sie im Kapitel „Der trojanische Pfeil" noch eine ganze Menge. Hier beschränken wir uns auf die implizite Bedeutun-gen, die von Italien ausgehen. Dazu zählen „Freude am Genuss", „Lust und Sinnlichkeit" oder „Lebensfreude" – ideal für Nahrungsmittelprodukte, um diese mit den impliziten Komponenten aufzuladen.

Die erfundene Piemont-Kirsche

Waren Sie schon einmal im Piemont, dessen Hauptstadt Turin ist? Wir kön-nen Ihnen diese Gegend nur empfehlen, da sie einfach wunderschön ist und viel Kultur und Natur bietet. Im ganzen Gebiet des Piemont spielt die Land-wirtschaft eine enorme Rolle. Natürlich werden in dieser Region auch Kir-schen, Weintrauben und andere Obst- und Gemüsesorten angebaut. Wenn Sie jetzt wieder Ihre Augen schließen und an Piemont denken, was fällt Ih-nen jetzt dazu ein? Wir wissen, an was Sie jetzt gedacht haben: an die „Pie-mont-Kirsche®". An diesem Punkt müssen wir Sie leider enttäuschen, denn diese Sorte von Kirschen gibt es leider nicht. Ja, Sie haben richtig gelesen! Wenn Sie uns nicht glauben, können Sie gerne in allen botanischen Bü-chern nachschauen oder googeln Sie und Sie werden diesbezüglich nicht fündig werden. Anders ausgedrückt: Die „Piemont-Kirsche®" ist eine Erfin-dung der Marketingabteilung von Ferrero, dessen Stammsitz sich in Alba, Piemont befindet; man hat einfach die Region Piemont als trojanische Vorla-ge verwendet.

Die komplette Ernte aller Kirschen aus dem Piemont würde für die Produk-tion von Mon Chéri nicht ausreichen. Die Bezeichnung „Piemont-Kirsche®", ein eingetragener Markenname, ist vielmehr ein Qualitätsmerkmal, das die impliziten Bedeutungen dieser einzigartigen Landschaft nutzt. Vielmehr wird die „beliebteste Kirsche der Welt" aus vielen Teilen dieser Welt zuge-kauft, und laut Ferrero steht sie für allerbeste Kirschen, die aus bevorzug-ten Anbaugebieten dieser Welt ausgesucht werden und die außerdem von sehr viel Sonne verwöhnt wurden. Ganz schön clever gemacht, einfach tro-janisch! Seit 1957 gibt es Mon Chéri schon auf dem deutschen Markt, das es bis zur Lieblingspraline der Deutschen gebracht hat.

Diese trojanische Marketingstrategie der symbolischen Geografie verfolgt Ferrero auch bei anderen Produkten, z. B. beim bekannten „TicTac", das durch die „Carmagnola-Minze®" für lang anhaltenden frischen Atem sorgt. Auch diese Minze gibt es aus botanischer Sicht nicht und sie ist ebenso wie die „Piemont-Kirsche®" eine eingetragene Wortmarke und eine Komposition der Marketingabteilung von Ferrero.

Steppenwurzel im Vodka-Mix

Für die meisten Russen ist Alexander Sergejewitsch Puschkin der Nationaldichter schlechthin. Er wurde 1799 in Moskau geboren und verstarb am 29. Januar 1837 bei einem Duell mit einem französischen Offizier an seinen Verletzungen. Eine Legende eben! Es liegt auf der Hand, solch eine bekannte Persönlichkeit als trojanische Vorlage für ein Produkt zu verwenden, und wenn es sich schon um ein russisches Produkt handelt, dann eben für Wodka. Die Wodka-Marke Puschkin gibt es schon lange auf dem deutschen und österreichischen Markt, und nach all den Jahren macht es auch Sinn, sich neuen Trinkgewohnheiten anzuschließen und eine Line Extension (Produktlinienerweiterung) durchzuführen. Dabei wird der etablierte Markenkern auf ein neues Produkt innerhalb der gleichen Produktkategorie übertragen. Dies geschieht durch neue Farben, neue Zutaten oder neue Geschmacksrichtungen. Wenn es sich dabei um russischen Wodka handelt, ist es sinnvoll, eine weitere typische – wenn es geht mystisch aufgeladene – Zutat aus derselben Region zu verwenden. So wird der Vodka-Mix „Puschkin Black Sun" mit folgendem Claim beworben: „ ...eine wild-fruchtige Komposition mit dem Geschmack schwarzer Beeren, Auszügen der sibirischen Steppenwurzel Eleutherokokkus und Puschkin Vodka". Ja, Sie haben richtig gelesen: „Sibirische Steppenwurzel", aber die gibt es zum Unterschied zur „Piemont-Kirsche®" sehr wohl. Jetzt packt man noch die sibirische Steppenwurzel zusammen mit Schamanen in einen Werbespot und die Wirkung kann sich entfalten.

Abbildung 36:
Line Extension der
Marke Puschkin

Tiere als trojanische Vorlage im Stadtmarketing

Nicht nur Fabelwesen und Märchenfiguren, Hierarchie-Idole und bekannte Menschen und Organisationen, sondern sogar Tiere können als Vorlagen im Trojanischen Marketing erstklassig und gewinnbringend genutzt werden.

Designer-Kühe als Lockmittel
Die Geschichte fing im Jahre 1986 in Zürich an, wo man farbenprächtige Löwenplastiken in der Züricher Altstadt aufstellte, um mehr Besucher anzulocken. Anzumerken ist, dass der Löwe das Wappentier von Zürich ist. Dabei handelt es sich um das Konzept „Land in Sicht – auf nach Zürich", das von der City-Vereinigung Zürich mit seinen rund 1.500 Mitgliedern realisiert wurde.

In Fortsetzung dieser erfolgreichen tierischen Tradition wurde 1998 aus verschiedenen Aktionsvorschlägen das Konzept von Walter Knapp ausgewählt, dessen Grundidee bunt bemalte Kühe waren, die in der Zürcher Innenstadt ausgestellt wurden. Am Anfang der Kunstaktion wurden drei verschiedene Originalskulpturen vom Schweizer Künstler Pascal Knapp, dem Sohn vom Walter Knapp, entworfen. Diese dienten dann als Vorlage für die Produktion von 815 Modellen. Die Vorlagen wurden anschließend von 395 Sponsoren zu je 1998 Franken erworben und rund 400 Künstler sowie ganze Schulklassen bemalten diese Kühe im Auftrag der Sponsoren. Im Anschluss an diesen einzigartigen Kuhauflauf, der auf Straßen, in Parks, auf

Plätzen und in Fußgängerzonen stattfand, wurden die bemalten Tiere versteigert, und der Erlös von 1,4 Millionen Franken wurde karitativ verwendet. Inzwischen wurde dieses einzigartige Konzept in vielen anderen Städten ebenfalls verwirklicht.

Die Grundidee der Cow-Parade ist es, Kunst der breiten Masse näher zu bringen, ohne dass diese in ein Museum pilgern muss. Im Grunde genommen ist die Aktion jedoch trojanisch, denn die Kuh dient als Vorlage, die als Anziehungsobjekt und Fotomodell dient. Denken Sie an all die Leute, die diese einzigartigen Kühe fotografieren und dann auf der ganzen Welt die Vorlage Kuh verbreiten und somit auch gleichzeitig die Sehenswürdigkeiten der Stadt auf trojanischer Weise vermarkten. Dazu können wir nur sagen: „Einzigartiges Trojanisches Marketing mittels Vorlagen". Aus den Kundenstatistiken der City-Vereinigung Zürich geht hervor, dass dieser trojanische Kunstevent mehr als eine Million zusätzliche Besucher nach Zürich lockte (gemessen am langjährigen Mittel).

Cow-Parade als internationales Erfolgskonzept

Abbildung 37:
Auch in Istanbul zog eine künstlerisch gestaltete Cow-Parade die Massen an

Nach dem erfolgreichen Start in Zürich wurde das enorme trojanische Potenzial der Kühe rasch erkannt, und es wurde eine eigene Vermarktungsgesellschaft, die Cow Holding Parade AG gegründet, mit dem Ziel, dieses Konzept weltweit zu vermarkten. Schauen Sie sich all die verschiedenen Kunst-Kühe auf www.cowparade.com an, Sie werden fasziniert von den verschiedenen Schöpfungen der Künstler sein. Im Sommer 2007 wurde die Cow-Parade in Istanbul abgehalten, wobei 200 Kühe im Spiel waren. Diese wurden von 88 Sponsoren gekauft, und über 150 Designer, Grafiker und Künstler ließen ihrer Fantasie freien Lauf.

Abbildung 38:
Für die Istanbuler Cow-Parade im Sommer 2007 wurden 200 Kühe künstlerisch gestaltet

Im Jahre 2000 hatte die Cow-Parade einen sensationellen Erfolg in Chicago. Dort wurden mehr als 10 Millionen zusätzliche Besucher auf Grund dieser Freiluftausstellung verzeichnet, und der Erlös von 140 Kühen brachte 3,5 Millionen Dollar für karitative Zwecke. Mittlerweile ist die Cow-Parade der größte und erfolgreichste öffentliche Kunstevent, und zahlreiche Merchandisingartikel begleiten die Kühe.

Bären als Botschafter

Die Cow-Parade und vergleichbare „Tieraktionen" dienten schließlich als Vorlage für ähnliche Kunstevents in anderen Städten, die jedoch mit anderen Tieren realisiert wurden. So entwickelten Eva und Klaus Herlitz sowie der österreichische Künstler Roman Strobl in 2001 den „Buddy Bär" für Berlin; Zweck war vor allem die Verstärkung der Tourismuswerbung für die deutsche Hauptstadt, deren Wahrzeichen bekanntlich der Bär ist. Anfangs wurden rund 350 Bären bemalt, mittlerweile gibt es bereits über 1.100 verschiedene Bären, die auch außerhalb von Berlin aufgestellt sind. Die Bären erreichen eine Höhe von bis zu zwei Metern und sind auf eine Betonplatte montiert. Darauf befindet sich eine Plakette, auf der der Sponsor und der jeweilige Künstler genannt sind. Die Grundidee des Buddy Bären wurde schließlich im Jahr 2002 auf die „United Buddy Bears" übertragen, die seit diesem Zeitpunkt auf ihrer Welttournee für Toleranz und Völkerverständigung werben.

Wien, Paris, Kitzbühel, Hongkong, Istanbul, Tokio, Jerusalem, Séoul und Sydney waren Auftrittsorte für die Bären. Der Bezug zu Berlin spielt hierbei kaum noch eine Rolle.

Abbildung 39:
United Buddy Bears als Botschafter eines friedlichen Miteinanders in Wien

Um beim Bild des Trojanischen Marketings zu bleiben, kann man sagen, dass hier die Attraktivität der Ausstellung auf beeindruckende Weise als Trojanisches Pferd benutzt wird, um die eigentliche Botschaft dieses völkerverbindenden Projekts zu transportieren: So vielfältig und bunt und friedlich, wie diese Bären zusammenstehen, so vielfältig und bunt und friedlich könnte auch das Zusammenleben der Menschen auf der Erde sein.

Bären sind in der Bevölkerung sehr beliebt und werden allgemein als sympathisch empfunden. Mit der beeindruckenden Größe der Ausstellung – rund 140 je zwei Meter große Bären – und der interessanten individuellen Gestaltung jedes einzelnen Bären werden Aufmerksamkeit und Interesse geweckt. Da jeder Bär ein von den Vereinten Nationen anerkanntes Land repräsentiert, und durch die Symbolik des friedlichen Hand-in-Hand-Stehens wird die Botschaft eines friedlichen Miteinanders eindrucksvoll und vor allem leicht verständlich visualisiert.

Gespräche während der Ausstellung, vor allem aber die positive Resonanz, die vornehmlich per Post oder E-Mail die Buddy Bears Berlin GmbH erreicht, zeigen, dass breite Schichten der Bevölkerung von dieser Ausstellung angelockt und zum Nachdenken angeregt wurden. Mittlerweile haben weltweit über 15 Millionen Besucher die Ausstellungen gesehen, so auch im September/Oktober 2006 in Wien auf dem Karlsplatz. Durch das positive Image und die Glaubwürdigkeit des Projekts konnten in den vergangenen Jahren bereits über 1,4 Mio. Euro für UNICEF sowie diverse Kinderhilfsorganisationen generiert werden.

Helden als trojanische Vorlage

Abbildung 40: Erinnert an tapfere Kriegshelden: Das Plakatsujet von Hutchison 3G Austria

Kommt Ihnen die obige Abbildung irgendwie bekannt vor? Wahrscheinlich schon, denn sie erinnert an „Flag-Raisers", eines der bekanntesten historischen Fotos überhaupt, das tausendfach in den Medien zu sehen war. Es war im Februar 1945, als die Amerikaner im 2. Weltkrieg gegen die Japaner kämpften und einen Sieg errangen. Der Kriegsberichterstatter Joe Rosenthal hielt diesen Moment mit seiner Kamera fest, und so entstand das berühmteste Bild des 2. Weltkriegs. Dieses weltbekannte Foto diente als Vorlage für eine Werbeoffensive von Hutchison 3G Austria, einem Mobilfunkanbieter in Österreich, der für das größte Highspeed-UMTS-Netz Österreichs wirbt. Statt den US-Marines aus dem Jahre 1945 dienten Mitarbeiter von Hutchison als Protagonisten, die unter schwierigsten Bedingungen am Ausbau des Highspeed-Netzes arbeiten.

Hier wird ein historischer Heldenmythos trojanisch genutzt. Hutchison 3G positioniert sich – und seine Mitarbeiter und Kunden – mit dieser Darstellung als Helden, die ihre Gegner in einer an sich aussichtslosen Lage glorreich besiegen. Man muss dazu wissen, dass dieser Mobilfunk-Provider in Österreich als der kleinste der Anbieter gegen alle anderen einen heftigen Konkurrenzkampf zu bestehen hat.

Emotionale Schemabilder – perfekte Vorlagen im Trojanischen Marketing

Durch soziales Lernen haben sich bestimmte Schemabilder im Laufe der Zeit und über mehrere Kulturen einen festen Platz in unseren Gehirnen erobert. Diese erzeugen ausgeprägte emotionale Wirkungen beim Betrachter, da er aufgrund seiner Sozialisation sofort deren Bedeutung erkennt. Besonders durch die Zunahme der Reizüberflutung in unserer heutigen Zeit – die durchschnittliche Betrachtungsdauer einer Anzeige beträgt nur rund 2 Sekunden – erlangt die Verwendung von Schemabildern als trojanische Vorlagen eine enorme Relevanz in der Marketingkommunikation, da diese eine sofortige Aufmerksamkeit und Zuwendung auslösen. Das bekannteste Schemabild ist das von Konrad Lorenz erstmals erforschte Kindchenschema, zu dessen Merkmalen Kulleraugen, rundliche Körperformen, Pausbacken und ein etwas größerer Kopf zählen. Also Merkmale, die sich vor allem bei Babys und anderen Jungsäugetieren zeigen. Bekanntestes Beispiel in jüngster Zeit ist der Eisbär Knut im Zoo in Berlin, als er noch klein war.

„Die stärksten emotionalen Wirkungen entfalten im Allgemeinen Schemabilder, die im Empfänger auf biologisch vorprogrammierte und kulturübergreifende Wirkungsmuster stoßen."
Werner Kroeber-Riel

Folgende Schemabilder eignen sich für das Trojanische Marketing:

- Kindchenschema

- Jungtierschema (Junghunde und Jungkatzenbilder)

- Schema von Helden (z. B. Herkules, Odysseus etc.)

- Mythenschema (Trojanisches Pferd, Kräuterfee von Underberg)

- Kulturelle Schemabilder (Cowboy)

- Schemabilder zur Körpersprache (Handbewegungen, die sich auf ein einzelnes Produkt beziehen

- Zielgruppenspezifische Schemabilder (landesspezifische Sportarten)

- Das weibliche und männliche Geschlecht

- Medial geprägte Schemabilder (Spiderman auf der Nestlé Packung Limited Edition Cereal, Verwendung von Superman bei Produkten)

- Kognitive und affektive Landesimagefacetten (Tropeninsel, griechischer Tempel, Wiener Sängerknaben, Zugspitze etc.)

Ein gelungenes Schemabild – die Kräuterfee von Underberg

Eine perfekt gelungene Umsetzung und Integration eines mythischen Schemabildes ist jenes der Kräuterfee von Underberg. Die Kräuterfee symbolisiert die erlesenen, aus 43 Ländern stammenden aromatischen Kräuter, die erst kurz vor der Verarbeitung schonend zerkleinert werden. Sie steht also stellvertretend für die besten natürlichen Rohstoffe und weiter für das wohl gehütete Geheimverfahren („Semper idem"), das einen schonenden Auszug der Wirk- und Aromastoffe der Kräuter garantiert.

Abbildung 41:
Die Kräuterfee von Underberg

Hier wird wieder eine Mythenfigur trojanisch genutzt. Die „Fee" als guter Geist und Helfer unterstützt die Glaubwürdigkeit des Elexiers „Underberg", mit quasi magischen Kräften „nach jedem Essen" für einen beschwerdefreien Magen zu sorgen.

Emotionale und kognitive Facetten des Landesimage

von Prof. Dr. Günter Schweiger

Länder sind ebenso Marken wie Getränke, Autos, Dienstleistungen, Investitionsgüter und Gebrauchsgüter.

Alle diese Produkt- bzw. Dienstleistungsmarken haben ein Image, das sich aus kognitiven, wissensgestützten Facetten und emotionalen, gefühlshaften Facetten zusammensetzt. Länder sind aber komplexer als die genannten Produkte und Dienstleistungen, und daher ist das Landesimage umfassender als ein Produktimage. Je weiter das Land, um dessen Image es geht, entfernt ist, umso geringer ist das Wissen darüber. Allerdings gibt es häufig auch ohne konkretes Nationalwissen Gefühle gegenüber Ländern. Wissen und Gefühle können diametral sein: so lässt Johann Wolfgang von Goethe einen seiner Protagonisten in Auerbachs Keller im Zuge eines Zechgelages mit Faust und dem Teufel (Mephistopheles) den Satz aussprechen: „Ein guter Deutscher mag keine Franzen (Anm. d. Verf.: Franzosen) leiden, doch ihre Weine trinkt er gern." Zu einem Zeitpunkt, als die Deutschen unter den französischen Überfällen und Besatzungen gelitten hatten, waren das Ansehen von Frankreich und die Liebe zu Frankreich in Deutschland im Vergleich zu heute offensichtlich geringer, das Wissen um die hervorragenden Weine war jedoch schon damals ausgeprägt. Heute sieht das anders aus, die Deutschen schätzen die Franzosen, deren Lebensart und deren Weine.

Die folgenden Ergebnisse sollen anhand des Beispiels Österreich und Deutschland die kognitiven und emotionalen Landesimagefacetten gegenüberstellen.

Deutschlands Image als Land der Technik ist stärker als jenes von Österreich. Das spiegelt die Realität, z. B. durch die Anzahl der Patentanmeldungen. Deutschlands Top-Hightech-Image wird durch die Ergebnisse vieler Imagestudien bestätigt. Zwei neuere Studien aus den Jahren 2006 und 2007 sind z. B. die von Höglinger/Kleedorfer und Moravitz (siehe Literaturverzeichnis).

75% der Österreicher ordnen „viele erfolgreiche Unternehmen" Deutschland zu und nur knapp die Hälfte Österreich. Außerdem sind knapp 50 % der Österreicher der Meinung, dass in Österreich zu wenig geforscht und entwickelt wird, hingegen meinen nur 11 % der Österreicher, dass Forschung und Entwicklung in Deutschland mangelhaft seien. Die Deutschen werden von den Österreichern außerdem als fleißiger und zuverlässiger beurteilt als die Österreicher von den Deutschen.

Österreicher beurteilen das wirtschaftliche Image Österreichs durchaus ähnlich positiv wie das wirtschaftliche Image Deutschlands. „Verlässliche Geschäftspartner" gibt es sowohl in Deutschland als auch in Österreich. Die Österreicher beurteilen die österreichische Wirtschaft in höherem Ausmaß als „florierend" als die deutsche Wirtschaft – in genauen Werten assoziierten 61 % der Österreicher ihr eigenes Land mit „florierender Wirtschaft", nur 44 % hingegen Deutschland.

Die Österreicher finden auch, dass Österreich ein besserer Standort für ausländische Unternehmen sei als Deutschland. Nach Meinung der Österreicher kommen Produkte mit gutem Preis-Leistungs-Verhältnis in großem Ausmaß (68 %) aus Österreich, hingegen nur knapp die Hälfte (49 %) aus Deutschland. Wirtschaftliche Skandale ordnen die Deutschen Österreich deutlich seltener zu als die Österreicher Deutschland.

Die Stärken von Österreichs Image sind aus Sicht der Deutschen dieselben wie jene der übrigen Welt: Land der Hochkultur, Land der klassischen Musik und Land mit Tradition. Auch im Selbstbild der Österreicher sind diese Stärken vorhanden.

Aufgrund dieser Forschungsergebnisse wird österreichischen Unternehmen im Bereich Hightech empfohlen, die Brücke von „HighCulture" zu „HighTech" zu schlagen. So sollten die Stärken von Österreichs Image auf technische Produkte übertragen werden. Ähnliches kann österreichischen Dienstleistungsunternehmen empfohlen werden: hier müsste eine Brücke von „HighCulture" zu „HighServe" geschlagen werden.

◆ ◆ ◆

Die „Österreich Werbung" nutzt kognitive Landesimagefacetten

Wie wir im Beitrag von Prof. Schweiger erfahren haben, sind die Stärken von Österreichs Image aus Sicht der Deutschen die gleichen, die die übrige Welt von Österreich annimmt: Land der klassischen Musik, Land der Hochkultur, Land mit Tradition. Diese länderspezifischen Imagekomponenten werden als kognitive Landesimagefacetten bezeichnet und stellen hervorragende trojanische Vorlagen für das Marketing dar. Bei der Anfang Dezember 2007 abgehaltenen Pressekonferenz präsentierte die Österreich Werbung das neue Erscheinungsbild von Urlaub in Österreich. Nach einem aufwändigen Markenvertiefungsprozess und einer ebensolchen Ausschreibung wurden die Sommerkampagne 2008 und die UEFA EURO 2000™ Kampagne unter dem Motto „Das muss Österreich sein" vorgestellt, die typische Imagefacetten wie die der Wiener Sängerknaben und der klassischen Musik enthalten.

Abbildung 42:
Ein österreichisches Markenzeichen im Dienst der Österreich Werbung: Die Wiener Sängerknaben als Boygroup

Gestaltungsmittel der Kampagne ist der Spannungsbogen aus einer augenzwinkernden Textzeile (z. B. „Die älteste Boygroup der Welt", oder „Wo Handspiel für Fanjubel sorgt") und dem Lesezeichen, mit dem das Bild markiert ist. Es trägt den Claim „Das muss Österreich sein" und das rotweißrote Logo.

Abbildung 43:
Klassische Musik als trojanische Vorlage für das Marketing der Österreich Werbung

Passende Schemabilder finden

Sie werden sich nun fragen, wie man die geeigneten Schemabilder findet. Auch hierfür gibt es eine trojanische Vorgehensweise, wie Sie im Folgenden sehen werden.

- Machen Sie eine Reise in die Vergangenheit Ihrer Kultur. Welche Sagen kennen Sie, von welchen Helden haben Sie in Ihrer Kindheit geträumt und geschwärmt? Der Vorteil dieser Mythenschemen besteht darin, dass sie sozial gelernt wurden und somit dauerhaft in unserem Gedächtnis abgespeichert sind. Nach Kroeber-Riel sind Schemabilder Muster, und ein Muster ist nichts anderes als eine Vorlage, die enormes trojanisches Potenzial in sich trägt, wie wir in diesem Kapitel erfahren haben.

- Analysieren Sie die bedeutendsten kognitiven und affektiven Landes-imagefacetten. Dabei handelt es sich um Bauwerke, Monumente, besondere kulturelle Spitzenleistungen, Landschaften, Persönlichkeiten etc., die typisch und einzigartig für ein bestimmtes Land stehen. Bei regionalen Produkten können natürlich auch typische lokale Imagefacetten verwendet werden. Für die Bayern wäre dies zum Beispiel der Berg Watzmann im schönen Berchtesgadener Land, der mit zahlreichen Mythen und Schicksalen aufgeladen ist.

- Berühmte historische Persönlichkeiten eignen sich hervorragend für die Integration in die Bildkommunikation. Dazu eine kleine Geschichte: Einer der beiden Autoren nahm während seines Studiums an einem interessanten werbewissenschaftlichen Experiment teil. Ziel dieser Untersuchung war, die Wirkung von Weinetiketten zu analysieren. Dazu wurde eine Blindverkostung organisiert. Insgesamt standen 20 Flaschen mit unterschiedlichen Etiketten zur Verfügung. Der Wein war jedoch in allen Flaschen derselbe, was die Experimentteilnehmer aber nicht wussten. Die beste Geschmacksnote bekam der Wein – man müsste hier besser von der Weinflasche sprechen – der sich mit einem Bild von Wolfgang Amadeus Mozart schmückte. Dieses Beispiel zeigt deutlich, wie sehr Schemabildung die Wahrnehmung und die Beurteilung eines Produkts beeinflussen.

- Analysieren Sie die Helden Ihrer Zielgruppe und integrieren Sie sie in Ihre Marketingkommunikation, denn sie haben eine fast mythische Anziehungskraft auf das Kaufverhalten Ihrer Konsumenten. Erfolgreiche Marketingkooperationen bedienen sich dieser Technik, denn die Helden werden zielgruppenspezifisch in das Produkt integriert. Ein wahrer Hype ist in letzter Zeit mit den Simpsons ausgebrochen und daran hatte natürlich der Kinofilm einen großen Anteil, der den Simpsons erhebliches „Abstrahlungspotenzial" für Marketingkooperationen lieferte.

● Nutzen Sie das bekannteste Tier Ihres Bundeslandes, Ihrer Nation als Schemabild. Paradebeispiel dafür ist die Erfolgsgeschichte von [yellow tail], die wir bereits kennengelernt haben.

2.6 Trojanisches Marketing mittels Kooperationen

In diesem Kapitel sprechen wir ausführlich über Kooperationen von Unternehmen und Marken. Zusammenarbeit bietet zahlreiche Möglichkeiten für Trojanisches Marketing. Dabei bedienen sich die Partner des jeweils anderen als Trojanisches Pferd, das genutzt wird, um die eigene Botschaft mit Hilfe des Partners an den Konsumenten zu bringen. Sie werden sehen, dass es vielfältige Möglichkeiten gibt zu kooperieren. Praktische Tipps zeigen, wie Sie selbst solche Möglichkeiten für Ihr eigenes Business finden und nutzen können.

Angesichts zunehmend gesättigter Märkte und einer stetig wachsenden Überforderung der Marketing-Zielpersonen durch nach wie vor wachsende Werbeimpulse pro Zeiteinheit müssten eigentlich auch die Marketing-Budgets immer stärker wachsen, um überhaupt noch Effekte zu erzielen – und das sogar überproportional. Tun sie aber nicht.

Ein Ausweg aus diesem Dilemma kann es sein, dem Marketing-Euro zu mehr Effektivität und Effizienz zu verhelfen – zum Beispiel durch Marketingkooperationen. Tobias Meyer und Michael Schade bezeichnen in ihrem Buch „Cross-Marketing" die Kooperation mit Marktpartnern als den „dritten Lösungsweg" – nach den Möglichkeiten des einfachen, natürlichen Wachstums und dem Wachstum durch Akquisition von Marken und Unternehmen.

Cross-Marketing bzw. Marketingkooperationen sind schon seit Langem eine beliebte Form von Trojanischem Marketing; zahlreiche Marketingziele können damit erreicht werden.

Nach einer Studie der Berliner Agentur Noshokaty, Döring & Thun über Marketingkooperationen in Deutschland wurden allein im 2. Quartal 2007 ca. 180 überregionale Kooperationen neu begründet. Das ist ein deutlich steigender Trend, wie die folgende Grafik zeigt:

Abbildung 44:
Entwicklung der überregionalen Marketingkooperationen in Deutschland
Quelle: Noshokaty, Döring & Thun 2007

Die Agentur betreibt unter www.mesh-box.com einen Blog zum Thema Marketingkooperationen, dem die obigen Daten entnommen sind. Außerdem haben wir einige Beispiele und Anregungen zu diesem Kapitel aus diesem sehr interessanten Blog – mit freundlicher Erlaubnis – entnommen. Simon Thun, einer der geschäftsführenden Gesellschafter der Agentur, hat außerdem dieses Kapitel vorab gelesen und mit einigen fachkundigen Kommentaren versehen, die wir zum größten Teil eingearbeitet haben. Wir bedanken uns für die wertvollen Anregungen!

Kostenreduktion im Vordergrund

In vielen Fällen ist es in erster Linie der Gesichtspunkt der Kostenreduktion, der Unternehmen auf die Idee kommen lässt, mit Partnern im Bereich der Marktkommunikation zu kooperieren. In den meisten Fällen trifft es zu, dass auf diese Weise Geld eingespart werden kann. Unter der Annahme, dass zwei Partner sich ein Werbemittel teilen und gemeinsam dort auftreten, halbieren sich tatsächlich für jeden die Kosten dieser Maßnahme. Allerdings ist auch zu berücksichtigen, dass damit oft eine Halbierung der Rezeption verbunden sein kann. Denken Sie z. B. an Plakate, die an stark befahrenen Straßen platziert werden. Hier steht für die Erfassung des Sujets und der Werbebotschaft nur eine sehr geringe Zeitspanne zur Verfügung. In dieser sehr kurzen Zeit kann also nur sehr wenig Information übertragen werden. Es mag gut möglich sein, dass in der Kürze der Zeit nur ein Werbeimpuls, eine Aussage, ein Bild kommuniziert werden kann. Wenn in einem solchen Fall zwei Partner auf dem Plakat erscheinen und beide wahrgenommen werden wollen, kann es passieren, dass nur einer davon sein Ziel erreicht. Im schlimmsten Fall wird überhaupt keine Botschaft übermittelt, weil die Verwirrung, wessen Werbung nun eigentlich „gilt", die Übertragung einer Botschaft total blockiert.

Nicht jedes Medium ist also geeignet, für Marketingkooperationen eingesetzt zu werden. Überhaupt ist es in aller Regel nicht zielführend, sich bei gemeinsamen Aktivitäten auf ein einziges Medium zu beschränken.

Man kann davon ausgehen, dass der mentale „Aufwand" des Rezipienten, die doppelte Botschaft aufzunehmen, ein deutlich höherer ist als bei einer allein stehenden Werbeaussage. Es geht ja nicht nur darum, die beiden Marken zu erfassen, sondern außerdem die Sinnhaftigkeit der Kooperation verständlich zu vermitteln und den Imagetransfer durchzuführen. Es ist klar, dass sich dieser erhöhte mentale Aufwand in einer verlängerten „Lernzeit" niederschlägt. Es sinkt also tendenziell die Wirkung der Botschaft pro Zeiteinheit bzw. steigt die Anzahl der notwendigen Zeiteinheiten zur Erreichung des Lernziels. Das gilt vor allem dann, wenn es keine enge Verbindung zwischen den Marken gibt. Anders ist es jedoch, wenn es eine sinnvolle Integration im Rahmen der Kooperation gibt, z. B. „mit der Deutschen Post wird das Versenden von Paketen bei eBay wesentlich vereinfacht".

Aus diesem Grund ist es nicht nur sinnvoll, Medien einzusetzen, die ihrer Natur nach eine längere „Einwirkungsdauer" mit sich bringen, sondern auch mehrere Medien miteinander zu kombinieren, um die Erfolgswahrscheinlichkeit zu erhöhen. Es gilt zwar allgemein für jeden Lernprozess, dass Häufigkeit und Verschiedenartigkeit der Kommunikationsmedien für die Nachhaltigkeit des Lernens entscheidend sind. Dies ist aber bei der Kombination von Marketingpartnern erst recht entscheidend für den Erfolg der Maßnahmen.

Imagetransfer durch Markenkooperation

Bei Markenkooperationen kommt es – und das ist der eigentliche Sinn und Zweck dieses Vorgehens – zu einem Imagetransfer der einen auf die andere Marke. Das heißt es wird versucht, ein bestimmtes Image, das einer Marke bereits zugeschrieben wird, auf die jeweils andere zu übertragen und sie damit beim Konsumenten auf dasselbe Niveau zu heben. Dieser Imagetransfer geschieht natürlich wechselseitig, d. h. in beide Richtungen.

Es muss also bei der Planung solcher Kooperationen streng darauf geachtet werden, dass die Kompatibilität zwischen den Marken (der sogenannte „Markenfit") möglichst groß ist, d. h. die Marken müssen zueinander passen und miteinander harmonieren. Denn auch allfällige negative Imagebestandteile werden transferiert und färben auf die jeweils andere Marke ab. Es ist im Vorfeld oft nicht leicht, den Markenfit (aus der Sicht der Konsumenten!) abzuschätzen und vorherzusehen, ob gegebenenfalls die notwendige Kundenakzeptanz vorhanden sein wird. In einem solchen Fall empfiehlt es sich, dies via Marktforschung abzutesten, indem beispielsweise mehrere alternative Kooperationspartner in ihren Profilen vergleichend abgefragt werden.

Feigel und Brockdorff bringen in ihrem Artikel „Wenn Marken sich vermählen" (Mai 2006) das Beispiel der Kooperation von Milka (Kraft Foods) und Kellogg's. Ausgangslage war der Wunsch von Kraft Foods, eine innovative Sorte der Milka-Schokolade auf den Markt zu bringen. Zuerst wurden also etwa zehn mögliche Kooperationspartner selektiert, die die Bedingung erfüllen mussten, nicht im direkten Wettbewerb zu Milka zu stehen, aber selbst eine Markenstärke haben sollten. Diese Alternativen wurden marktforscherisch abgetestet und damit in eine Rangreihe gebracht. Bedingung war klarerweise auch, dass beide Partner eine realistische Chance auf einen durch die Zusammenarbeit generierten Zusatznutzen haben sollten. Erst nach diesem aufwändigen Prozess wurde entschieden, dass Kellogg's der am besten geeignete Markenpartner ist.

Markenkooperationen sind vor allem dann sinnvoll und erfolgversprechend, „wenn die beteiligten Unternehmen sozusagen ‚auf gleicher Augenhöhe' spielen", betonen Feigel und Brockdorff. „Ein globales Unternehmen mit großen, international renommierten Brands wird beispielsweise wenig Interesse an einer Zusammenarbeit mit einem kleinen, national orientierten Markenartikler haben – zu unterschiedlich sind die Ausrichtungen des Unternehmens, sowohl in Bezug auf interne Prozesse als auch auf die Art, wie die Märkte bearbeitet werden.", so ihre Einschätzung. Falls das große internationale Unternehmen aber beispielsweise seine Position in einem lokalen Markt bzw. einer spezifischen Zielgruppe stärken möchte, kann auch eine Kooperation mit einem kleinen Partner interessant sein. Beispiele liefert die typische Entwicklung von Ingredient Brands („versteckte Marken im Inneren"). Gore, Intel etc. waren zunächst die kleineren, weitestgehend unbekannten Marken, konnten den großen Partnern wie IBM aber helfen, das Augenmerk der Konsumenten auf bestimmte Bestandteile zu lenken und sich so zu differenzieren. Mittlerweile sind die Ingredient

Brands zum Teil sogar stärker als die OEM-Marken. Das Beispiel zeigt, dass auch Kooperationen sinnvoll sein können, die nicht auf gleicher Augenhöhe stattfinden.

Fehlerquellen und Risiken

Wichtig ist auch, dass Markenkooperationen nicht als Nothilfe dienen, um schwache, unerfolgreiche Marken zu retten, weil das nicht nur ein Problem der Glaubwürdigkeit ist. Einerseits ist der (Gedanken-) Sprung, der von der schwachen zu starken Marke geschafft werden muss, in aller Regel zu groß, um vom Verbraucher bewältigt zu werden. Andererseits riskiert die starke Marke, von der schwachen mit in den Abgrund gerissen zu werden. Für viele Konsumenten wird in einem solchen Fall die Image-Differenz als unverständlich und nicht nachvollziehbar erscheinen. Und damit wird der Zweck nicht erfüllt werden können, denn nur Konsumenten, die ein Markenkonzept (wenn auch nur intuitiv) verstehen, werden zu Käufern.

Vor allem für große und sehr bekannte Marken gilt, dass sie sich des Risikos bewusst sein müssen, das sie mit einer Kooperation grundsätzlich eingehen. Natürlich ist es in erster Linie die bekannte Marke, die als erste vom Rezipienten beachtet wird. Im zweiten Schritt wird die zweite Marke „gelernt" und die Sinnhaftigkeit der Kooperation verstanden und die Übertragung der Markenzuschreibungen durchgeführt. Das ist der Sinn der Kooperation und das Ziel der Aktion. Es kann aber auch passieren, dass allfällige Negativ-Eigenschaften, die der kleinere Marke zugeschrieben werden, auf dem umgekehrten Weg auf die große Marke transferiert werden und dieser Imageschäden zufügen.

Ebenfalls ist zu beachten, dass die Tatsache, dass sich zwei Marken in einem gemeinsamen Auftritt präsentieren, nachhaltige Lerneffekte bei den Konsumenten bewirken – das ist in aller Regel auch so gewollt. Je besser das gelingt, desto mehr sind die beiden Marken im Kopf des Kunden miteinander verschränkt. Und wie die verschränkten Teilchen in der Quantenphysik in ihrer Wahrnehmung verbunden. Das führt dazu, dass das Verhalten des einen Partners auf die Wahrnehmung des anderen einen Einfluss hat.

Wenn also einer der beiden Markenpartner im Rahmen einer Marketingkooperation oder auch noch einige Zeit nach derem offiziellen Ende einen Imagewandel – egal, ob absichtlich oder nicht – durchführt, färbt dieser automatisch und unkontrollierbar auf den anderen Partner ab.

Das ist wie bei Testimonials durch berühmte Sportler oder Künstler. Solange die Person, die sich öffentlich zu einem bestimmten Produkt bekennt, erfolgreich ist und sich an die von der Gesellschaft erwarteten Regeln und Gesetze hält, solange kann dieses gute Image auf das beworbene Produkt abfärben und dessen Glaubwürdigkeit und Akzeptanz beim Publikum erhöhen. Aber sobald dieser Weg der Tugend verlassen wird und die Menschen beginnen, dieser Person Misserfolge oder Regelverstöße nachzusagen, wird auch dieses neue schlechte Image auf das Produkt übertragen. Es bleibt dann meist nichts anderes übrig, als die Partnerschaft schlagartig zu beenden und den Schaden so weit wie möglich zu begrenzen, indem Maßnahmen ergriffen werden, die die Aufmerksamkeit des Publikums in eine andere Richtung lenken. Wenn die durch das Testimonial transportierten Inhalte nachhaltig gelernt wurden – d. h. wenn die Kommunikatoren ihre Arbeit gut gemacht haben –, bleibt die Verschränkung eine gewisse Zeit aufrecht erhalten und entfaltet entsprechende negative Wirkungen, weil jetzt auch das schlechte Image der Person auf das Produkt übertragen wird.

Dasselbe Risiko besteht bei Maßnahmen aus dem Bereich des Cross-Marketings. Auch hier gilt, dass Fehler des einen Partners das Image des anderen ramponieren können. Falls eine der beiden Marken einen „Absturz" erlebt, kann auch die andere Marke mit in den Abgrund gezogen werden. Sowohl Höhen als auch Tiefen werden gemeinsam erreicht.

Packt man eine starke mit einer noch schwachen Marke zusammen, kann man erreichen, dass durch die starke Marke die Hemmschwelle für die schwache Marke erniedrigt wird. Ist es normalerweise schwierig, einen Probekauf für eine noch relativ unbekannte Marke zu initiieren, so kann das erleichtert werden, indem die starke Marke den Vorreiter spielt und die schwächere Marke „huckepack" nimmt. Wenn sich also eine schwächere Marke mit einer starken verbindet, transferiert letztere ihren Vertrauensvorschuss auf die schwächere Marke und sorgt somit dafür, dass ein Probekauf im Vertrauen auf die Gültigkeit der starken Markenaussage stattfindet. Die starke Marke gibt quasi eine Garantie dafür ab, dass die noch schwächere Marke ebenso vertrauenswürdig ist wie sie selbst. Allerdings kommt es dabei auf die Art der Kooperation an: Wenn eine Marke lediglich ein „Ingredient" – also nur einen inneren/eingebauten Bestandteil – bezeichnet, ist für den Konsumenten klar erkennbar, dass diese Marke nicht für das Ganze steht.

Durch die Ansprache bestehender Zielgruppen der großen Marke gelingt es auch der neuen bzw. noch schwachen Marke, diese Zielgruppen für sich zu gewinnen und einen Vertrauensvorschuss zu erwerben. Genau das ist das trojanische Konzept. Man nutzt den Partner als Trojanisches Pferd, um die angestrebte Zielgruppe zu erreichen. Der Marketingpartner hat die Zielgruppe bereits „im Griff" und dient damit als Trojanisches Pferd, das die Zielgruppe gerne und freiwillig in ihre Festung hineinzieht.

Die Glaubwürdigkeit, die der Partner bei den Zielpersonen schon hat, kann damit auf das eigene Unternehmen übertragen werden. Die Kunden-Loyalität gegenüber dem Partner wird somit für das eigene Unternehmen und das eigene Produkt genutzt. Das ist Trojanisches Marketing par excellence.

Vor allem auffällige Aktionen sind in diesem Zusammenhang natürlich besonders geeignet, den Kunden zu gewinnen. Je auffälliger die Maßnahmen sind und je ungewöhnlicher die Kooperation ist, desto mehr wird dieser Imagetransfer gelingen. Eine besonders spektakuläre Aktion in Verbindung mit einer besonders „absurden" (auf den ersten Blick) Kooperation wird besondere Aufmerksamkeit beim Publikum erringen und damit maximale Werbewirkung entfalten. Aber auch hier gilt der Leitsatz: „Good advertising kills a bad product fast." Letztlich ist also entscheidend, ob die Kooperation an sich sinnvoll ist.

Ein Beispiel dafür ist die Aktion der Salzburger Stiegl-Brauerei, die bereits im Kapitel „Freudige Ereignisse" beschrieben wurde. Völlig unerwartet und auf den ersten Blick absurd ist die Idee, in einer Entbindungsklinik für Bier zu werben. Hier ist es gerade die „Absurdität" der Maßnahme, gerade zu Neu-Vätern gewordene Männer mit einer bestimmten Biermarke werblich zu konfrontieren, die die Einzigartigkeit ausmacht und nachhaltigen Erfolg garantiert.

Differenzierung durch Überraschung

Auch die Differenzierung von der Konkurrenz gelingt mit überraschenden Kooperationen leichter. Ein USP bzw. UAP (Unique Selling bzw. Advertising Proposition), der auf diese Weise aufgebaut wurde, ist nur schwer von Mitbewerbern imitierbar. Die Partnerschaft mit einer starken Marke aus dem Umfeld (die nicht zum Wettbewerb gehört) ist ein Aktivposten, der nur schwer nachgeahmt werden kann. Wenn ein starker Marktpartner ein glaubwürdiges Testimonial für die eigene Marke abgibt, kann das nur schwer von anderen Werbemaßnahmen ausgehebelt werden.

Ein weiterer Aspekt ist die Generierung von Zusatznutzen durch eine Marketingkooperation. Durch die Hereinnahme eines Partners, der den eigenen Kunden einen Zusatznutzen verspricht und garantiert, ist eine deutliche Distanzierung von den Mitbewerbern möglich. Nur das jeweilige Unternehmen ist in der Lage, diesen Zusatznutzen – den in Wirklichkeit der Partner erbringt – anzubieten.

Wieder die „Dawos-Strategie"

Wie findet man aber nun geeignete Kooperationspartner? Auch in diesem Punkt kommen wir an unserer bewährten „Dawos-Strategie" nicht vorbei. Sie erinnern sich? Die „Dawos-Strategie" arbeitet nach dem trojanischen Grundprinzip, bestehende Gegebenheiten für den eigenen Vorteil auszunutzen. Mit anderen Worten bedeutet das: Nutzen Sie den bestehenden Standort (nicht nur räumlich zu verstehen!) Ihrer zukünftigen Kunden und suchen Sie sie dort auf. Statt bürokratisch Zielgruppen zu definieren und diese mühsam von Grund auf zu bearbeiten, lautet hier die Devise: Schauen Sie, wo Ihre potenziellen bzw. gewünschten Zielgruppen jetzt sind, bei wem sie bereits Kunden sind, und richten Sie Ihre Aufmerksamkeit und Aktivitäten in diese Richtung aus. Nutzen Sie die Anbieter – egal, aus welcher Branche –, die mit diesen Kunden bereits gute Beziehungen haben, als Trojanische Pferde für Ihre eigenen Botschaften.

In diesem Buch werden zahlreiche Beispiele vorgestellt, die nach dieser Strategie vorgehen. Finden wir ein weiteres, um exemplarisch darzustellen, wie die „Dawos-Strategie" gezielt zur Partnersuche eingesetzt werden kann.

Nehmen wir an, Sie wollen zusätzliche Kunden für Ihr bestehendes, aber nicht sehr gut gehendes Geschäft gewinnen. Der Gegenstand Ihres Geschäfts sei erst einmal egal, auch die Tatsache, ob es sich um Güter oder Dienstleistungen handelt. Herkömmlich gedacht, werden Sie versuchen, möglichst viele potenzielle Abnehmer mit Ihrer Werbung zu „überschwemmen" und diese von sich zu überzeugen. Natürlich auf Zielgruppen ausgerichtet. Die trojanische „Dawos-Strategie" fragt sich: Wo sind diese Abnehmer jetzt? Wer hat diese Zielgruppe bereits gewonnen? Wo sind die Menschen, die ich ansprechen möchte, bereits emotional gebunden? Wem haben sie bereits ihr Vertrauen geschenkt? Wem gegenüber sind sie bereits jetzt loyal?

Und genau da setzt man an: Wenn man mit einem (oder mehreren) dieser „Kunden-Besitzer" kooperiert, spart das eine Menge Basisarbeit. Und es spart eine Menge Zeit und Geld, wenn man das Image und das Vertrauen in dieser Zielgruppe nicht neu aufbauen muss, sondern vom Kooperations-partner übernehmen kann. Wenn es gelingt, einen Teil der Kundenloyalität zum Kooperationspartner zu übernehmen, und ein Imagetransfer stattfin-det, ist man mit einem einzigen Schritt mitten in der Zielgruppe. Wer also zum Beispiel modische Schuhe verkaufen will, überlegt, wer die auf eine modische Erscheinung bedachte Kundenschicht bereits jetzt bedient. Es liegt nahe, mit Geschäften zu kooperieren, die modische Oberbekleidung verkaufen und auf diesem Gebiet einen guten Ruf haben.

Will man hochwertige Schreibgeräte an eine zahlungskräftige Klientel ver-kaufen, hilft der Gedanke, dass „hochwertige Schreiber" in der Regel auch „hochwertige Leser" sind. Dann liegt es nahe, beispielsweise mit Firmen zu kooperieren, die teure Bücher verkaufen, also einschlägig bekannte Anti-quariate oder Druckereien von teuren Briefpapieren oder Verlage mit teu-ren Magazinen und Büchern.

Die „Dawos-Strategie" eignet sich auch für Überlegungen, neue Möglichkei-ten zur Kundengewinnung zu erschließen. Wie auch immer die bisherigen Vertriebswege etabliert sind und ausgetretene Pfade darstellen: Es gibt im-mer eine Möglichkeit, diese Trampelpfade der Tradition zu verlassen und neue Wege zu gehen, indem man sich andere, bisher ungewohnte Absatzka-näle erschließt „da, wo's" potenzielle Abnehmer gibt.

Denken Sie an das eingangs in diesem Buch erwähnte Beispiel, in dem Pao-lo Coelho von seinem spanischen Verleger erzählt, der plötzlich die Idee hatte, seine Bücher nicht nur in den traditionellen Buchhandlungen zu ver-kaufen, sondern gänzlich ungewöhnliche Plätze aufsuchte, um sie anzubie-ten. Es waren stets Orte, wo Menschen eine „innere Bereitschaft" hatten, ein Buch zu kaufen, weil sie Zeit und Muße hatten (also zum Beispiel im Kaffeehaus, im Restaurant) oder weil sie vor einer längeren Zeit des er-zwungenen Nichtstuns, einer Reise standen (also zum Beispiel in Bahnhö-fen und Flughäfen). Er tat also nichts anderes, als an Orte zu gehen, „da, wo's" potenzielle Kunden gibt, auch wenn das Orte waren, die bisher über-haupt nicht für die Distribution in Betracht gezogen wurden.

Huckepack-Marketing

Eine der besonderen Methoden im Trojanisches Marketing ist das „Hucke-pack-Marketing": Der eine Anbieter nimmt den anderen huckepack zu sei-nen Kunden mit. Im Prinzip haben beide dieselbe Zielgruppe, konkurrieren aber nicht direkt miteinander.

Ein Beispiel dafür, das man so oder ähnlich immer wieder in der einschlägigen Marketingliteratur, aber auch im wirklichen Leben findet, ist: Ein Metzger (österreichisch: Fleischhauer) kooperiert mit seinem Nachbarn, dem Bäcker. Hören wir, wie Ulrike von ihrem Erlebnis dazu erzählt:

„Neulich war ich wieder einmal bei ‚meinem‘ Fleischhauer, wo ich immer am Freitag einkaufe und mich mit Fleisch und Wurst für das Wochenende und die kommende Woche versorge. Ich bin mit diesem Geschäft sehr zufrieden und kaufe schon seit Jahren regelmäßig dort ein. Doch an diesem Freitag war etwas anders als sonst. Beim Bezahlen gab mir die Verkäuferin ein Stück Papier und sagte: ‚Hier habe ich noch etwas für Sie. Das ist ein Gutschein für ein halbes Kilo Brot. Den können Sie beim Bäcker nebenan einlösen.‘ Das habe ich dann auch prompt getan. Normalerweise gehe ich in dieser Straße regelmäßig nur zum Fleischer, beim Bäcker war ich nur selten; Brot und Gebäck habe ich bisher immer routinemäßig im Supermarkt mitgenommen. Aber diesmal musste ich zum Bäcker, weil ich ja den Gutschein bekommen habe und diesen nicht verfallen lassen wollte. Also ging ich dorthin und während ich darauf wartete, an die Reihe zu kommen, sah ich mir die Köstlichkeiten an. Und erst der köstliche Geruch! Da kommt der Supermarkt nicht mit. In Zukunft werde ich freitags immer zum Fleischhauer gehen und dann immer auch zum Bäcker. Die beiden Geschäfte liegen ja ohnehin in der Nähe meiner Wohnung. Da könnte ich vielleicht jeden Morgen zum Bäcker gehen und mir frische Semmeln zum Frühstück holen … Und beim nächsten Besuch muss ich mich unbedingt beim Fleischhauer bedanken für den Gutschein!“ Soweit Ulrikes Bericht.

Das ist reinstes „Huckepack-Marketing": Der Metzger nimmt den Bäcker huckepack zu seinen Kunden mit. Beide haben im Prinzip dieselbe Zielgruppe, stehen aber nicht in direkter Konkurrenz zueinander. Dass beide davon profitieren, ist offenkundig: Der Metzger kann seinen Kunden ein Geschenk, einen kostenlosen Zusatznutzen geben, der ihn selbst nichts kostet. Und der Bäcker erschließt ein neues Kundensegment und gewinnt tendenziell Zugriff auf die gesamte Kundschaft des Metzgers, die den Gutschein erhalten hat.

Dieses trojanische Prinzip kann fast jeder bei seiner Neukundengewinnung einsetzen. Überlegen Sie – sei es als Vertreiber einer Ware, sei es als Erbringer einer Dienstleistung –, welches Ihrer Angebote Sie in Form eines Gutscheins verschenken könnten. Das muss natürlich für die Kunden wirklich von Wert sein und sollte sich nicht – wie es leider oft gemacht wird – in einer „kostenlosen Beratung" erschöpfen.

Anbieter von Waren haben es da verhältnismäßig leicht. Es findet sich immer eine kleine Packung eines Artikels, die man als „Appetizer" verschenken kann. Als Händler kann man dazu oft die Produzenten mit ins Boot holen, die solche Muster und Proben meist kostenlos zur Verfügung stellen. Die nächste Überlegung ist, welche anderen Unternehmen oder auch Privatleute für die Verteilung dieser Gutscheine in Frage kommen. Bei den Unternehmen sind das alle Firmen, die im Prinzip dieselbe Zielgruppe wie Sie haben, die aber keine direkten Konkurrenten sind.

Als Beispiel nehmen wir einen Händler für Autozubehör. Seine Zielgruppe – nämlich Menschen mit Autos – bedienen z. B. auch Tankstellen. Will ein solcher Händler in seiner näheren Umgebung neue Kunden werben, liegt es nahe, Gutscheine für ein bestimmtes sinnvolles Autozubehör, das viele Menschen interessiert, von den Tankstellen der Umgebung verteilen zu lassen. Umgekehrt könnte der Händler, wenn es sich um zweiseitige Win-Win-Situation handeln soll, beim Einkauf ab einem bestimmten Mindestbetrag statt eines Rabatts Benzingutscheine der kooperierenden Tankstellen ausgeben.

Auch Privatleute können als trojanische Gutschein-Multiplikatoren eingesetzt werden. In der Regel sind das die eigenen Kunden, die diese Gutscheine an ihre Freunde und Bekannten weitergeben können.

Beide Verteilergruppen sollten leicht für die Idee zu gewinnen sein, sie gewinnen ja auch den Vorteil, etwas verschenken zu können, ohne selbst dafür zu bezahlen.

Nicht nur das kleine Geschäft – der Metzger und der Bäcker aus dem Beispiel – können diese Art der Neukundengewinnung mit Hilfe von Gutscheinen nutzen. Die Idee lässt sich praktisch in jeder Branche und Unternehmensgröße einsetzen, bis hin zum B2B-Geschäft. So könnte z. B. ein Sanitärgroßhandel, um noch mehr Installateure als Kunden zu gewinnen, einen Gutschein über ein bestimmtes Werkzeug erstellen und diesen beispielsweise über eine Fachzeitschrift für Installateure oder auch die Innung verteilen lassen. Oder ein Steuerberater könnte potenziellen Neukunden anbieten, eine bestimmte Dienstleistung (die einen Einstieg in eine Dauerkundschaft darstellen sollte) kostenlos zu erbringen. Er müsste ebenfalls überlegen, welche Gutschein-Distributoren seine Zielgruppe am besten repräsentieren. Das könnten z. B. bestimmte Berufsgruppen oder Branchen sein. Man muss dann nur noch herausfinden, wo diese Berufsgruppen anzutreffen sind. Will der Steuerberater also beispielsweise Handwerker als Kunden gewinnen, kann er die Gutscheine – genauso wie der Sanitärgroßhändler – über die einschlägigen Publikationen und Organisationen verteilen (lassen).

In vielen Branchen hat sich Huckepack-Marketing schon da und dort etabliert. So empfiehlt der Hausarzt bestimmte Fachärzte, der Augenarzt den Optiker (und umgekehrt), der HNO-Arzt ein Hörgerätegeschäft (und umgekehrt), der Orthopäde einen Masseur (und umgekehrt). Und in zahlreichen anderen Branchen macht man es genauso.

Auch eine andere Variante des Huckepack-Marketings wird gerne angewendet, wenn auch noch viel seltener, als es theoretisch und praktisch möglich wäre. Der bekannte Verkaufstrainer Dirk Kreuter erzählt in seinem Newsletter vom April 2007: „Als Vortragsredner und Trainer bin ich in ganz Europa unterwegs. Aus diesem Grund nutze ich natürlich Miles & More der Lufthansa. Als Mitglied dieses Vielfliegerprogramms erhalte ich regelmäßig Informationen der Lufthansa. Da mich diese Angebote interessieren und ich dadurch einige Vorteile gewinne, öffne ich natürlich diese Post. Oftmals werden nun Informationen an mich geschickt, die nicht direkt von Miles & More oder der Lufthansa kommen. Urheber sind dann beispielsweise Vodafone, das einen neuen Telefontarif mit passendem Handy anpreist, oder die Modekette Peek & Cloppenburg, die auf eine neue Kollektion vertraut. Absender aber ist immer Miles & More. Da ich dieser Marke vertraue, öffne ich auch diese Post." Die Homepage von Dirk Kreuter finden Sie unter www.Neukunden.com.

Das, was Dirk Kreuter erzählt, ist reinstes Trojanisches Marketing. Zahlreiche Anbieter, die seinesgleichen als Zielgruppe erreichen wollen, nutzen den Vertrauensbonus, den Miles & More bei diesen Zielpersonen genießt, als Trojanisches Pferd, um sich mit Hilfe von dessen Mailings „einzuschleichen".

Die Hausmesse als trojanisches Instrument

Eine weitere Möglichkeit zur Kooperation bietet im Trojanischen Marketing die Hausmesse. Hier schlummert noch ein großes Potenzial, das viel häufiger genutzt werden könnte. Viele Unternehmen veranstalten z. B. eigene Hausmessen, zu denen sie bestehende und potenzielle Kunden einladen, um ihr aktuelles Sortiment zu präsentieren. Solche Hausmessen sind erfahrungsgemäß nicht billig, vor allem deshalb, weil die Organisation viel Arbeitszeit vom üblichen Tagesgeschäft abzieht. Hausmessen können viel wirkungsvoller und dazu noch interessanter für die Kunden gestaltet werden, wenn man nicht nur das Angebot des eigenen Hauses präsentiert, sondern weitere Unternehmen als Mit-Aussteller einlädt, die keine direkten Mitbewerber, aber dennoch an derselben Zielgruppe interessiert sind. Natürlich muss man sich darüber im Klaren sein, dass ein Teil der Aufmerksamkeit vom eigenen Angebot abgelenkt wird. Aus unserer Sicht überwiegt in den meisten Fällen jedoch der Vorteil, den Kunden mehr Vielfalt anbieten zu können.

Bleiben wir beim Beispiel des Sanitärgroßhändlers, dessen Zielgruppe Handwerker und Installateure sind. Wenn er eine Hausmesse veranstaltet, könnte er dazu einladen:

- (s)einen Steuerberater, der neue Kunden sucht und sich generell auf Handwerker spezialisiert hat

- (s)einen Unternehmensberater, der auf Handwerker spezialisiert ist

- (s)einen Versicherungsmakler, der die Bedürfnisse der Installateure kennt

- einen Anbieter von Arbeits- und Sicherheitsbekleidung und -schuhen

- (s)einen EDV-Experten, Webdesigner, Marketingfachmann, Finanzberater

- jeden anderen Lieferanten und Dienstleister, der an der Zielgruppe interessiert ist.

Durch diese Vielfalt gewinnt die Hausmesse in mehrfacher Hinsicht an Wert für die Kunden. Sie haben die Chance, ein ganz auf ihre speziellen Bedürfnisse zugeschnittenes Informationspaket zu bekommen, das sie sich sonst mühsam einzeln zusammensuchen müssten. Eine solche Veranstaltung hat die Chance, zum jährlich innig erwarteten Branchen-Event zu werden, den niemand in der Branche auf die Dauer ignorieren kann. Natürlich profitiert das als Hauptveranstalter der Hausmesse auftretende Unternehmen massiv dadurch, dass es in den Augen der Kunden deutlich an Kompetenz gewinnt – weit über das Kerngeschäft Sanitärartikel hinaus. Schließlich hat es auch finanzielle Vorteile, nicht den ganzen mit einer Messe verbundenen Aufwand alleine tragen zu müssen. Und wenn mehrere mitzahlen, kann das Gesamtbudget vielleicht sogar höher sein als gewöhnlich, womit den Kunden ein Mehr an Rahmenprogramm und Verköstigung geboten werden kann, was wiederum den Wert der Veranstaltung für die Zielgruppe erhöht.

Und schließlich gewinnen auch die, die als Zusatzaussteller an der Hausmesse des Sanitärgroßhändlers teilnehmen. Sie alle haben die Chance, sich einer für sie attraktiven Zielgruppe in einem Rahmen zu präsentieren, der für die Kunden ein Heimspiel darstellt. Es ist zu vermuten, dass sich ein Installateur inmitten von Sanitärwaren wohler fühlt als in einer Bank oder im Büro des Steuerberaters. Hier können leichter Gespräche geführt und Kontakte geknüpft werden. Also insgesamt eine Win-Win-Win-Situation für alle Beteiligten.

Was Sie beachten sollten, wenn Sie im Rahmen Ihres Trojanischen Marketings eine Hausmesse planen, sehen Sie in der folgenden Checkliste.

Checkliste Hausmesse

1. Inhalte

⇨ Ist klar definiert, welche Inhalte mit der Hausmesse präsentiert werden sollen?

⇨ Ist klar definiert, wer zu der Hausmesse eingeladen werden soll?

⇨ Wie viele Besucher sollen es sein? Wie viele verkraftet Ihre Infrastruktur?

⇨ Welche Maßnahmen werden ergriffen, um Besucher einzuladen?

⇨ Welche Räumlichkeiten können genutzt werden (indoor, outdoor)?

⇨ Wollen Sie nur eine sachliche Messe = Ausstellung?
Oder möchten Sie zusätzlich Event- und Show-Elemente verwenden?

⇨ Welches Budget ist eingeplant?

2. Organisation

⇨ Gibt es einen Hauptverantwortlichen für die Hausmesse?

⇨ Gibt es einen klaren Zeitplan mit ausreichendem Vorlauf?

⇨ Wurde geprüft, ob der geplante Termin geeignet ist (Ferien, Fachkongresse, Konkurrenztermine, andere wichtige Ereignisse)?

⇨ Falls Sie überwiegend mit eigenem Personal arbeiten: Ist Ihnen klar, wie viele Arbeitsstunden für die Hausmesse benötigt werden? Ist Ihnen klar, dass diese Stunden evtl. woanders fehlen bzw. als Überstunden budgetiert werden müssen?

⇨ Sind die Rollen Ihrer Mitarbeiter bei der Hausmesse für jeden klar definiert?

3. Mögliche Kooperationen

⇨ Welcher Ihrer Lieferanten, Geschäftspartner und Kunden könnte auf Ihrer Hausmesse vertreten sein?

⇨ Welche weiteren Anbieter (z. B. regionale Handwerker, Dienstleister) könnten auf Ihrer Hausmesse vertreten sein?

⇨ Welche Personen in Ihrem Unternehmen haben entsprechende Kontakte, um Kooperationen in die Wege zu leiten (Geschäftsleitung, Außendienst, Einkauf etc.)?

⇨ Welchen Nutzen könnten die Besucher Ihrer Hausmesse von den zusätzlichen Ausstellern haben?

⇨ Haben Sie einen Plan, wie Sie die Co-Aussteller in die Bewerbung Ihrer Hausmesse einbinden?

4. Nachbereitung

⇨ Erfassen Sie alle Besucher in einer Datenbank?

⇨ Gibt es einen Plan, wie oft die Adressen der Messebesucher von wem und mit welchen Aktionen genutzt werden?

⇨ Ist klar, wie Sie den Erfolg der Hausmesse bewerten?

⇨ Versuchen Sie, auch den Erfolg der Co-Aussteller zu erfassen?

Trojanisches Marketing mittels Kooperationen – Systematik

Im Folgenden wollen wir noch einmal systematisch die verschiedenen Formen Revue passieren lassen, in denen Kooperationsmarketing auftritt und die jeweiligen trojanischen Aspekte dabei besonders unter die Lupe nehmen.

Cross-Promotion
Cross-Promotion ist eine Sonderform der Promotion, bei der mindestens zwei Werbetreibende gemeinsam Kommunikationsmaßnahmen durchführen und ihren Zielgruppen dabei eine einheitliche Botschaft vermitteln. Diese Art der gemeinsamen Werbung und des gemeinsamen kommunikativen Auftritts am Markt ist die am häufigsten genutzte Form im Kooperationsmarketing – Experten sprechen von ca. 40 % aller Fälle und steigender Tendenz.

Man spricht von Cross-Promotion auch dann, wenn sich Informationsmedien gegenseitig bewerben, die unter einem gemeinsamen Konzerndach angesiedelt sind, also beispielsweise zwei Fernsehsender einer gemeinsamen Muttergesellschaft (wie z. B. Pro7 und Sat1) gegenseitig Sendungen des jeweils anderen Kanals promoten. Oder es gibt Werbung im Fernsehen für das Radio, wenn beide zu einem Sender gehören.

Ein gutes Beispiel für die Effizienz und auch schon Popularität ist die Auktionsplattform eBay. Sobald sich ein Käufer für einen bestimmten Artikel eines bestimmten eBay-Shops interessiert, werden automatisch die übrigen Angebote desselben Anbieters zusätzlich angezeigt.

Man spricht auch von Cross-Promotion (bzw. von Cross-Selling) wenn bei einem Kaufabschluss ein weiterer, zum ersten passender Artikel angeboten wird. Bei McDonald's (und anderen Fastfood-Restaurants) ist es Standard (und wichtiger Teil der Mitarbeiterschulung), dass jeder Kunde, der etwas zu essen bestellt, immer gefragt wird, ob er dazu etwas trinken möchte. Umgekehrt wird jeder Nur-Getränke-Konsument nach allfälligen Essenswünschen gefragt bzw. werden konkrete Vorschläge unterbreitet. Viele Kaffeehäuser gehen gleichfalls nach dieser Methode vor, indem Kaffeetrinker nach möglichen Kuchenwünschen gefragt werden.

Auch in anderen Branchen ist es gang und gäbe, nach dem Kauf weitere Angebote zu machen:

- im Schuhgeschäft werden nach dem Schuhkauf Pflegeartikel angeboten

- nach dem Kauf eines TV-Gerätes werden DVD-Recorder offeriert

- der Internet-Buchhändler Amazon informiert jeden Interessenten für ein bestimmtes Buch darüber, für welche weiteren Bücher sich die bisherigen Käufer dieses Buches noch interessiert haben

- der Mobilfunkanbieter fragt nach dem Abschluss eines Vertrags über ein Handypaket nach dem Interesse für ein zusätzliches SMS-Paket

- der Anzugverkäufer bietet von sich aus passende Hemden und Krawatten an

- nach dem Kauf eines Computers werden automatisch Peripheriegeräte angeboten

- etc.

Das Konzept Cross-Selling bzw. Up-Selling hat sich bewährt und führt tatsächlich in der Regel zu höheren Umsätzen pro Kunde und damit zu höheren Umsätzen insgesamt – wenn die Anzahl der Kunden sich nicht verringert. Das könnte dann passieren, wenn die Anstrengungen des Verkaufspersonals in Richtung Cross-Selling von den Kunden als übertrieben und aufdringlich empfunden werden, was leider nicht so selten der Fall ist.

Man spricht auch dann von Cross-Promotion, wenn ein Produkt als Werbeträger für ein anderes oder die gesamte Produktlinie auftritt. Bei Kosmetikprodukten kommt es häufig vor, dass auf jedem einzelnen Produkt Informationen über die gesamte Serie aufgedruckt ist. Spirituosen können Werbeträger sein, indem man ihnen ein Rezeptheft für Cocktails mitgibt, für die andere Produkte desselben Unternehmens benötigt werden. Auch über die Produktgrenzen hinaus ist Cross-Promotion möglich, indem man z. B. zu einer Großpackung Haushaltstücher eine Probepackung Papiertaschentücher beigibt.

Die einfachste Form der Kooperation durch Cross-Promotion liegt dann vor, wenn zwei verschiedene Anbieter unterschiedlicher Produkte gemeinsam auf einem Werbeträger erscheinen, also z. B. auf dem Plakat oder im TV-Spot, wie es unter anderem Waschmaschinen- und Waschmittelproduzenten tun. In diesem Fall spricht man von Cross-Advertising.

Wann immer von Cross-Promotion die Rede ist, handelt es sich um Trojanisches Marketing. Das Trojanische Pferd ist dabei immer die etablierte Marke, mit deren Hilfe der jeweils andere Partner zu den Kunden „in deren Festung" mitgenommen wird. Das Bekannte, Vertraute, Gewohnte erleichtert dem Unbekannten, noch Unvertrauten, Ungewohnten den Eintritt.

CoBranding

Vor einigen Jahren beschrieb Sabine Magerl in der Wochenzeitung „Die Zeit" (2003) die Geschichte, wie Haribo und Nestlé eine CoBranding-Partnerschaft eingingen. Gemeinsam entwickelten sie „Fruity Smarties", in denen statt der üblichen Schokolade Goldbärengummi enthalten ist. Damit schufen sie ein völlig neues Produkt. Das ist der Kern von CoBranding: Zwei Unternehmen mit etablierten Marken tun sich zusammen, um gemeinsam ein neues Produkt zu schaffen, das Ingredienzien aus den beiden Muttermarken hat.

„Die Zeit" schreibt: „Mit dem sogenannten CoBranding versuchen heute viele große Markenartikler, sich gegen die Konkurrenz der No-Name-Hersteller zu behaupten. Sie kreieren Produkte mit doppeltem Qualitätsanspruch, während sie zugleich die Werbekosten teilen. Darum stecken im Langnese-Eis nun zusätzlich Milkas Kuhflecken. Markenrasierer spenden zugleich Nivea-Lotion. Man joggt mit dem von Nike und Philips gemeinsam entwickelten Portable Sport Audio, in dem die CD nicht mehr hüpft. Wir fahren auf dem Douglas-Yamaha-Roller in die nächste Bar, um dort Dimix, ein Gemisch aus Diebels-Altbier und Cola, zu trinken. Dessen Werbespot, bei dem ein Barkeeper aus grauer Vorzeit die Mischung noch durch Schütteln im Mund des Gastes herstellen musste, zeigt uns auch, warum wir für die neuen Allianzen dankbar sein sollen: Sie machen das Leben leichter."

Auch in der Musik wird CoBranding genutzt. Gemeinsam ist es den drei Sängern Jose Carreras, Placido Domingo und Luciano Pavarotti gelungen, unter der Marke „Die drei Tenöre" Weltruhm und viel Geld zu verdienen. Ein ähnliches Projekt – wenn auch finanziell ein paar Stufen tiefer – starteten die österreichischen Liedermacher Wolfgang Ambros, Georg Danzer und Rainhard Fendrich, die unter dem Label „Austria 3" sehr erfolgreich waren.

Im Finanzbereich wird der Begriff gerne bei Kreditkarten verwendet. Eine CoBranding-Kreditkarte ist eigentlich eine ganz normale Kreditkarte, d. h. man kann damit weltweit bargeldlos einkaufen, an Geldautomaten Bargeld abheben und Internetangebote nutzen.

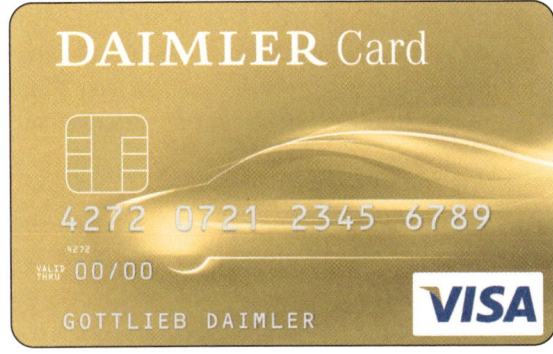

Abbildung 45:
CoBranding: Daimler
mit Visa

Der Unterschied zu „normalen" Kreditkarten besteht darin, dass eine Co-Branding-Kreditkarte von einem anderen Unternehmen ausgegeben wird als dem Kreditkartenunternehmen. Das oben gezeigte Beispiel ist eine Visa-Karte, die von Daimler ausgegeben wird. Ein weiteres Beispiel ist der österreichische Automobilclub ÖAMTC, der in Zusammenarbeit mit der Easy-Bank eine Mastercard herausgibt, die gleichzeitig die Clubkarte darstellt.

Der Sinn dieser Karten besteht darin, dass ein Unternehmen für seine Kunden einen zusätzlichen Nutzen im Rahmen eines Kundenbindungsprogramms schaffen will. Mit der Karte sind meist besondere Stammkundenvergünstigungen verbunden. Diese Karten sind in der Regel auch optisch deutlich anders gestaltet als die „Originale" und orientieren sich mehr am Design des ausgebenden Unternehmens als an dem der Original-Kreditkarte.

Ingredient Branding
Eine Sonderform der Cross-Promotion ist das sogenannte Ingredient Branding. Dabei tritt ein wichtiger Bestandteil des eigentlichen Produkts als eigene Marke auf, um mit ihrem Markenwert für das Hauptprodukt zu werben.

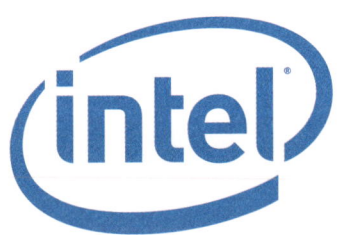

Abbildung 46:
Ein bekanntes Beispiel für Ingredient
Branding: Intel Inside

Das bekannteste Beispiel ist „Intel Inside". Der gute Ruf des Prozessors von Intel, der in einem Computer eingebaut ist, soll dem Verbraucher signalisieren, dass es sich insgesamt um ein Gerät handelt, das von ausgezeichneter Qualität und Güte ist, eben weil ein Intel-Prozessor „inside" eingebaut ist.

Weitere bekannte Beispiele sind:

- der synthetische Zuckerersatzstoff Aspartam, der unter den Markennamen „Canderel" und „NutraSweet" bekannt ist und z. B. in Diet Coke (Coca-Cola light) enthalten ist, worauf auf der Flasche ausdrücklich hingewiesen wird
- das Polymer Polytetrafluorethylen (Kurzzeichen PTFE), das unter den Handelsmarken Teflon und Gore-Tex weltweit bekannt ist. Auch hier werben die Pfannenhersteller mit der Marke Teflon des Dupont-Konzerns für die hohe Qualität ihrer Produkte und promoten Textilhersteller die günstigen Eigenschaften ihrer Kleidungsstücke, die aus Gore-Tex hergestellt sind.

In allen diesen Fällen dient die „eingebaute" („inside") und vom Hauptprodukt nicht trennbare Marke als Trojanisches Pferd zur Gewinnung der Gunst des Konsumenten, der davon ausgeht, dass ein Produkt, das diese Ingredienzien verwendet, von überdurchschnittlicher Qualität sein muss. Bis es soweit ist, dass die „Inside"-Marke auf den Verbraucher diese starke Wirkung ausübt, muss selbstverständlich auch diese Marke beim Empfänger der Botschaft aufgebaut werden. Das ist ein relativ schwieriger und oft langwieriger Prozess, der nur in enger Übereinstimmung mit führenden Produzenten und Vermarktern der Hauptmarke geschafft werden kann. Dieser Markenaufbau muss in zwei Stufen erfolgen. In der ersten Stufe sind die Produzenten zu überzeugen, dass es sich um ein Produkt handelt, das das Zeug dazu hat, als starke Markenbotschaft kommuniziert zu werden. Und erst in der zweiten Stufe, wenn produziert ist, muss diese Botschaft gemeinsam gegenüber den Konsumenten transportiert und glaubhaft gemacht werden. Die Komplexität dieses Prozesses dürfte einer der Gründe sein, warum es bisher nur relativ wenige gelungene Beispiele für diese Art von Marketing gibt, die dem Laien-Publikum bewusst sind. Dass es in Wirklichkeit bereits eine Fülle von Beispielen gibt, zeigen Pförtsch und Müller in ihrem Buch „Die Marke in der Marke – Bedeutung und Macht des Ingredient Branding", das 2006 erschienen ist.

Aus unserer eigenen Beratungspraxis können wir dazu ein Beispiel beisteuern. Es ging um ein Unternehmen, das in Österreich Ende 2007 gegründet werden sollte. Im Zuge von Gründungsberatung und -coaching kamen wir mit den drei potenziellen Gründern in Kontakt. Es ging um ein neuartiges Feuerlöschsystem, das sehr zuverlässigen Objektschutz ermöglicht, indem es direkt an der brandgefährdeten Stelle z. B. einer Maschine montiert wird, um im Bedarfsfall automatisch die Löschung zu starten.

Teil des zusammen mit den Gründern erarbeiteten Businessplans war natürlich ein ausführliches Marketingkonzept. Die Marktforschung ergab, dass es zahlreiche Maschinen gibt, die eine große Hitze entwickeln können und schon im Normalbetrieb, erst recht aber im Störungsfall, stark brandgefährdet sind. Für dieses Marktsegment schlugen wir den Versuch eines Ingredient Branding vor. Es sollten also die Hersteller von z. B. Drehmaschinen dazu gebracht werden, das besagte Feuerlöschsystem in einen Teil der von Ihnen produzierten Maschinen bereits während der Produktion einzubauen und diese Maschinen als „De luxe"-Version zu vermarkten, also mit der Information „System X inside".[1]

ProductBundling

Das Bündeln von zwei oder mehr unterschiedlichen Produkten und der Verkauf dieses dann neuen Produkts nennt man „ProductBundling". Das prominenteste Beispiel ist die Kombination des Schreibprogramms Word, der Tabellenkalkulation Excel, des Präsentationsprogramms PowerPoint etc., die fast jeder unter dem Begriff Microsoft Office kennt und nutzt.

Ganze Branchen leben von der Tätigkeit, gebündelte Produkte zu verkaufen. So etwa
- die Reiseveranstalter, die Hotelaufenthalte, Flugreisen und Zusatzangebote in ihren Katalogen zu Paketen zusammenfassen
- die Gastwirte, die mehrere Speisen zu einem Menü zusammenfassen und zu einem Gesamtpreis verkaufen
- die Bauunternehmer, die Einfamilienhäuser anbieten und zu deren Errichtung die Leistungen verschiedener Handwerker bündeln,
- die Schulen und Bildungseinrichtungen, die die Bildungsangebote unterschiedlicher Lehrfächer und zahlreicher Lehrender zu einem Abschlusszertifikat vereinen
- usw.

---

[1] Zum Zeitpunkt der Fertigstellung dieses Buches war die Gründung noch nicht endgültig erfolgt. Es fanden Gespräche mit Maschinenproduzenten statt; Ergebnisse kennen wir noch nicht.

Wenn man es genau nimmt, ist die eigentliche Leistung jeder Produktion einer Gutes bzw. jeder Erbringung einer Dienstleistung eine Kombination (Bündelung) unterschiedlicher Produktionsfaktoren. Darum geht es hier aber nicht.

Wenn wir von ProductBundling im Sinne von Trojanischem Marketing sprechen, ist etwas anderes gemeint. Hier geht es um etwas Ähnliches wie das Huckepack-Marketing, das wir weiter oben schon besprochen haben. Zwei Produkte, die – außer verwandter Zielgruppen – eigentlich nichts miteinander zu tun haben, werden zusammen zu einem neuen Produkt gebündelt, für das es einen gemeinsamen Preis gibt, der keine Rückschlüsse auf die Preise der jeweiligen Einzelprodukte zulässt. Man sollte annehmen, dass eine solche Produktbündelung für den Konsumenten nur dann interessant ist, wenn der Gemeinschaftspreis insgesamt niedriger ist als die Summe der beiden Einzelpreise, vor allem wenn es neben dem Produktbündel die beiden Einzelprodukte auch separat zu kaufen gibt. Wie Aktionen deutscher Brauereien z. B. während der Fußball-WM 2006 gezeigt haben, geht es auch anders herum. Denn wirklich interessant ist die Bündelung für die Unternehmen eigentlich nur dann, wenn sich dadurch ein Preispremium rechtfertigen lässt.

Abbildung 47:
Ein ideales Paar: Bier und Bauerntopf

So gab es 2006 in einigen österreichischen Supermärkten ein Angebot, das aus einer Dose Puntigamer Bier sowie zwei Konservendosen „Bauerntopf" bestand, die zusammen in Cellophan eingeschweißt waren und als Paket angeboten wurden (s. Abbildung). Die Idee dahinter war, zwei Zielgruppen mit potenzieller Überschneidung zur Deckung zu bringen. Die Suppenesser, die sich für diesen Bauerntopf interessieren, sind auch potenzielle Bier-

trinker. Doch statt sie zu irgendeinem Bier greifen zu lassen, wird Puntigamer gleich mitgeliefert. Doch was ist schon eine Dose Bier für zwei Dosen
Eintopf? Man wird also das eine oder andere Bier dazu kaufen müssen. Da
bleibt man am besten bei derselben Sorte, also bei Puntigamer.

Umgekehrt wird ein Puntigamer-Fan – und das sind in Österreich gar nicht
so wenige – sein Augenmerk automatisch auf die mitgepackte Dose mit dem
ihm vertrauten Design richten und dabei zwangsläufig auf den Bauerntopf
stoßen. „Wenn die schon zusammen verpackt sind", wird er denken, „werden
sie wohl auch im Geschmack zueinander passen. Ich will das probieren!"
Und auch ihm wird natürlich die eine Dose Puntigamer nicht reichen ...

Wieder sind beide Marken Gewinner der Aktion, bei der sie sich gegenseitig
als Trojanisches Pferd zur Zielgruppe des Partnerprodukts benutzt haben.

Wenn eine Produktbündelung zum Schaden des Konsumenten ausgenutzt
wird, um ihn zum Kauf eines Produkts zu zwingen, das er vielleicht nicht
braucht, weil er es nur zusammen mit einem anderen erhält, spricht der
englische Sprachraum von „tying", was man am besten mit dem Begriff
„Bindungsmarketing" bzw. stärker mit „Knebel-Marketing" übersetzen
kann. Im Deutschen spricht man auch von „Koppelverkäufen". Die Amerikaner haben dafür den Begriff „Razor and Blades Business Model" geprägt;
angeblich war Mr. Gilette der Erfinder dieser Strategie. Ein Vorgehen nach
dieser Strategie, bedeutet z. B., dass man den Rasierapparat relativ günstig
– eventuell sogar unter dem Einstandspreis – verkauft, um dann das eigentliche Geschäft über den Verkauf der überteuert kalkulierten Rasierklingen
zu machen. Ein ähnliches Modell scheinen heutzutage die Produzenten von
Heim- und Bürodruckern zu realisieren, indem sie die Drucker selbst zu
sehr günstigen Preisen anbieten, während die Patronen mit der Ersatztinte
zu horrenden Preisen verkauft werden.

In jedem Fall von ProductBundling geht es dem oder den anbietenden Unternehmen darum, Umsatz und Gewinn gegenüber dem Einzelverkauf zu
erhöhen. In den allermeisten Fällen profitieren nicht nur die Verkäufer, sondern auch die Konsumenten von einer solchen Aktion. Sie haben nicht nur
die Möglichkeit, ein ihrem präferierten Produkt verwandtes kennenzulernen. Zumeist ist das auch mit einem für sie günstigeren Preis verbunden,
als wenn sie die Produkte einzeln kaufen würden. Wenn der Markenfit der
beiden Bündelpartner gut ist, passen die Produkte wirklich zusammen und
ihre Kombination stellt für den Konsumenten ein tatsächliche Erweiterung
seines Verbraucherhorizontes dar.

Wenn Sie selbst darüber nachdenken, was Sie ihren Produkten oder Dienstleistungen Gutes tun können, um mehr Umsatz und Profit zu erzielen, denken Sie auch über die Möglichkeit nach, Ihr Produkt oder Ihre Dienstleistung mit einem anderen Gut zu bündeln. Fragen Sie sich, welche anderen Produkte bei der von Ihnen angestrebten Zielgruppe ein hohes Ansehen genießen.

Formulieren wir wieder ein fiktives Beispiel. Nehmen Sie an, Sie sind Besitzer eines Blumengeschäfts. Bisher verkaufen Sie nur Blumen und Pflanzen. Eine Ihrer Zielgruppen sind sicher Männer, die ihren Frauen Blumen kaufen. Was ist für diese Männer möglicherweise attraktiv und „verleitet" sie, Ihr Blumengeschäft häufiger aufzusuchen? Vielleicht Bonuspunkte. Lassen Sie die Männer Punkte sammeln. Bei jedem Blumenkauf gibt es – je nach Höhe des Betrags – eine bestimmte Anzahl davon. Und für diese Punkte bekommt man z. B.

● beim Autozubehörhändler

● in der Buchhandlung

● in der Druckerei für Visitenkarten

● beim Getränkehändler

● in der Kneipe oder im Restaurant nebenan

das, was man dort gerade braucht. Zugegeben, das ist stark vereinfacht und dient lediglich dazu, die Grundidee vorzustellen. Ohne detaillierte Fallanalyse lässt sich nicht wirklich beurteilen, inwiefern es hier zu einer Incentive-Wirkung der Punkte kommt. So sind natürlich einige Fragen zu klären, wie z. B.: Wie oft muss man Blumen kaufen, um damit einen nennenswerten/attraktiven Mehrwert bei einem Partner zu bekommen? Und wenn es Heavy User gibt, also solche, die ohnehin sehr häufig Blumen kaufen, könnte dann eher eine Verbesserung dieser Transaktion Sinn machen, z. B. durch Lieferservice oder Rabatte (vgl. die Kernidee der Lufthansa-Meilen)?

So vernetzen sich alle diese Geschäfte unterschiedlicher Branchen miteinander (siehe dazu auch das Kapitel „Die trojanische Landkarte"). Jeder Blumenkauf generiert das Potenzial für einen weiteren Kauf in einem der Partnerläden, die ihrerseits in ihren Geschäften selbstverständlich auch auf Ihr Angebot hinweisen. Und der Einkauf beim Autozubehörhändler bringt

Punkte für das Blumengeschäft, ebenso wie in der Buchhandlung, der Druckerei etc. (vgl. obige Liste). Das soll in Ihrem Fall nicht funktionieren? Wir wetten, dass es für jedes Geschäft – wenn man ausreichend nachdenkt – solche Möglichkeiten gibt.

Couponing

Hier handelt es sich um Maßnahmen, bei denen Kunden mit Hilfe eines Coupons, also eines Gutscheins, eine Vergünstigung wie beispielsweise einen Preisnachlass erhalten. Während diese Art des Marketings und der Werbung in den USA sehr weit verbreitet ist – dort werden Gutscheine im Wert von mehreren Milliarden Dollar ausgegeben und über 80 Prozent werden auch eingelöst –, ist Europa noch nicht so weit. In Deutschland beispielsweise wurde erst 2001 ein entsprechendes Gesetz aufgehoben, das dieses Vorgehen verboten hat.

Üblicherweise setzen Unternehmen Gutscheine so ein, dass mit ihnen Waren und Leistungen des eigenen Unternehmens günstiger erworben werden können. Das hat jedoch mit Kooperationsmarketing nichts zu tun. Was uns hier interessiert, ist der Einsatz von Couponing im trojanischen Partnermarketing.

Bei unserer Definition von Couponing handelt es sich darum, dass die Kunden des eigenen Unternehmens Vergünstigungen einer anderen Firma erhalten. Gängige Praxis sind beispielsweise reduzierte Eintrittspreise in Kombination mit der Nutzung öffentlicher Verkehrsmittel. Ein weiteres Beispiel liefern Senseo und der Burda-Verlag in Deutschland, die im Mai 2006 eine Couponing-Aktion starteten. Wer im Aktionszeitraum drei Senseo-Packungen kaufte, konnte dafür ein kostenloses Monatsabonnement einer Zeitschrift aus dem Burda-Verlag erhalten. Inzwischen kooperiert der Burda-Verlag mit zahlreichen weiteren Unternehmen verschiedener Branchen. Die Prämien, die beim Abonnement einer Zeitschrift vergeben werden, stammen z. B. von H&M, Bosch, Braun, Duden, Ikea.

In ähnlicher Weise arbeiten das Massenblatt „Bild" und McDonald's in Deutschland zusammen: Seit dem Frühjahr 2004 kann man „Bild am Sonntag" und „Bild der Frau" bei der Fastfoodkette kaufen. Und wieder profitieren beide: Die Zeitung vom Gewinn einer neuen, flächendeckenden Vertriebsform und die Restaurantkette mit einem zusätzlichen Frühstücksservice für die Kunden.

Auch in diese Fußstapfen darf getreten werden! Jedes Unternehmen jeder Größe und Branche kann sich Kooperationspartner suchen und mit diesen gemeinsam Couponing-Aktionen durchführen. Wie immer kommt es darauf an, dass Produkte und Branchen zusammenpassen und Zielgruppen nahe verwandt sind. Und warum sollte nicht der Schuhmachermeister, der seinen Kunden die Schuhe repariert, in den Schuhsack einen Gutschein des nahe gelegenen Elektrogeschäfts legen und umgekehrt? Warum nicht im Kaffeehaus einen Gutschein für die Buchhandlung um die Ecke verteilen und umgekehrt? Warum nicht in der Pizzeria einen Gutschein für das italienische Schuhgeschäft in der Nachbarstraße erhalten?

Alle diese Dinge sind denk- und machbar, bei uns jedoch noch kaum verbreitet. Auch weil die Übung mit solchen Maßnahmen fehlt, werden sie von Werbeagenturen und -beratern kaum empfohlen. Das wird sich ändern, da haben wir gegenüber den USA noch einen großen Aufholbedarf.

CrossReferencing

Im Deutschen spricht man von Empfehlungsmarketing, wenn eine Marke ein Testimonial für eine andere abgibt. Das ist z. B. bei Waschmaschinenherstellern der Fall, die ein bestimmtes Wasserenthärtungsmittel empfehlen („Calgon – von führenden Waschmaschinenherstellern empfohlen"). Auch dieses Modell ist auf fast jede Branche übertragbar und auch im Dienstleistungsbereich anwendbar.

Mundpropaganda

In dieses Kapitel fällt auch der Begriff der „Mundpropaganda": Verschiedene Unternehmen arbeiten in einem Netzwerk zusammen und empfehlen sich gegenseitig. Derartige Empfehlungen sind bei uns noch relativ selten, stellen aber ein großes Potenzial dar. Gerade im Bereich des Mittelstands, etwa bei Handwerkern, Einzelhändler oder Dienstleistern, lässt sich dieses Instrument noch ausbauen.

Jeder, den man nach der wichtigsten, weil effizientesten und gleichzeitig kostengünstigsten Werbeform fragt – wir testen das in unseren Seminaren immer wieder –, nennt die Mundpropaganda an erster Stelle. Eher wortkarg fallen dann die Antworten aus, wenn man dann fragt: „Und wie macht man Mundpropaganda?" Fast niemand hat darauf eine Antwort.

Dabei ist es im Prinzip gar nicht so schwer. Voraussetzung ist ein funktionierendes Netzwerk aus zwei oder mehreren Partnerunternehmen, die sich darauf verständigen, sich gegenseitig zu empfehlen. Es versteht sich von selbst, dass es vernünftig ist, nur jeweils ein Unternehmen aus einer Branche aufzunehmen, um eine Konkurrenzsituation zu vermeiden. Diese gegenseitige Empfehlungsabsprache genügt in der Regel jedoch nicht und hält sich nur für kurze Zeit. Es ist dringend anzuraten, entsprechende Werbemittel und Empfehlungsprozesse zu definieren und zwischen den Teilnehmern abzustimmen.

Relativ gut funktioniert das bereits beispielsweise im Gesundheitssektor. Wenn der Hausarzt eine Röntgenaufnahme empfiehlt, zieht er auf die Frage des Patienten, wo er dafür hingehen könne, mit Sicherheit die Visitenkarte eines passenden Radiologen in der Nähe aus seiner Schreibtischschublade. Dasselbe gilt für Masseure, Psychotherapeuten, sonstige Fachärzte und alle weiteren Gesundheits-Fachleute. Aber auch hier muss man als Kunde nachfragen, bevor eine Empfehlung ausgesprochen wird. Das ginge jedoch auch proaktiv!

Hätten Sie nicht auch ein gutes Gefühl, wenn Ihnen Ihr Hausarzt, dem Sie und Ihre Familie schon lange das Vertrauen schenken, Ihnen z. B. ein Wellnesshotel empfiehlt? Wahrscheinlich würden Sie darauf positiver reagieren, als wenn Sie diese Information nur einem Inserat entnommen hätten. Oder was halten Sie davon, wenn Ihnen Ihre Stamm-Boutique ein Schuhgeschäft empfiehlt, das über dasselbe Geschmacks-, Qualitäts- und Preisniveau verfügt? Was wäre daran auszusetzen, wenn der Steuerberater in seinem Newsletter, den er seinen Klienten ohnehin einmal pro Quartal schickt, eine Pizzeria, ein Weingut, einen Gemüsehändler empfiehlt? (An dieser Stelle hat Simon Thun an den Rand geschrieben: „Ist das wirklich seriös?" Wir finden schon, dass so etwas auf seriöse Weise umsetzbar ist. Dass es auf den ersten Blick ungewöhnlich wirkt, ist beabsichtigt und Teil des Effekts.)

Denken Sie darüber nach, welche Netzwerke in Ihrer Sparte sinnvoll sind. Welche anderen Unternehmen könnten Ihnen ihre Zielgruppe zur Verfügung stellen? Wer könnte Sie empfehlen, für den auch Sie guten Gewissens werben würden? Gehen Sie Ihre trojanische Landkarte (siehe dazu das gleichnamige Kapitel in diesem Buch) durch und prüfen Sie jedes einzelne Geschäft, ob es für ein solches Empfehlungsnetzwerk geeignet ist. Und dann gehen Sie diese Unternehmen eines nach dem anderen an, kontaktieren Sie die Inhaber oder Geschäftsführer und zeigen Sie denen die Möglichkeiten der Zusammenarbeit auf.

Eine Grundvoraussetzung beim Empfehlungsmarketing ist der Aspekt der Qualität. Empfehlen Sie nur Unternehmen, die das auch verdienen. Und lassen Sie sich umgekehrt auch nur von solchen Firmen und Personen weiterempfehlen, die zu Ihnen passen und die sich auf demselben Niveau wie Sie bewegen. Wenn der schmuddelige Second-Hand-Händler im Elendsviertel (wir übertreiben hier ein bisschen, damit Sie leichter verstehen, was wir meinen) Sie empfiehlt, ist das nicht wirklich eine Empfehlung, es sei denn, Sie wollen sich auf diesem Niveau etablieren. Achten Sie strikt darauf, dass alle Unternehmen in Ihrem Netzwerk grundsätzlich dieselbe Gesellschaftsschicht ansprechen. Greifen Sie lieber zu hoch als zu niedrig!

Der eigene Kunde als Trojanisches Pferd

Für Mundpropaganda eignet sich am besten der eigene zufriedene (!) Kunde. Sie wissen: Ein Kunde, der enttäuscht wurde, erzählt das mindestens zehn anderen. Der zufriedene Kunde spricht mit ungefähr drei Personen darüber. Also müssen Sie alles tun, ihre Kunden zufrieden zu stellen. Noch besser: Tun Sie alles dafür, dass Ihr Kunde begeistert ist, weil Sie mehr für ihn getan haben, als er erwartet hat. Dann wird er gerne bereit sein, darüber mit anderen zu sprechen, Sie in den höchsten Tönen loben und Sie weiterempfehlen.

Und warten Sie nicht darauf, bis der Kunde das von sich aus tut. Fördern Sie die Positiv-Kommunikation über Ihr Unternehmen! Sorgen Sie dafür, dass es für den Kunden einen Benefit ausmacht, positiv über Ihr Unternehmen und Ihre Leistungen zu sprechen. Wie tun Sie das? Sprechen Sie Ihre Kunden darauf an. Fragen Sie sie, ob Sie zufrieden sind (oder vielleicht noch mehr) und fordern Sie sie aktiv auf, das auch anderen zu erzählen. Schaffen Sie Anreize, das zu tun!

Anreizsysteme für Kundenempfehlungen können z. B. sein:

- Waren-Prämien für Kundengewinnung („Werbegeschenke" im wahrsten Sinne); bei Automobilclubs und Versandhäuser ist diese Form der Werbung sehr beliebt

- Reduzierung von Mitgliedsbeiträgen (s. www.xing.com): Wer eine bestimmte Anzahl von Empfehlungen bringt, die zu Mitgliedschaften führen, erhält für eine bestimmte Zeit eine kostenlose Mitgliedschaft

Affiliate-Marketing

Angeblich entstand die Idee auf einer Party. Jeff Bezos, Gründer der Internet-Buchhandlung Amazon unterhielt sich mit einer jungen Frau, die gerade eine Website rund um das Thema „Ehescheidung" erstellt und online gestellt hatte. Sie schlug Bezos vor, auf dieser Website – gegen die Zahlung einer Provision – Bücher zum Thema anzubieten. Das war die Geburtsstunde des Affiliate-Marketing-Programms von Amazon, das heute eine der wesentlichsten Vertriebsschienen darstellt. Inzwischen sind es einige hunderttausend Partnerseiten weltweit, über die Amazon Bücher und CDs verkauft.

Die Idee ist heute weit verbreitet. Man schätzt, dass der Großteil der im Internet gehandelten Waren über Affiliate-Programme an den Mann und die Frau gebracht werden. Dabei ist das Prinzip so revolutionär nicht. Die Internetseite des Affiliate, also des Vermittlers, erfüllt im Grunde dieselbe Funktion, die ein kleiner oder größerer Einzelhändler auch erfüllt, nämlich Güter und Leistungen näher zum potenziellen Kunden zu bringen. Um es anders zu formulieren: Die Affiliate-Websites sind die Trojanischen Pferde, mit deren Hilfe die Zielgruppe erobert wird.

Konstruieren wir dazu ein Beispiel: Nehmen wir an, ein Versicherungsunternehmen möchte eine Reiseversicherung neu in sein Programm aufnehmen. Die Einführung über den Außendienst dauert zu lange, klassische Werbung wäre zu teuer. Also entschließt man sich, ein Affiliate-Programm aufzulegen und geeignete Partner-Webseiten zu suchen. Das müssen Unternehmen sein, die ähnliche Produkte oder Dienstleistungen anbieten, die mit dem Versicherungsprodukt Reiseversicherung nicht in Konkurrenz stehen. Das könnten z. B. sein: Reisebüros (herkömmlich oder virtuell), Tourismus-Seiten, Verlage und Buchhandlungen mit Reiseliteratur, Outdoor-Ausrüster, Bankfilialen in Flughäfen und Bahnhöfen etc. Allen diesen Partnern wird angeboten, auf ihren jeweiligen Homepages auf die Reiseversicherung zu verweisen bzw. dort einen entsprechenden Link zu platzieren. Für jedes Versicherungsgeschäft, das über eine solche Seite initiiert wurde, erhält der Affiliate-Partner eine Provision.

Damit gelingt es, ein virtuelles Filialnetz zu errichten, ohne dass hohe Kosten anfallen. Vor allem gibt es keine Fixkosten, da nur im Falle eines tatsächlichen Geschäftsabschlusses eine Provision zu zahlen ist. Die Art und Höhe der Provision wird zwischen den Partnern vereinbart. Man kennt verschiedene Provisionsmodelle, z. B. Pay-per-Click (pro Klick), Pay-per-Lead (pro Interessent), Pay-per-Sale (pro Kaufsumme) oder Pay-per-Period (pro Zeiteinheit).

Affiliate-Marketing funktioniert nur, wenn es in die Gesamtstrategie integriert und sichergestellt ist, dass es zu einer Win-Win-Situation kommt, d. h. dass beide Partner profitieren. (Das haben wir an anderer Stelle schon betont und werden das wahrscheinlich noch öfter sagen. Aber dieser Punkt ist aus unserer Sicht eine der Grundvoraussetzungen jeglicher Art erfolgreicher Kooperation – nicht nur im Geschäftsleben.)

Das sind die grundsätzlichen Erfolgsfaktoren – nicht nur im Affiliate-Marketing, sondern generell im Trojanischen Marketing bzw. im Marketing im Allgemeinen:

- Die richtigen Partner müssen gefunden werden, wobei Qualität vor Quantität geht. Nur Websites, die für den Nutzer einen echten Mehrwert schaffen, sind geeignete Partner.

- Damit die Präsentation auf den Partnerseiten bestmöglich erfolgt, müssen den Partnern unterschiedliche Instrumentarien zur Verfügung gestellt werden (mehr als Banner und Textlinks, besser sind gezielte Content-Module).

- Die Konditionen müssen fair sein und dürfen nicht einen Partner einseitig begünstigen. Die Vergütungsmodelle müssen dem Wert des Neukunden angemessen sein und die Win-Win-Situation ermöglichen.

- Entscheidend ist die laufende Betreuung der Partner. Dazu gehören Informationen über Neuheiten, Unterstützungsmaßnahmen beim Online-Verkauf und Maßnahmen, die der Motivation dienen. Dieses Beziehungsmanagement sollte umso intensiver sein, je mehr der Partner in die Geschäftsbeziehung einbringt und je höher sein Stellenwert in der Umsatz-Hierarchie ist. Ein regelmäßiger Newsletter ist da fast eine Selbstverständlichkeit.

- Es ist klar, dass es als Grundlage all dessen einer ausgefeilten Technologie bedarf. Diese muss nicht nur den Endkunden optimal zufriedenstellen, sondern auch reibungsfreie Abläufe gewährleisten. Außerdem muss sie alle Prozesse transparent dokumentieren, um als Basis einer fairen Provisionsabrechnung zu dienen, die von den Partnern durchschaut und akzeptiert wird.

Beenden wie dieses Kapitels mit ein paar weiteren Beispielen, die gelungene Kooperationen zeigen.

Das erste betrifft das Chinalokal, in dem wir häufig zu Mittag essen. Eines Tages fanden wir auf dem Tisch den folgenden DIN-A5-Zettel vor:

Abbildung 48:
Chinarestaurant mit Webmaster-Empfehlung

Aha, unser Chinese hat eine neue Homepage und fordert uns hiermit auf, sie uns anzuschauen, denn es gibt dort immer aktuelle Informationen: Gutscheine, Hinweise auf Events und Bildershows. Schaut gut aus; so etwas kostet sicher viel Geld! Die untere Hälfte des Blattes belehrt uns eines Besseren: Eine „Profi-Unternehmer-Homepage" im Umfang von vier Seiten kostet nur 149 Euro, alles inklusive. Mit diesem Angebot hat der Anbieter ISATAG.at wohl aufs richtige Trojanische Pferd gesetzt. Besagtes Chinalokal ist sehr beliebt, zu Mittag bekommt man nur schwer einen Tisch, obwohl das Restaurant ziemlich groß ist. Viele Geschäftsleute und Unternehmer, darunter auch Inhaber von Handwerksbetrieben, essen regelmäßig hier. Und sicher hätten einige von ihnen Interesse, eine eigene Homepage zu installieren, wenn das nicht so teuer wäre. Jetzt wissen sie, wer das auch zu einem günstigen Preis macht.

Ein anderes Beispiel stammt von einer Putzerei (wie wir in Österreich eine chemische Reinigung nennen) in der größten Einkaufs-Mall Europas, der Shopping-City Süd (SCS) bei Wien. Eine Kollegin berichtet: „Kürzlich war ich in der SCS und habe in der Putzerei meine gereinigten Blusen abgeholt. Was las ich auf der Plastikhülle? „Sauberkeit liegt uns am Herzen!" Ist doch

klar bei einer Reinigung, oder? Gemeint war aber etwas anderes: „umwelt-
schonend, emissionsarm, kostengünstig: Biotech – Die Pelletsheizung". Und
beigelegt war ein „Servicescheck" für eine kostenlose Beratung zum Thema
„Heizkosten sparen" (siehe nachfolgende Abbildungen)." Hier wird eine logische trojanische Brücke geschlagen zwischen sauberer Bekleidung und
sauberer, umweltschonender Wohnungsbeheizung.

Abbildung 49: Werbung für eine Biotech-Pelletsheizung ziert die Plastikschutzhüllen einer Reinigung (by Medienpartner Werbeagentur, Weißkirchen/OÖ., www.medienpartner.at)

Abbildung 50: Mit einem Servicescheck für eine kostenlose Beratung gewinnt Biotech potenzielle Interessenten.

Worauf Sie bei der Suche und Auswahl von Kooperationspartnern achten
sollten, haben wir zum Schluß dieses Kapitels nochmals in den folgenden
beiden Checklisten für Sie zusammengefasst.

Checkliste Kooperationen

1. Partnersuche

⇨ Gibt es Sachgebiete, auf denen eine Kooperation denkbar und sinnvoll ist?

⇨ Gibt es Unternehmen, mit denen eine Kooperation denkbar und sinnvoll ist?

⇨ Gibt es andere Branchen, die ähnliche Zielgruppen wie Sie bedienen?

⇨ Gibt es Unternehmen, die Zielgruppen erfolgreich bedienen, die Sie gerne als Kunden hätten?

⇨ Wenn Sie potenzielle Kooperationspartner ins Auge gefasst haben: Gibt es ein akzeptiertes Kooperationskonzept?

⇨ Wenn Sie potenzielle Kooperationspartner ins Auge gefasst haben: Gibt es eine Checkliste zur Prüfung dieser Partner? Stimmt die Chemie zwischen Ihnen?

1. Partnersuche

⇨ Sind Ihre und die jeweiligen Ziele Ihrer Kooperationspartner klar definiert und allen Partnern bekannt?

⇨ Sind Sie bereit, in die Kooperation zu investieren (Geld, Vertrauen, Arbeitszeit)?

⇨ Ist allen Beteiligten klar, dass es zu unterschiedlichem Profit aus der Kooperation kommen kann? Was ist für diesen Fall geplant?

3. Kooperations-Maßnahmen

⇨ Gibt es einen zwischen allen Beteiligten abgestimmten Marketingplan, der sämtliche Maßnahmen enthält, die die Partner für sich selbst und gegenseitig erbringen?

⇨ Ist sichergestellt, dass alle Beteiligten nachhaltig diese Maßnahmen durchführen bzw. ihr Personal dazu anhalten?

⇨ Gibt es eine Kooperationsvereinbarung, in der Verhaltensregeln für alle möglichen Situationen sowie Möglichkeiten des Ausstiegs geregelt sind?

⇨ Gibt es Regeln, wie eine möglichst ausgewogene Win-Win-Situation geschaffen und erhalten wird?

⇨ Gibt es Maßnahmen, zwischen den beteiligten Unternehmen gegenseitiges Vertrauen aufzubauen und zu erhalten?

4. Erfolgskontrolle

⇨ Gibt es ein regelmäßiges Berichtswesen zur Kooperation, in das alle Beteiligten Einblick haben?

⇨ Gibt es Instrumente, die jederzeit nachvollziehen lassen, welcher Partner konkret in welchem Umfang vom anderen profitiert?

⇨ Gibt es eine regelmäßige Kooperations-Evaluation?

⇨ Werden die Mitarbeiter durch Partizipation am Kooperationserfolg zusätzlich motiviert?

Checkliste Kooperationspartner

	Bewertung Schulnote					Gewichtung* (1 bis 3)	Bewertung x Gewichtung
	1	**2**	**3**	**4**	**5**		
⇨ Verfügt der Partner über wichtiges Know-how, das wir nicht haben?							
⇨ Verfügt der Partner über Kompetenzen, die uns fehlen?							
⇨ Verfügt der Partner über wichtige Kunden, die wir gerne hätten?							
⇨ Verfügt der Partner über Personal und Management, das unserem überlegen ist?							
⇨ Passt die Größe des Partners zu uns (Umsatz, Anzahl der Beschäftigten)?							
⇨ Passt der Standort des Partners zu unserem?							
⇨ Kooperiert der Partner auch mit anderen Unternehmen?							
⇨ Passt die Unternehmenskultur des Partners zu der unseren?							
⇨ Ist der Führungsstil beim Partner ähnlich wie bei uns?							
⇨ Ist das Engagement des Partners groß genug?							
⇨ Investiert der Partner genug Energie, Zeit, Arbeit in die Kooperation?							
⇨ Stimmt die Chemie mit diesem Partner?							
⇨ Gibt es ein gutes Gefühl für die Zukunft mit diesem Partner?							
⇨ Wird unser Personal mit dem des Partners harmonieren?							
⇨ Traue ich dem Partner, dass er mich in der Zukunft nicht „über den Tisch zieht"?							

Gesamtsumme:

* Gewichtung: 1 = unwichtig, 2 = wichtig, 3 = sehr wichtig

Für die Überzeugungsarbeit bei potenziellen Kooperationspartnern brauchen Sie natürlich auch das passende Rüstzeug für die erfolgreiche Verhandlungsführung. Dafür steht im geschützten Downloadbereich unserer Homepage www.TrojanischesMarketing.com ein spezieller Guide mit dem Namen „Das kleine 1 x 1 der erfolgreichen Verhandlung" für Sie bereit. Gehen Sie zur Homepage, registrieren Sie sich dort, und laden Sie – nach bestätigter Registrierung – diesen Guide herunter oder leiten Sie ihn an Ihre Freunde und Geschäftspartner weiter.

2.7 Sprache als Trojanisches Pferd

Beitrag in Zusammenarbeit mit Ulrike Manhart

In diesem Kapitel geht es darum, wie Sprache als trojanisches Element eingesetzt werden kann. Wir zitieren wieder einige Beispiele aus der Praxis und geben Anleitungen und Hinweise, wie Sie selbst diese Methoden für Ihr eigenes Unternehmen nutzen können. Am Beispiel der Mythen zeigen wir, dass diese archaischen Bilder als Transportvehikel (= Trojanisches Pferd) für moderne Botschaften eingesetzt werden können. Lesen Sie, wie man konkret vorgehen muss, um solche Sprachbilder trojanisch zu nutzen.

Die porentiefe Reinheit von Ariel

Ulrike, unsere modisch gekleidete Dame, legt größten Wert auf saubere Wäsche. Perfekt gewaschen muss sie sein, und gut riechen soll die Wäsche auch noch. Aber was ist schon sauber, bei all den verlockenden Werbesprüchen der Waschmittelhersteller? Was wäscht jetzt wirklich sauber: das Waschmittel mit der „Riesenwaschkraft", das mit den „Megaperlen", oder jenes, das „doppeltkonzentriert" ist. „Guter Rat ist teuer", denkt Ulrike, die bereits zehn Minuten vor den Angeboten im Supermarkt steht und schließlich das bekannte Ariel von Procter & Gamble nimmt. Was hat sich da in ihrem Kopf abgespielt?

Schauen wir uns zuerst die Werbegeschichte von Ariel an. Das Produkt kam 1966 auf den Markt und hat mit dem Slogan „Ariel zum Reinweichen" geworben. Zwei Jahre später tauchte in Form der „Klementine" die wohl bekannteste Protagonistin im deutschsprachigen Werbefernsehen zum ersten Mal auf. Sie hatte stets eine weiße Latzhose an und der Werbeslogan „Ariel wäscht nicht nur sauber, sondern porentief rein" ließ die Herzen vieler

Frauen höher schlagen. Von Waschmitteln erwartet Ulrike, dass sie sauber waschen, das ist sozusagen die Grundvoraussetzung, der Grundproduktnutzen. Ein Waschmittel, das allerdings „rein" wäscht, hat für Ulrike eine ganz andere Dimension. Bei den Slogans von Ariel wurden also „rein" und „sauber" voneinander getrennt. „Sauber" wurde den anderen Waschmitteln zugesprochen und den Begriff „rein" besetzte Ariel. Hier wurden also zwei Begriffe getrennt und in Opposition gebracht.

„Damit wird beim Rezipienten genau jenes semantische Merkmal aktiviert, das sauber von rein unterscheidet: Rein hat auch eine moralische Qualität, sauber nur eine funktionale. Damit wird Ariel das Merkmal des moralisch Reinen zugeordnet, und zwar ohne dass dies explizit ausgesprochen wird." (Helene Karmasin, führende österreichische Motivforscherin)

Sprache ist, einfach formuliert, ein zusammengesetztes Zeichensystem, das Bedeutung transportiert. Das sprachliche Zeichensystem wird mit Hilfe der Semiotik erklärt und erforscht. Dabei untersucht die Semiotik die Beziehung zwischen Wahrnehmungsmustern und deren Bedeutung. Ein Teilbereich davon ist das Aufzeigen von Äquivalenz und Opposition, welches einen Analyserahmen für die expliziten und impliziten Codes der Sprache bildet. Durch dieses Analyseinstrument lassen sich Produkte von anderen anhand der sprachlichen Ausdrücke unterscheiden, positionieren, anders im Kopf der Verbraucher verankern und Alleinstellung in Anspruch nehmen.

Die Möglichkeiten der Sprache im Trojanischen Marketing

Damit man im Marketing im wahrsten Sinne des Wortes die richtigen Worte findet, gilt es ein paar Regeln im Hinterkopf zu behalten. Die fünf wichtigsten Eigenschaften effektiver Wörter für das Marketing hat der Autor Michael Brandtner in seinem Artikel „Die Essenz der Marke: So fokussieren Sie Ihre Marke auf die Zukunft" veranschaulicht.

Gedankliche Freiheit des Wortes
Hier gilt als oberste Maxime, dass das verwendete Wort eine Alleinstellungsposition hat, also von niemand anderem verwendet wird. Als Beispiel nennt er den Begriff „Felsquellwasser" von Krombacher, die als erste Brauerei dieses Wort verwendete und sich somit als Marke Nr. 1 in den Köpfen der Verbraucher positionierte.

Das Wort muss mit der Erfahrung des Kunden übereinstimmen
Brandtner bringt hier als Beispiel die „nachgebende Zahnbürste" von Dr. Best, die den Unternehmenserfolg garantierte.

Einfachheit des Wortes
Menschen lieben das Einfache und versuchen Komplexität zu vermeiden, da dies mit mehr gedanklicher Anstrengung verbunden ist. Die verwendeten Wörter sollen immer im Lexikon gefunden werden. Beispiele dafür sind: „Fahrfreude" für BMW oder „koffeinfrei" für Kaffee Hag.

Feindwirkung des Wortes
Hier wird das gleiche Prinzip wie bei Ariel verwendet, indem man etwas in semantische Opposition bringt. Brandtner zeigt bei diesem Punkt das Beispiel des Unternehmens Duracell, das seine „langlebigen" Batterien in Opposition zu den „kurzlebigen" Batterien der Konkurrenz bringt.

Keine Verwendung von Modewörtern
Der Nachteil von Modewörtern ist, dass sie nach dem Ende ihres Modezyklus´ eine andere Bedeutung erfahren und somit negativ besetzt sein können.

Auf dieser theoretisch-praktischen Basis werden wir im Folgenden zeigen, wie die Sprache als trojanisches Vehikel eingesetzt werden kann. Dabei geht es stets darum, vorhandene Sprachmuster trojanisch aufzuladen und in neue Aktionsebenen umzuleiten.

Mythologische Sprachbilder als trojanische Methode

Die griechische und die römische Mythologie bieten einen reichen Fundus für Sprachbilder, die trojanisch genutzt werden können, wie die folgenden Beispiele zeigen werden. Begeben wir uns auf eine Reise in das Reich der Götter und Mythen.

Sport im Zeichen der Göttin

Wissen Sie, wer dem Göttervater Zeus im Kampf gegen die Titanen beistand? Es war Nike, die griechische Göttin des Sieges. Nike kennen Sie aber sicherlich in einem ganz anderen Zusammenhang, nämlich in Bezug auf Sport. Der weltweit operierende Sportartikelhersteller hat sich seinen Markennamen aus der griechischen Mythologie geholt. In der Antike pflegte man nach erfolgreich gewonnenen Schlachten eine Statue zur Ehre der Siegesgöttin aufzustellen. Nike wurde immer mit Flügeln dargestellt, auch in der Neuzeit. Beispiel dafür ist die Nike-Statue auf dem Berliner Olympiagelände. Analysieren wir nun das Nike-Logo, den sogenannten Nike-Haken oder auch „Swoosh" genannt. Dieser ist ein Allusion, also eine Anspielung auf die Flügel der griechischen Siegesgöttin. Die implizite Bedeutung der Flügel sagt aus, dass man mit den Produkten von Nike die anderen Sportkonkurrenten „überflügelt". In letzter Zeit wurden seitens des Sportartikelherstellers auch Werbesujets verwendet, wo das Logo fehlte. Es wurde von Sportlern durch Kunstfiguren symbolisiert, und jeder Betrachter wusste sofort, dass es sich hier um eine Anzeige von Nike handelt. Da kann man nur hinzufügen: kreativ gemacht!

Kriegsgott als Namenspatron

Machen wir nun einen kurzen Abstecher in die römische Mythologie. Sie haben sicherlich schon einmal vom „Raub der Sabinerinnen" gehört. Der Sage nach haben Romulus und Remus die Stadt Rom gegründet, in der es jedoch vor allem an Frauen fehlte. Um das Frauendefizit auszugleichen, klügelte Romulus einen heimtückischen Plan aus. Unter dem Vorwand, dass ein riesiges Schauspiel über die Bühne gehen werde, wurden alle umliegenden Städte nach Rom eingeladen. Auch das Volk der Sabiner folgte der Einladung und schickte Leute, um dem Spektakel beizuwohnen. Da sie jedoch Romulus' hinterhältige List nicht durchschauten, brachten die Sabiner keine Waffen mit. Mitten im Schauspiel schlugen dann die römischen Soldaten völlig überraschend zu und raubten alle anwesenden Frauen. Die männlichen Sabiner schworen Rache und bereiteten einen Feldzug gegen die Römer vor. Die zuvor geraubten Frauen stellten sich jedoch zwischen die Streitparteien und beendeten auf friedliche Weise den anstehenden Kampf. So viel zu dieser Sage. Die stolzen Sabiner hatten, wie damals üblich, einen eigenen Kriegsgott mit dem Namen Quirin.

Kommen wir zurück zur Gegenwart. Im Jahre 1998 wurde die Berliner Effektenbank gegründet, die sich 2006 in quirin bank umtaufte Das Logo der Bank wird vom sabinischen Kriegsgott geschmückt, der auf einem in die Höhe steigenden Pferd sitzt. Wie beim Sportartikelhersteller Nike wurde auch hier ein mythologisch besetzter Begriff als Namenspatron für das Unternehmen gewählt. Der Vorteil dieser Technik besteht darin, dass mythologische Wörter sozial gelernt sind und Bedeutung transportieren. Mythologisch entlehnte Begriffe sind im Grunde Trojanische Pferde, da sie die vorhandenen und gelernten Bedeutungen implizit und explizit zum Kundengehirn transportieren.

Abbildung 51:
Das Logo der quirin bank mit dem sabinischen Kriegsgott

Wenn Sie vor einem Jahr in Österreich jemanden gefragt hätten, ob er aus der griechischen Mythologie den Höllenhund kenne, so würde diese Frage in den meisten Fällen verneint worden sein. Heute kennen Herr und Frau Österreicher den griechischen Höllenhund sehr wohl, und wenn Sie die Frage erneut stellen, bekommen Sie zur Antwort: Cerberus. Was ist passiert? Das amerikanische Investmentunternehmen Cerberus Capital Management hat eine der größten Banken Österreichs, die Bank für Arbeit und Wirtschaft AG (BAWAG), gekauft und durch die mediale Verbreitung der Nachricht kannte man plötzlich den Namen Cerberus, den Bewacher der griechischen Unterwelt Hades. Interessant dabei ist die implizite Bedeutung, denn der Cerberus bewacht im übertragenen Sinne die Kundengelder. Ein weiterer Vorteil bei der Verwendung von mythologischen Wörtern besteht darin, dass diese eine bereits manifestierte Bedeutung haben, die sich nicht mehr verändert. Bei Modewörtern kann sich jedoch schnell die Bedeutung drehen, und dies kann negative Auswirkungen haben.

Mythologische Gestalten wie Götter, Halbgötter, Krieger, Kaiser etc. transportieren in den meisten Fällen eine Symbolistik, die als zusätzlicher Code für die Bedeutungsübermittlung genutzt werden kann. Der griechische Gott des Meeres, Poseidon, der bei den Römern Neptun genannt wurde, ist untrennbar mit folgenden drei Symbolen ausgestattet: Streitwagen, Delfin sowie das bekannteste ihm zugeordnete Symbol, dem Dreizack. Eine der bekanntesten griechischen Göttinnen ist Artemis, die als Göttin der Jagd und als Göttin der Frauen und Kinder gilt. In der römischen Mythologie hat sie den Namen Diana. Die verwendeten Symbole sind bei ihr vor allem Pfeil und Bogen und der dazugehörende Köcher. Das bekannte Produkt „Diana mit Menthol" kennen Sie sicher. Auch hier diente die Mythologie wieder als Vorlage. Im Logo der Marke ist die Göttin mit Pfeil und Bogen vor dem Abschuss abgebildet. Implizit bedeutet dies, dass Diana mit Menthol rasch wirkt, eben so schnell wie ein Pfeil.

Abbildung 52:
In Anlehnung an
die römische Göttin:
Diana mit Menthol

Die narrative Struktur als trojanisches Strategie-Element

Menschen lieben Geschichten, da sie auf einfache Art und Weise Bedeutungen übertragen und aus diesem Grund leicht gemerkt werden können. Was macht eine erfolgreiche Geschichte aus? Es müssen eine Ausgangssituation, ein Ereignis bzw. eine Transformation und eine Endsituation vorliegen. Dieses effektive Schema, das ein bedeutungsübertragendes Ordnungsmuster darstellt, nennt sich narrative Struktur. Schauen wir uns so eine narrative Struktur anhand einer bekannten Geschichte an:

Ausgangssituation	Ereignis / Transformation	Endsituation
Die Griechen belagern seit 10 Jahren die Festung Troja und haben keinen Erfolg.	Odysseus besinnt sich einer List und das Pferd wird von den Trojanern in die Stadt gezogen.	Die Griechen haben mit dieser List Troja erobert und feiern den Sieg.

Ein sehr wesentliches Element einer narrativen Struktur ist, dass Ausgangssituation, Transformation und Endsituation in chronologisch-logischer Folge miteinander verknüpft sind. Betrachten wir eine andere kurze Geschichte:

Ausgangssituation	Ereignis / Transformation	Endsituation
Wolfgang ist arm.	Anna gewinnt im Lotto.	Roman ist reich.

Hier liegt keine narrative Struktur vor, da die Ausgangssituation und die Endsituation nicht miteinander in einer chronologisch-logischen Folge miteinander verbunden sind. Und selbst wenn man diese Geschichte noch ein wenig ausschmücken würde, ließe sie sich nicht merken. Für die Marketingpraxis ist es aber von entscheidender Relevanz, dass man sich die übermittelte Geschichte leicht merkt, sich leicht vorstellen kann und dass sie bildhaft ist. Nur so dockt die Geschichte an das episodische Gedächtnis an und kann dadurch behalten und leicht wiedergegeben werden. Um dies zu veranschaulichen, schreiben wir die vorher dargestellte Geschichte im Sinne der narrativen Struktur um:

Ausgangssituation	Ereignis / Transformation	Endsituation
Renate ist arm und arbeitet als Putzfrau in einem Nobelhotel.	Renate spielt Lotto und knackt den Jackpott.	Renate ist reich und kann es sich leisten, in dem Nobelhotel zu nächtigen.

Bei dieser Geschichte ist die chronologisch-logische Folge gegeben und sie kann leicht behalten werden. Nachfolgende Abbildung eines aktuellen Werbesujets der Österreichischen Lotterien verdeutlicht uns diese Geschichte auf bildhafte Weise sehr einfach.

Abbildung 53: Das Sujet der Lotto-Werbung: einprägsam mit Hilfe der narrativen Struktur

Die narrative Struktur geht auf die Grenzüberschreitungstheorie von Jurij M. Lotmann zurück und ist ein trojanisches Element der Sprachpsychologie. Nach Lotmann liegt ein Ereignis dann vor, wenn eine Figur die Grenze von zwei semantischen Räumen überschreitet. Wesensmerkmal von semantischen Räumen ist, dass sie zueinander in Opposition stehen. Das Prinzip der Opposition in der Sprache haben wir bereits beim Beispiel des Waschmittels Ariel kennengelernt. Dort wird „rein" in Opposition zu „sauber" gebracht. Anhand der anschaulichen Lotto-Werbung lassen sich die in Opposition gebrachten semantischen Räume leicht darstellen:

- Putzfrau gegen reiche Lady
- Arbeitskleidung gegen nobles Kostüm
- düsteres gegen helles Bild
- streng blickender Portier gegen höflichen und hilfsbereiten Portier

Sehr erfolgreiche Produkte nutzen die narrative Struktur, um einen Bedeutungsaufbau beim Kunden zu erreichen. Dazu werden zwei verschiedene Produkte in zwei semantischen Räumen dargestellt, die in Opposition stehen. Ein einfaches Beispiel: Putzmittel A reinigt schlecht und Hausfrau ist sehr frustriert, da sie die Kalkflecken im Bad trotz intensivem Bemühen nicht weg bekommt. Als Ereignis tritt jetzt die beste Freundin der Hausfrau auf und empfiehlt das Produkt B, durch welches die grässlichen Kalkflecken mühelos verschwinden. Die Hausfrau benutzt das Putzmittel B und tatsächlich verschwinden durch einfaches Wischen selbst die hartnäckigsten Flecken.

Fassen wir die Vorteile der narrativen Struktur für das Trojanische Marketing zusammen: Ausgangszustand und Endsituation sind durch ein Ereignis in einfacher Weise miteinander verknüpft. Dadurch wird die Merkfähigkeit enorm gesteigert, da die narrative Struktur direkt im episodischen Gedächtnis abgespeichert wird. Weiterhin wird durch die narrative Struktur ein Ordnungsmuster gebildet, durch welches sich ein einfacher Bedeutungsaufbau herstellen lässt. Zusätzlich können Produkte und deren explizite und implizite Codes durch den semantischen Raum hervorragend in Opposition gebracht werden

Die Allusion als trojanische rhetorische Figur

Die Allusion oder Anspielung ist eine rhetorische Figur, die eine indirekte Andeutung auf bekannt abgespeicherte Inhalte zum Ausdruck bringt. Der Vorteil der Verwendung einer Allusion liegt darin, dass der Begriff, auf den die Anspielung hinausläuft, sozial gelernt wurde und daher jederzeit abrufbar ist. Dadurch wird ein (komplexer) Sachverhalt auf einfache Art und Weise verdeutlicht. Durch den Gebrauch einer Anspielung prägen sich die Botschaften des Senders besser ein, und der Empfänger wird durch die Allusion aktiviert. Sie kennen sicherlich den Ausdruck „seine Hände in Unschuld waschen". Dies ist eine Anspielung auf Pontius Pilatus, der nach der Verkündigung des Todesurteils von Jesus durch Kreuzigung seine Hände „in Unschuld" gewaschen hat. Eine Allusion kann sich auf folgende Elemente beziehen:

- Mythologie
- Literatur
- Bibel
- gängige Aussagen
- Lieder
- Werbesprüche
- geschichtliche Ereignisse
- berühmte Personen

Ein gelungenes Beispiel einer Allusion in der Marketingkommunikation liefert der Breitbandanbieter UPC. Der Werbespruch „All you can surf" ist eine indirekte Anspielung auf die bereits in der Umgangssprache verankerte Aussage „All you can eat" – da weiß jeder, was damit gemeint wird.

Abbildung 54: Sujet der UPC-Werbung „All you can surf" als Allusion auf „All you can eat".

Ein weiteres gelungenes Beispiel für eine Allusion ist der Titel des Buches „Tausend und eine Macht" von Werner T. Fuchs.. Er bedient sich hier geschickt des bekannten Bildes von 1001 Nacht.

Abbildung 55: Gekonntes Spiel mit Sprache: Der Titel des Buches „Tausend und eine Macht" von Werner T. Fuchs

Trojanischer Praxistipp

Bei der Suche nach Allusionen hilft ihnen folgende Vorgehensweise:

● Besorgen Sie sich ein kleines Notizbüchlein, das zukünftig Ihr ständiger Begleiter sein wird. Sehr viele Allusionen findet man in Zeitungsüberschriften, da diese immer spannend sein müssen, um auf das zu beschreibende Thema hinzuleiten. Schreiben Sie diese in Ihren Notizblock und Sie haben in kürzester Zeit eine beachtliche Sammlung, die Sie für Ihre Marketingzwecke oder Vortragsreden verwenden können.

● Lernen Sie diejenigen Allusionen, die Ihnen am besten gefallen, auswendig. Sie haben somit einen permanenten Vorrat dieser besonders wichtigen rhetorischen Figur, die Sie dann jederzeit aus Ihrem Gedächtnis abrufen können.

● Besorgen Sie sich das im Haufe Verlag erschienene Buch „Das Trojanische Pferd". Darin werden klassische Mythen von Klaus Schmeh prägnant und verständlich erklärt. Diese Mythen sind praktische, hilfreiche und nützliche Vorlagen für Ihre zukünftigen Allusionen. Vorlagen sind, wie wir bereits im Kapitel „Vorhandenes verwenden – Vorlagen nutzen" gesehen haben, besonders effiziente Werkzeuge im Trojanischen Marketing.

● Gehen Sie zurück in Ihre Kindheit und denken Sie an die Geschichten, Fabeln, Märchen, die Sie damals gehört und die Sie fasziniert haben. Mythologisch aufgeladene Geschichten haben ihre Spuren dauerhaft im episodischen Gedächtnis hinterlassen, und jeder kennt sofort deren Bedeutung. Das bekannteste Beispiel hierfür ist das Trojanische Pferd, das für die wohl bekannteste List aller Zeiten steht und sich immer hervorragend für eine Allusion eignet.

Noch mehr kreativ-sprachliche trojanische Wege

Als eine Art trojanische Vorlage (mehr dazu im Kapitel „Vorhandenes verwenden – Vorlagen nutzen") können Redewendungen der Umgangssprache verwendet werden, da diese dem episodischen Gedächtnis gut vertraut sind. Diese Redewendungen liegen quasi als Engramme im Gehirn vor und können jederzeit problemlos abgerufen werden. Werden diese mit neuen Botschaften verknüpft, greift das episodische Gedächtnis auf diese Engramme zurück. Mit Hilfe sprachlicher Transformationen wird trojanisch dafür gesorgt, dass das alte Engramm mit der neuen Botschaft in Verbindung gebracht wird.

Im Artikel „Effiziente sprachliche Strategien in der Werbung" beschreibt die Autorin Daniela Gau die Verwendung der englischsprachigen Vorlage „How far will you go" als Wortspiel in der Produktwerbung beim Duschgel der Marke Fa. Die Marke macht sich den sprachlichen Gleichklang des englischen Wortes far (fa: ausgesprochen), und dem Produktnamen Fa zu Nutze und kreierte den Slogan „Wie Fa willst du gehen?". Durch den Einsatz dieses Anglizismus soll vor allem die Motivstruktur „Abenteuer" der jugendlichen Konsumenten angesprochen werden. Als weiteres Beispiel bringt Daniela Gau die Inszenierung der Länderwochen bei McDonald's, die vom Slogan „Los Wochos®" begleitet werden. Die Imitation einer fremden Sprache (in diesem Fall des Spanischen) verbunden mit dem deutschen Wort „Woche" demonstriert eine weitere sprachliche Strategie in der Werbung..

Eine „sprachlich" besonders gelungene Aktion bildet die im November 2007 durchgeführte Kampagne der Austrian Airlines, die das besonders preisgünstige Ticket (redticket) der Airline bewirbt. Zentrales Element ist hierbei der niedrige Hin- und Rückflugpreis von 99 Euro, der auf kreative Weise in Wortkombinationen eingefügt wurde, die mit Reisemotiven der angesprochenen Zielgruppe in Verbindung stehen. So entstand die gelungene Wortneuschöpfung „Schnell wegg", wo das „g" von weg durch den Produktpreis „99,-" ersetzt wurde.

Abbildung 56: Austrian Airlines formuliert für die „redticket"-Kampagne eigenwillige Wortkreationen

Ein anderes Werbesujet aus der Kampagne bedient sich der Aussage „Jetzt auch kurzfristig". Hier wurde das „g" am Ende des Wortes ebenfalls wieder durch den Produktpreis „99,-" ersetzt. Auch den Namen der Tiroler Hauptstadt Innsbruck hat die Fluglinie einer kreativen Veränderung unterzogen, indem das „ck" am Ende gegen „99,-" ausgetauscht wurde. Die so entstandene Wortneuschöpfung „Innsbru99" klingt sprachlich fast wie die österreichische Alpenstadt.

Ein weiteres ausgezeichnetes Beispiel für Trojanisches Marketing mit Hilfe sprachlicher Transformationen liefert die österreichische Sektmarke Hochriegl aus dem Hause Kattus, die mit folgendem Sujet wirbt:

Abbildung 57:
Eindrucksvoll mit wenigen Worten: Werbung für die Sektmarke Hochriegl

Das Beispiel ist so hervorragend, dass wir es auf unserer Homepage ausführlicher diskutieren wollen: Denken Sie darüber nach und lassen Sie uns an Ihren Gedanken dazu teilhaben. Hier gibt es zahlreiche trojanische Aspekte, die zu berücksichtigen sind. Also: www.TrojanischesMarketing.com.

Rhetorische Stilelemente, die innere Bilder erzeugen

Das in der Werbung am häufigsten verwendete Stilelement ist die Metapher. Prominente Beispiele für diese Methode sind der Ausdruck „Pack den Tiger in den Tank", eine der bekanntesten Metaphern der Werbegeschichte, oder die „Salatkrönung". Dabei handelt es sich um Wortkombinationen, die einen Widerspruch in sich beinhalten oder anders ausgedrückt: eine Metapher ist ein bildhafter Ausdruck anstelle eines anderen Ausdrucks und es erfolgt eine Bedeutungsübertragung. Durch die Bildhaftigkeit wird ein besseres Behalten der Werbebotschaft erreicht, da diese sofort Zugang zum episodischen Gedächtnis erfährt, weil eine Metapher wie eine nette kleine Geschichte wirkt. Die Wirkung von Metaphern wurde in zahlreichen empirischen Studien bestätigt.

Ein bekannter Versuch zur Erforschung von Metaphern stammt von der Kommunikationswissenschaftlerin Jacqueline C. Hitchon. Sie präsentierte einer Versuchsgruppe von 72 Personen verschiedene Produkte. Unter diesen Produkten befand sich auch eine Taucheruhr, die mit „Hai" und „Delphin" in Kombination gebracht wurde. Der Kontrollgruppe wurde lediglich eine formale Produktbeschreibung überreicht. Das Ergebnis dieser Studie zeigte deutlich, dass die Verwendung von Metaphern, egal ob positiv (Delphin) oder negativ (Hai) besetzt, zu einer deutlich besseren Beurteilung führte als Produkte, die farblos und ohne Einsatz von rhetorischen Stilelementen beschrieben wurden.

Vorgehensweise zur Findung der idealen Metapher

Anhand der Metapher „Salatkrönung" von Knorr wollen wir zeigen, wie Sie systematisch den richtigen bildhaften Ausdruck für Ihre Marketingarbeit finden. Dazu verwenden Sie eine Tabelle mit drei Spalten. In die erste Spalte schreiben Sie den Namen des Produkts oder, wofür Ihr Produkt bestimmt ist. In unserem Fall ist dies der Salat, denn die Salatkrönung ist ein Lebensmittelzusatz für einen hervorragend schmeckenden Salat. In die zweiten Spalte tragen Sie nun nach Belieben zum Salat widersprüchliche Begriffe ein, die Ihnen einfallen. Sie können hier Ihrer Fantasie freien Lauf lassen. In die dritten Spalte kommen nun die dazugehörigen Bedeutungen zum jeweiligen Begriff. Achten Sie darauf, dass jeder Begriff unterschiedliche Bedeutungen transportiert, die sowohl die explizite als auch die implizite Ebene umfassen.

Produkt	Begriff	Bedeutung
Salat	Prinz	jung, hübsch, unverheiratet, edel, nobel
Salat	König	weise, edel, Herrscher
Salat	Prinzessin	jung, hübsch, nobel, unverheiratet
Salat	Krönung	feierlicher Festakt, freudiges Ereignis
Salat	Festmahl	feierlicher Akt, üppig
Salat	Meister	gekonnt, schmeckt gut

Abbildung 58: Suchrahmen zur Metaphernfindung

Diese einfache semiotische Analyse zeigt uns deutlich, dass der Begriff Krönung die treffendsten Bedeutungen zum Salat transportiert. Einen für das Auge gut zubereiteten Salat mit der dazugehörigen passenden Marinade kann man implizit als feierlichen Festakt bezeichnen und in weiterer Folge als freudiges Ereignis darstellen. Diese aus der Krönung abgeleiteten Bedeutungen sind unsere Trojanischen Pferde, die der Metapher einen einzigartigen bildlichen Ausdruck verleihen. Dies ist die Grundvoraussetzung für dauerhaftes Behalten, das für das Marketing essentiell ist.

Auf der folgenden Seite sehen Sie ein weiteres Beispiel für eine gelungene Metapher. Hier handelt es sich eine Ausstellung des Technischen Museums in Wien, die sich – in Anspielung auf die imperialen Kronjuwelen, die natürlich ebenfalls in Wien ausgestellt werden (in der Hofburg) – „Chromjuwelen" nennt und eine Reihe von repräsentativen Oldtimern zeigt.

Wie man sieht, eignet sich die Metapher hervorragend als Trojanisches Pferd ins Hirn des Konsumenten. Sie nutzt bestehende Gedächtnisinhalte, um Neues zu transportieren. Dadurch kommt es zu einer nachhaltigen Bedeutungsübertragung.

Abbildung 59:
Spielt geschickt mit dem Begriff
„Kronjuwelen": das Werbesujet
„Chromjuwelen", © B. Angerer

Wenn Sie sich auf unserer Homepage www.TrojanischesMarketing.com registrieren, bekommen Sie einen eigenen Zugangscode via E-Mail zugesen-
det, mit dem Sie sich in den geschützten Bereich einloggen können. Dort
finden Sie eine Fülle weiterer rhetorischer Figuren mit Beispielen, die Sie
für Ihre tägliche Arbeit nutzen können. Sie können aber auch eigene Beispiele deponieren und damit der trojanischen Community zugänglich machen. Nutzen Sie diese Möglichkeit! Wir freuen uns auf Ihren Besuch!

Vielleicht finden Sie heraus, welche trojanischen Sprachelemente die folgenden Werbesprüche nutzen:

- Bitte ein Bit!
- Andere Länder, andere Fritten.
- Komasurfen.
- Gut, besser, Gösser.
- Tax in the City.

Die Auflösung finden Sie auf unserer Homepage
www.TrojanischesMarketing.com.

3. Wie Sie Trojanisches Marketing umsetzen

3.1 Trojanische Ideen entwickeln

In diesem Kapitel befassen wir uns mit einer Königsdisziplin des Trojanischen Marketing: der Entwicklung kreativer Ideen. Dazu beschäftigen wir uns ein wenig mit den Strukturen des menschlichen Gehirns und in diesem Kontext auch mit der Methode des Clustering. Praktische Hilfe beim Finden von Ideen leisten Kreativtätstechniken, die Wilfried Reiter in einem spannenden Beitrag vorstellt.

Wir kennen es alle, das Bild des alten Mannes mit weißen, zerzausten Haaren und herausgestreckter Zunge: Albert Einstein, der erste Superstar der modernen Wissenschaft. Was machte ihn aber so genial, dass ihm seine erste Veröffentlichung den Nobelpreis einbrachte? Waren es seine logisch-abstrakten Fähigkeiten, seine geordneten Gedankenfolgen oder seine regelgeleitete Ideenbildung? Dies sind Grundvoraussetzungen für erfolgreiche Mathematiker und Physiker, möchte man glauben, doch Einstein war anders. Wenn er mit seinen mathematischen Gleichungen nicht mehr weiter kam, bediente er sich seiner inneren Bilder, die er liebevoll „Gedankenexperimente" nannte. Ein bekanntes Beispiel dafür ist sein Experiment zu einem abstürzenden Fahrstuhl, das er in seinen Gedanken vollzog: Er stellte sich vor, wie es wohl dem darin befindlichen Mann gehen würde und was passieren würde, wenn dieser im abstürzenden Fahrstuhl ein Taschentuch fallen lassen würde. Gleichwohl ritt Einstein im Geiste auf einer Lichtwelle und stellte sich vor, was er dabei erleben würde, oder er begab sich mit seinen Studentenkollegen auf eine Lichtgeschwindigkeitsreise – all diese Beispiele zeigen deutlich, dass Denken in einer bildhaften und ungewohnten Form uns zu neuen Erkenntnissen leiten kann.

Die „Cluster-Methode"

Nach der Hemisphärentheorie von Roger Sperry besitzen wir eine linke und eine rechte Gehirnhälfte, die jeweils für unterschiedliche Wissensreproduktionen verantwortlich sind. Das Modell kennen Sie sicher; wir können uns hier eine detaillierte Darstellung sparen. Nur zur Erinnerung nachfolgend eine kleine Gegenüberstellung der Funktionen der beiden Gehirnhälften.

(Wie Sie wissen, ist dieses Modell inzwischen weiterentwickelt worden und es gibt deutlich komplexere Modelle, deren Beschreibung hier aber zu weit führen würde.)

linke Gehirnhälfte	rechte Gehirnhälfte
denkt linear	denkt bildhaft
denkt in Sprache, logischen Begriffen	denkt in räumlichen und bewegten Modellen
verarbeitet Informationen nach-einander	verarbeitet Informationen gleichzeitig
nimmt Details auf (Einzelheiten)	bewahrt den Überblick (Ganzheiten)
Zentrum für Wörter und Zahlen	Zentrum für Gefühle, Intuition, Spontaneität
Hirnhälfte der Mathematiker und Logiker	Hirnhälfte der Künstler und Top-manager
verbale Begriffe	paraverbaler Ausdruck
Verknüpft Wörter nach Regeln	Lieder, Gedichte, Reime
informative Aspekte	emotionale Aspekte
= begriffliches Denken	= bildhaftes Denken

Abbildung 60: Funktionsweisen der linken und rechten Gehirnhälfte

Obwohl also das simple Hemisphärenmodell teilweise „veraltet" ist, halten Experten die folgende von der Sprachwissenschaftlerin Gabriele L. Rico erfundene „Cluster-Methode" für wirksam. Dabei handelt es sich um eine Methode des freien, assoziativen Schreibens. Rico nennt die Vorgehensweisen der linken Hemisphäre „Begriffliches Denken" und die der rechten Gehirnhälfte „Bildliches Denken". Den schöpferischen Akt der Neugestaltung bezeichnet sie als ein Wechselspiel zwischen dem ganzheitlichen Entwurf in der rechten Hemisphäre und den linearen Ordnungsprozessen in der linken Gehirnhälfte.

„Das natürliche Schreiben wird mühsam bleiben, solange es nicht gelingt, die besonderen Fähigkeiten beider Gehirnhälften in den Prozess einzubeziehen. Ein durch das Clustering geschärfter Sinn für die wirklich bedeutungsvollen Elemente, ein empfindliches Ohr für sprachliche Nuancen, der Blick für das Ganze, die Offenheit für Gefühle – all diese Merkmale rechtshemisphärischen Denkens schaffen ein Höchstmaß an schöpferischer Freiheit. Wenn diese Vo-

raussetzung gegeben ist, wird sich die linke Hemisphäre automatisch einschalten und einen ganz natürlichen und scheinbar unerschöpflichen Fluss von Wörtern hervorbringen." (Gabriele L. Rico)

Ricos Erfindung des Clustering (übersetzt bedeutet es: Gruppe, Anhäufung, Büschel), wollen wir für die Entwicklung eines Trojanischen Marketingplans anwenden. Diese kreative Technik ist ein assoziatives und gelenktes Verfahren und dient der Ideenfindung, wobei die spontanen Einfälle übersichtlich angeordnet werden.

Kernelement für das Clustering ist das Vorhandensein eines Schlüsselwortes, welches in die Mitte eines Blattes Papier geschrieben wird. Sie werden jetzt sagen: das kenne ich ja, denn das mache ich beim Mindmapping auch! Der Unterschied besteht darin, dass Sie zuerst das Zentralwort, wovon sich alles andere ableitet, einkreisen. Durch dieses Einkreisen wird der „Gedankensturm" zwischen linker und rechter Gehirnhälfte aktiviert. Erst wenn Sie Ihr erstes Wort eingekreist haben, gehen Sie zum nächsten Wort, das Ihnen spontan einfällt. Dieses kreisen Sie ebenfalls ein. All die anderen Wörter, die sich jetzt zu den bereits vorhandenen Wörtern dazugesellen, werden wiederum eingekreist. Somit entsteht mit der Zeit ein Cluster, das wörtlich übersetzt auch Vogelschwarm oder Weintraubenbüschel heißt. Sollten Sie in einen Gedankenstopp verfallen, kehren Sie einfach wieder zum Zentralwort zurück und kreisen Sie dieses erneut ein. Sie können dies auch öfters machen, bis Ihnen wiederum neue Wörter einfallen. Dazu ein Zitat aus den Arbeitsblättern des Linzer Psychologie- und Pädagogik-Professor Werner Stangl:.

„Beim Clustering geht es um eine Kurzschrift des bildlichen Denkens und ein Knüpfen von Ideennetzen, um das logische, auf Ordnung bedachte begriffliche Denken zu umgehen und in eine Welt des eher ziellosen Denkens einzutauchen. Beim Clustering liegt der Schwerpunkt auf der Ideenfindung und der assoziativen Verknüpfung von Ideen und Vorstellungen in Mustern. Beim Mindmapping liegen die Ziele eher auf dem Gebiet der begrifflichen Ordnung von Einfällen, und einer begrifflichen Hierarchisierung von Begriffen bzw. Geschichtspunkten."

Die nachfolgende Abbildung zeigt ein sogenanntes Cluster zum Begriff „Trojanisches Marketing".

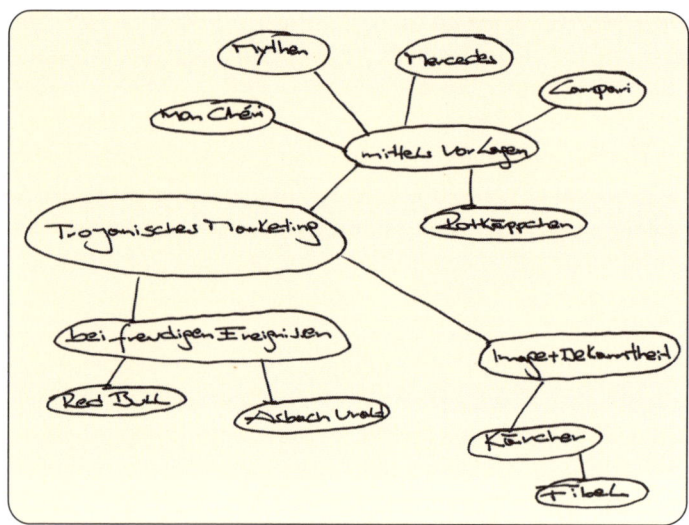

Hinsichtlich der Arbeitsweise des menschlichen Gehirns beschreibt Rico die Technik des Clustering anhand von fünf zentralen Merkmalen:

1. Durch das Clustering wird die Dominanz der linken Hemisphäre gebrochen, die sich durch ihre systematische Arbeitsweise kennzeichnet. Stattdessen wird die nichtlineare Form der rechten Gehirnhälfte verstärkt und zu Papier gebracht.

2. Die Syntax, ein Element der linken Gehirnhälfte, spielt beim Clustering kaum eine Rolle. Vielmehr wird die bildhafte Vorstellungskraft mit ihrem Sitz in der rechten Gehirnhälfte verstärkt.

3. Mit Hilfe des Clustering wird der rechten Gehirnhälfte die Möglichkeit gegeben, unverbrauchte Wahrnehmungen und neue Muster zu entwickeln.

4. Die emotional gefärbten Bilder und Ausdrücke werden von einem vorläufigen Entwurf zu einem neuartigen Ganzen verdichtet, und der daraus resultierende Schreibprozess (Marketingentwurf) kommt von selbst in Gang.

5. Das kreative Spiel der neuen Ideen wird durch das Clustering verstärkt, da sich die Rhythmen, Muster und Bilder der rechten Gehirnhälfte spielerisch entfalten können.

Übung zum Trojanischen Marketingplan

Jetzt stürzen wir uns gleich einmal ins kalte Wasser und machen eine kleine Übung dazu. Stellen Sie sich vor, Sie sind der neue Besitzer eines Würstelstands, der sich in unmittelbarer Umgebung einer U-Bahn-Station befindet. Auch zahlreiche Unternehmen sind in Ihrer Nachbarschaft. Um die Gäste kämpfen auch andere Imbissbuden, die Ihre Konkurrenten sind. Sie sollen nun einen Marketingplan entwerfen, natürlich mit den zuvor gelernten trojanischen Techniken. Nehmen Sie nun ein weißes Blatt Papier und schreiben als Schlüsselwort „Würstelstand" auf, das Sie nach der Methode des Clustering einkreisen, und denken Sie einfach an all die Marketingmöglichkeiten, die Ihnen als Besitzer des Würstelstandes offen stehen. Noch ein kleiner Tipp: Beziehen Sie hier die 4 Ps (Product = Produktpolitik, Price = Preispolitik, Place = Distributionspolitik, Promotion = Kommunikationspolitik), die noch immer gültigen Kernelemente des Marketings, in Ihre Planung mit ein.

Wenn Sie unsere Homepage besuchen, finden Sie dort u. a. einen voll ausgearbeiteten Marketingplan, der mit dieser Methode erstellt wurde: www.TrojanischesMarketing.com.

Die vielen neuen Ps des Marketing

Es hat zahlreiche Bemühungen gegeben, diesen vier Kernelementen weitere hinzuzufügen, die möglichst ebenfalls ein englisches Wort beinhalten, das mit dem Buchstaben P beginnt. Vor allem die starke Verlagerung vom Produktmarketing zum Dienstleistungsmarketing hat dazu geführt, dass zunehmend weitere Aspekte in die Marketing-Überlegungen eingeflossen sind.

Hier ein kleiner Überblick über weitere mögliche Ps, ohne näher darauf einzugehen:

- Processes verweist auf die Notwendigkeit, die im Business notwendigen Geschäftsprozesse zu identifizieren, zu planen und zu steuern. „Wer macht was, wann, wie und womit?" ist eine zentrale Fragestellung.

- Packaging unterstreicht die eminente Bedeutung der Verpackung für den Marketingerfolg. Die Verkaufsverpackung vermittelt häufig den ersten und kaufentscheidenden Eindruck.

- Persons bzw. People stellt klar, dass die im Betrieb involvierten Menschen eine wichtige Rolle spielen. Hier ist zu berücksichtigen, dass es unabdingbar ist, loyale Mitarbeiter zu haben, um loyale Kunden zu gewinnen. (Vergleichen Sie dazu das Buch „Loyalty Marketing" von Anne Schüller.)

- Public bzw. Politics verweist auf die Rolle, die das politische und gesellschaftliche Umfeld spielen kann, die bei der Erstellung von Marketingplänen stets zu berücksichtigen ist.

- Physics bzw. Physical Facilities bedeutet die Einbeziehung der physikalischen Gegebenheiten, also von Gebäuden und Räumen inkl. Ladengeschäften, im übertragenen Sinne auch von virtuellen Räumen.

- Public Voice bezieht die Tatsache ein, dass ein Unternehmen stets damit rechnen muss, in Internet-Foren, Blogs, Communities etc. genannt, zitiert und kritisiert zu werden. Alles, was zu einer schlechten Nachrede in diesen Medien führen kann, ist also bestmöglich zu vermeiden. Es ist bekannt, dass Meldungen in diesen Kanälen schnell eine möglicherweise verheerende Wirkung auf das Image haben können. Das wäre dann zwar auch Trojanisches Marketing, aber mit nur unerwünschten Effekten.

- Product Positioning gehört eigentlich nicht in diese Reihe, sondern stellt die Grundlage aller weiteren Ps dar. Immer geht es darum, ein Produkt im Markt zu positionieren, sei es über das Produkt selbst, den Preis, die Distribution oder die Kommunikation.

- Pampering ist ein neuer Begriff im Marketing-Zusammenhang. Er bedeutet wörtlich „verwöhnen" und sagt aus, dass Kunden, die Stammkunden bleiben sollen, das nur tun, wenn sie sich verwöhnt fühlen, d. h. dass sie mehr oder bessere Leistungen für ihr Geld bekommen, als es üblich ist.

Apropos „kreatives Spiel der neuen Ideen", wie Gabriele L. Rico so schön formuliert hat. Wenn wir über die Entwicklung von kreativen trojanischen Marketingideen sprechen, sollten wir nicht versäumen, uns mit dem Thema Kreativitätstechniken zu beschäftigen. Was wir tun können, um in Sachen Kreativität aus dem Vollen schöpfen zu können, hat Wilfried Reiter in seinem spannenden Beitrag zusammengefasst, den wir Ihnen hier in gekürzter Form darlegen. Die vollständige Version finden Sie auf unserer Homepage unter www.TrojanischesMarketing.com.

Was leisten Kreativitätstechniken?

von Wilfried Reiter

Als ich vor ca. 30 Jahren von Kreativitätstechniken hörte, war ich spontan begeistert. Es gab etwas, dass das wertvolle Gut der Kreativität steigern konnte. Ich fühlte mich entlastet und stellte mir vor, dass diese Methoden Kreativität verstärken würden. Doch wer glaubt, Techniken würden Kreativität verstärken, vergleicht mentale Kraft mit körperlicher Kraft, im Sinne eines „Denkmuskels". Ich biete Ihnen ein anderes mentales Modell, das besser zum Gedanken von Trojanischem Marketing passt. Denn unsere Kreativität ist nahezu unbegrenzt. Wir verarbeiten in jeder Sekunde Millionen von Informationen, verknüpfen sie, finden neue Zusammenhänge und Erkenntnisse, generieren unzählige Ideen.

Für unser tägliches Handeln und Entscheiden ist unsere Kreativität nicht zu gering, sondern vielmehr zu groß. Damit wir handlungsfähig bleiben, sorgen Filter, genauer gesagt Auswahlmechanismen dafür, die situationsadäquaten Ideen herauszufiltern. Mit der Zeit entstehen Denkgewohnheiten, welche uns für viele Fragestellungen schnelles und wirksames Denken und Handeln erlauben. Kurz gesagt, gehen wir davon aus, dass wir unbegrenzte Kreativität besitzen und zusätzlich Mittel, die es ermöglichen, mit dieser mentalen Power umzugehen. Allerdings gibt es Situationen, in denen die Wirkung der begrenzenden Denkgewohnheiten nachteilig wirken. Immer dann, wenn wir das gewohnte Terrain verlassen und neue ungewohnte Ideen nutzen möchten.

Genau hierfür wurden Kreativitätstechniken erfunden. Sie erlauben uns in hilfreichem Maße, auf die unbegrenzte Power der Kreativität zuzugreifen.

Im Folgenden finden Sie Kreativitätstechniken, die Ihnen zusätzliche und ungewöhnliche Anregungen für kreatives Trojanisches Marketing geben sollen, weil neue Ideen und Verknüpfungen entstehen.

Diese Liste lenkt das kreative Denken gezielt in andersartige Bereiche. Es entstehen neue Zugänge zum Thema, und die Vielfalt der mentalen Verknüpfungen wird wirksam erhöht.

Bereiche sind z. B.:

- Verwendung: Wofür kann ich es noch verwenden? Kann ich es anders einsetzen?

- Ähnlichkeit: Weist das Problem auf andere Ideen hin? Ist es etwas anderem ähnlich?

- Veränderung: Was lässt sich ändern? Welche Eigenschaften lassen sich umgestalten?

- Vergrößerung: Lässt sich etwas vergrößern, hinzufügen, vervielfältigen?

- Verkleinerung: Lässt sich etwas verkleinern, wegnehmen, verkürzen?

- Ersetzung: Was kann ersetzt werden? Welche Bedingungen können geändert werden?

- Reihung: Kann die Reihenfolge oder Struktur geändert werden?

- Gegenteil: Kann die Idee ins Gegenteil gekehrt werden? Kann der Ablauf umgekehrt werden?

- Kombination: Können Ideen kombiniert oder Personen verbunden werden?

Ideen generieren durch Reizworte

Unerwartete Reize sind die Quelle neuer Ideen. In diesem Sinne hilft die Reizwortanalyse, neue Zugänge zu Bekanntem zu öffnen. Die Quellen für solche absichtlich unsystematischen Reize sind vielfältig, z. B. das willkürliche Aufschlagen einer Lexikonseite oder das blinde Tippen auf eine zufällig aufgeschlagene Seite eines Versandhauskatalogs. Hierdurch werden unerwartete kreative Reize genutzt, die in der Folge weiterverarbeitet werden. Es empfiehlt sich schrittweises Vorgehen:

1. Fragestellung exakt formulieren.
2. Kurzbrainstorming, damit alle schon vorhandenen Ideen gewürdigt werden.
3. Sammlung von Reizwörtern und Auswahl von ca. fünf Wörtern. Gegenständliche Wörter eignen sich eher als abstrakte Wörter.

4. Merkmals-Analyse für jedes Reizwort, z. B.: Welche Eigenschaften, Funktionen, Abläufe, Formen, Anordnungen etc. kennzeichnen den bezeichneten Gegenstand?
5. Gesamtauswertung: Welche Ideen und Lösungsansätze ergeben sich aus den gesammelten Merkmalen für die Problemstellung?

Ideen generieren mit Systematik: Synektik

William Gordon stellte diese Technik in seinem Buch „Synectics: The development of creative capacity" 1961 vor. Synektik bedeutet soviel wie Zusammenfügen, gemeint ist das Zusammenfügen von „Vertrautem mit Fremdem". Die gilt als sehr anspruchsvoll und wirkungsvoll. Sie zeigt, wie systematisch an der Erweiterung und Anreicherung von Ideen und Erkenntnissen gearbeitet werden kann.

Schritte beim Vorgehen mit der Synektik (Beispiel aus www.wikipedia.de):

1. Problembeschreibung. Beispiel: Wie kann eine Glasplatte möglichst einfach auf einem flachen Rahmen befestigt werden?
2. Spontane Lösungen. Beispiel: Saugnäpfe, Klammern, Klebefolie ...
3. Neu-Formulierung des Problems. Beispiel: Wie kann erreicht werden, dass die Glasplatte leicht wieder abgenommen werden kann?
4. Bildung direkter Analogien, z. B. aus der Natur. Beispiel: Schlange streift Haut ab, Geweih wird abgestoßen, Schnee schmilzt ... Gruppe wählt: Schlange streift Haut ab.
5. Persönliche Analogien, „Identifikationen". Beispiel: Wie fühle ich mich als häutende Schlange? Es juckt, alte Haut engt ein, endlich frische Luft ... Gruppe wählt: alte Haut engt ein.
6. Symbolische Analogien, „Kontradiktionen". Beispiel: bedrückende Hülle, würgendes Ich, lückenlose Fessel ... Gruppe wählt: lückenlose Fessel
7. Direkte Analogien, z. B. aus der Technik. Beispiel: Leitplanken der Autobahn, Druckbehälter, Schienenstrang ...
8. Analyse der direkten Analogien. Beispiel: Leitplanke: Blechprofil, verformbar, auf beiden Seiten
9. Übertragung auf das Problem. Beispiel: Profilrahmen, knetartige Kugeln zwischen Glasplatte und Rahmen, Rahmen nur an zwei Seiten, Druckbehälter: steht unter Spannung
10. Entwicklung von Lösungsansätzen. Beispiel: gekrümmter Rahmen erzeugt Spannung usw.

Morphologischer Kasten von Fritz Zwicky (1898–1974)

Die faszinierende Idee dieser Technik besteht darin, alle möglichen Lösungen für eine Problemstellung finden zu können. Dabei werden alle Merkmale bzw. Eigenschaften eines Gegenstands herausgefiltert und systematisch miteinander variiert. Es entsteht eine mehrdimensionale Matrix, das Kernstück der morphologischen Analyse. Verständlich wird die Technik an einem Beispiel (www.wikipedia.de):

Ziel: Ein neuartiger Tisch. Die kennzeichnenden Merkmale eines Tisches sind z. B.: Anzahl der Beine, das Material, die Höhe des Tisches und seine Form. Die Merkmale können unterschiedliche Ausprägungen haben, z. B. mehr oder weniger Beine. Hieraus könnte sich folgende Tabelle ergeben:

Anzahl der Beine	**0**	**1**	**3**	**4**	**5**
Material	Holz	Glas	Plastik	Kork	Stoff
Höhe in Zentimetern	0	20	50	70	100
Form	rund	quadratisch	Rechteckig		

Die Kombination aller Ausprägungen ergibt (Beine * Materialien * Höhen * Formen) (5*5*5*3) = 375 Möglichkeiten: Eine Idee ist zB: keine Beine, Glas, 100 cm, rund: Der Tisch schwebt – wird zB von der Decke abgehängt. Eine weitere Idee ist: ein Bein, Kork, 100 cm, rechteckig: Ein Korkblock, der auf dem Boden steht. Vielleicht erscheint Ihnen diese Vorgehensweise nicht unmittelbar als kreativ, bei den 375 Möglichkeiten sollten allerdings einige sehr ungewöhnliche Ideen herauskommen. Viel bedeutsamer als die vollständige Anzahl aller Möglichkeiten ist die systematische Variation der Merkmale. Oft reicht es schon, einige ungewöhnliche Merkmalskonfigurationen zu probieren, wodurch grundsätzlich neue Ideen entstehen.

Progressive Abstraktion

Mit der progressiven Abstraktion wird versucht, einer gegebenen Fragestellung im wahrsten Sinne grundsätzlich auf den Leib zu rücken. Es wird versucht, den Wesenskern der Aufgabe herauszuarbeiten. Durch die Erweiterung der Systemgrenzen sollen bisher unberücksichtigte Lösungen erfasst werden. Die Vorgehensweise ist anspruchsvoll. Sie können die Denkschritte in der konzentrierten Einzelanwendung nutzen, um für Ihre Fragestellung tiefere Einsichten zu gewinnen. Die Stärke der Methodik besteht darin, die übergeordneten Zusammenhänge, in die ein Problem eingebettet ist, zu erkennen. Vorgehensweise:

1. Darstellung des Problems in der Ausgangsformulierung. Frage: „Wie haben wir die Fragestellung bisher formuliert?"
2. Neuformulierung des Problems. Frage: „Worauf kommt es bei dem Thema eigentlich an? Wie lautet eine allgemeinere Formulierung?"
3. Suchen nach neuen Lösungsideen. Frage: „Welche Lösungen gibt es für die allgemeinere Fragestellung?"
4. Zurück zur ersten Frage und weitere Abstraktion

Kreativtechniken – Gedanken zum Abschluss

Worauf sollten Sie beim Einsatz von Kreativitätstechniken achten? Vor allem darauf, dass Kreativität sich durch gute Stimmung anlocken lässt: Machen Sie sich frei vom Kreativitäts-Druck, erlauben Sie sich eine spielerische Einstellung. Bringen Sie den Beteiligten ein paar wertschätzende Worte entgegen. Laden Sie zur angenehmen Stimmung ein: „Es darf Spaß machen!" Alle Kreativitätstechniken bieten für die Beteiligten eine Menge Unerwartetes. Machen Sie die Beteiligten darauf aufmerksam, bevor es zu Verwirrung und Widersprüchen kommt. Kreativität verbraucht Energie. Achten Sie auf Pausen, z. B. zwischen den einzelnen Kreativitäts-Schritten. Ergebnisse wollen gesichert sein, jede Idee oder Anregung, die sichtbar mitgeschrieben wird, wirkt auch als öffentliche Anerkennung. Vor allem: Sprechen Sie Ihre Anerkennung für die Ergebnisse aus, so bleibt der Prozess am Laufen.

Grundsätzlich können Sie für das Konzept Trojanisches Marketing alle Kreativtechniken nutzen. Vielleicht möchten Sie die Technik des Clustering einmal mit der Methode der Reizworte verbinden, es werden schnell unerwartete Ideen auftauchen. Die Umformulierungen und Analogien, wie sie z. B. die Synektik bietet, werden erstaunliche Lösungen aufzeigen. Machen Sie sich bei der Anwendung der Techniken vom Perfektionsdruck frei. Oft reicht es schon aus, einfach mit einer Methodik spielerisch und ganz für sich alleine zu beginnen, und schon stellen sich erstaunliche Ergebnisse ein. Ich wünsche Ihnen viel Spaß dabei!

Wenn Sie wissen wollen, wie sich diese Techniken im konkreten Fall ein- und umsetzen lassen, werfen Sie einen Blick auf unsere Homepage www.TrojanischesMarketing.com. Dort haben wir in einem ausführlichen (fiktiven) Beispiel dargestellt, wie sich diese Techniken anwenden lassen.

3.2 Die Umgebung verwenden: Die „trojanische Landkarte"

In diesem Kapitel wenden wir das trojanische Prinzip auf das Marketing in der eigenen Umgebung an. Sie werden lernen, wie Sie trojanisches Denken in Ihrem eigenen Umfeld planen und organisieren, indem Sie eine trojanische Landkarte anfertigen und dieses Hilfsmittel in Ihr trojanisches Marketingkonzept integrieren.

Begleiten wir wieder einmal unsere Ulrike durch einen strahlend schönen Frühlingstag. Heute ist Freitag und sie gönnt sich einen kleinen Urlaubstag. In letzter Zeit hat sie viel gearbeitet und heute will sie nichts tun, was mit Arbeit zu tun hat. Stattdessen will sie ein wenig entspannen und sich selbst etwas Gutes tun. Ihren selbstverordneten Verwöhntag beginnt Ulrike um kurz nach acht Uhr im nahegelegenen Café Meyerl, wo sie ein reichhaltiges, gesundes Frühstück mit Obst, frisch gepresstem Saft, weichem Ei und einer großen Tasse Café au lait bestellt. Eigentlich hat sie hier schon oft gefrühstückt oder eine Kleinigkeit gegessen und getrunken. Aber heute fällt ihr auf, dass etwas anders ist.

Sie kennt das aus anderen Cafés dieser Stadt oder anderer Regionen: Zum Kaffee gibt es eine kleine Süßigkeit, z. B. ein Mini-Täfelchen Schokolade, ein kleines Gebäckstück oder eine süße Kaffeebohne. Auch hier, im Café Meyerl, liegt neben der dampfenden Kaffeetasse eine kleine Süßigkeit. Allerdings ist diese in durchsichtiges Cellophan verpackt und auf ein winzig kleines Falt-Heftchen aufgeklebt. Interessiert schaut sich Ulrike das Heftchen an. Sie entdeckt, dass es voller Informationen ist, lauter kleine Inserate, zu einem Leporello gefaltet. Und jede dieser Seiten dient einem anderen Unternehmen als Information. Ulrike ist ganz erstaunt, wen sie alles in diesem kleinen Heftchen findet:

- einen Steuerberater
- eine Farb- und Stilberaterin
- einen Metzger
- eine Damenmodenboutique
- ein Nagelstudio
- eine Wohltätigkeitsorganisation
- ein Schreibwarengeschäft
- einen Schumachermeister, der Damenschuhe repariert
- ein Sonnenstudio

- eine Parfümerie
- ein Schuhgeschäft
- eine Apotheke

Ulrike fällt auf, dass es ausschließlich Unternehmen bzw. Organisation aus der näheren Umgebung sind, die hier werblich vertreten sind. Insgesamt zwölf Firmen sind dabei, was sich zu immerhin sechs Leporello-Blättern summiert. Einige der Geschäfte kennt sie, so z. B. den Metzger, bei dem sie selbst regelmäßig Kundin ist. Aber die anderen kannte sie bisher nicht. Wahrscheinlich ist sie schon hunderte Male achtlos an ihnen vorüber gegangen, ohne sie zu registrieren. Aber hier, wo sie ohne Zeitdruck und in aller Ruhe beim Frühstück sitzt, schaut sie sich die einzelnen Seiten doch etwas genauer an.

Nein, einen Steuerberater hat sie, mit dem ist sie seit Jahren sehr zufrieden. Auch die Farb- und Stilberaterin spricht sie nicht an – sie ist schließlich selbst eine stilsichere, modisch stets aktuelle Frau, die weiß, dass sie ihren Stil gefunden hat. Und beim Metzger ist sie ohnehin Stammkundin. Die Damenmodeboutique sagt ihr nichts, deren Namen hat sie noch nie gehört oder gesehen. Sie kauft ihre Bekleidung gerne in der Innenstadt, da gibt es eine Fülle unterschiedlicher Geschäfte, und dort hat sie bisher immer etwas Passendes für sich gefunden. Aber die „Reise" in die Innenstadt ist doch immer mit ein wenig Mühe verbunden und einen Parkplatz findet man dort nur sehr schwer oder für viel Geld, wie jeder weiß. Wenn sie im eigenen Bezirk eine passende Boutique finden würde, wäre das gar nicht so schlecht. Also beschließt sie, den heutigen Urlaubstag zu nutzen und diese Boutique einmal zu besuchen. In Ihrem Entschluss bestärkt sie die Tatsache, dass die Werbeseite einen kleinen Gutschein – ein paar Prozent Preisnachlass für Erstkundinnen – enthält. Sie sagt sich, dass es sich vielleicht lohnen könnte, dort einmal vorbeizuschauen.

Auch die anderen Geschäfte scheinen ihr interessant genug, sie sich zu merken, falls sie sie einmal benötigen würde. Sie kauft z. B. gerne Schuhe ein – siehe da: ein Schuhgeschäft in ihrer Nähe. Vielleicht muss sie ja auch dafür nicht mehr in die Innenstadt fahren. Und sie hat gar nicht gewusst, dass es heutzutage noch Schuhmacher gibt, die Schuhe reparieren. Und das auch noch im eigenen Bezirk. Mit Sicherheit wird sie in den nächsten Tagen ihre Schuhe durchschauen und – zumindest probeweise – die kaputten Exemplare zur Reparatur bringen.

Aber was macht die Wohltätigkeitsorganisation hier? Welchen Werbezweck verfolgt die wohl? Das Inserat wird dominiert durch die Abbildung eines Kindes mit schwarzer Hautfarbe. Und es wird an den Leser appelliert zu spenden, um den Kindern in afrikanischen Entwicklungsländern zu helfen, ein besseres und gesünderes Leben zu führen. Ulrike ist an sich kein Spenden-Typ, der sich mit rührseligen Bildern und Geschichten einwickeln lässt. Trotzdem gerät sie ins Grübeln. Während sie hier gemütlich und zufrieden ein opulentes Frühstück genießt, leiden Millionen Menschen – vor allem Kinder – in Afrika und anderen Teilen der Erde Hunger und Entbehrung. Da wäre es doch gerecht, ein wenig vom eigenen „Reichtum" abzugeben, oder ...?

Außer Kaffee hat Ulrike auch ein paar Dinge zu essen bestellt, unter anderem auch ein weich gekochtes Ei. Sie bekommt es in einem Eierbecher, der auf einer Untertasse steht; dazwischen befindet sich eine einfache Stoffserviette mit dem Aufdruck: „Frische Landeier aus biologischer Hühnerzucht – Theo's Freilandeier". Die Marke kennt sie aus dem Supermarkt. Siehe an – auch ihr Lieblingscafé verwendet solche Eier – das macht es ihr noch sympathischer. Und beim nächsten Einkauf im Supermarkt wird sie wieder solche Eier mitnehmen.

Das Croissant, das sie bestellt hat, wird auf einem Teller serviert, der ebenfalls mit einer – diesmal größeren – Serviette bedeckt ist. Auch die ist bedruckt, und zwar mit einer Abbildung einiger lecker aussehender Backwaren, dazu mit dem Hinweis: „Wenn Sie auch zu Hause so frisches und hochwertiges Gebäck genießen wollen, besuchen Sie uns! Ihre Bäckerei Westerhagen." Das Croissant schmeckt wirklich hervorragend. Den Bäcker wird sich Ulrike merken.

Das ganze Frühstück wird auf einem Tischset in Form eines etwa DIN-A3-großen Blattes aus höherwertigem Papier platziert, das ebenfalls mit Informationen versehen ist. Dabei handelt es sich um aktuelle Informationen des nahen Lebensmittelgeschäftes. Sonderangebote werden herausgestrichen und besondere Aktionen beworben.

Was gibt es sonst noch an Informationen, mit denen Ulrike in ihrer Frühstückssituation konfrontiert wird? Da gibt es z. B. einen Tischaufsteller mit Informationen über das aktuelle Kinoprogramm des letzten privaten Kinos im Bezirk. Ulrike liest zu ihrer Überraschung, dass am späten Nachmittag ein Film gespielt wird, den sie sich schon lange ansehen wollte. Sofort beschließt sie, diese Chance zu nutzen. Sie ist schon so lange nicht mehr im

Kino gewesen. Vielleicht würde sie eine Freundin anrufen und sie fragen, ob sie mitgeht.

Über eine Stunde sitzt Ulrike jetzt schon im Café, hat in einige Tageszeitungen hineingeschaut und ist rundum zufrieden. Jetzt möchte sie bezahlen. Als ihr Blick auf die gedruckte Rechnung fällt, sieht sie, dass zusätzlich zu den einzelnen Rechnungspositionen ein Text aufgedruckt ist: „Wenn Sie die Kalorien wieder loswerden möchten, kommen Sie ins Fitnessstudio Jack Morris – die erste Schnupperstunde ist gratis!"

Können Sie sich vorstellen, dass das in der Wirklichkeit auch so passiert, wie wir es hier unserer Ulrike bei ihrem Frühstück angedichtet haben? In dieser Fülle sicher nicht – aber das Prinzip ist klar: Alle genannten Werbetreibenden aus der Umgebung rund um das Café haben die Situation genutzt, in der Ulrike sich befunden hat, nämlich Zeit und Muße zu haben, um Informationen (wohlwollend) aufzunehmen, die ihr vielleicht nützlich sein könnten. Und es hat funktioniert, wie man sieht. Einige der erhaltenen Informationen wurden noch am selben Tag in eine Tat umgesetzt.

Verlassen wir Ulrike an dieser Stelle und wünschen wir ihr noch einen restlichen schönen Tag. Schauen wir uns an, was passiert ist und wie die genannten trojanischen Aktionen entstanden sind.

Der Blick vor die eigene Haustür

Das Grundprinzip ist die „trojanische Landkarte", die wir schon in der Überschrift dieses Kapitels genannt haben. Das „Rezept" dazu könnte lauten: „Nütze deine Umgebung!" Es geht darum, eine Landkarte zu erstellen, aus der ersichtlich ist, welche anderen Unternehmen in der näheren oder weiteren Umgebung Kunden haben, die für mein eigenes Geschäft interessant sind, die aber keine unmittelbaren Konkurrenten sind. Diese Unternehmen gilt es zu identifizieren. Wie groß die Ausdehnung dieser Umgebung definiert wird, hängt vom eigenen Aktionsradius ab.

Am ehesten geeignet scheint uns eine Größenordnung, die von Kunden leicht bewältigt werden kann, in der Regel also der engere Wohnbezirk, die Nachbarschaft. Weitere Parameter sind die Mobilität der potenziellen Kunden und die Exklusivität des eigenen Angebots. Lassen Sie sich nicht von der auf den ersten Blick abschreckenden Kleinräumigkeit täuschen. Sie werden staunen, wie viele potenzielle Kooperationspartner Sie in Ihrer näheren Umgebung finden.

Praktisch machen Sie es so: Besorgen Sie sich (meist aus dem Internet ladbar) eine Karte Ihrer näheren Umgebung (auf größere Maßstäbe umsteigen können Sie in späteren Entwicklungsphasen Ihres Konzepts immer noch). Dann klappern Sie persönlich jede Straße und Gasse dieses Bereichs ab und vermerken exakt zu jeder Hausnummer, welche Art von Wirtschaftstreibenden dort angesiedelt ist. Schauen Sie auch auf unscheinbare Schilder, die Hinweise geben, welche Art von Geschäft dort betrieben wird. Auch in Wohngegenden, in denen es auf den ersten Blick nur Privatwohnungen zu geben scheint, werden Sie zahlreiche gewerblich oder freiberuflich Tätige entdecken.

Der persönliche Gang durch die Gassen und Straßen der Stadt lässt sich nur bedingt mit Hilfe des Internets erledigen. Es gibt schon zahlreiche interaktive Straßenkarten im Internet, die vorgeben, auf Knopfdruck zu einer ausgewählten Branche alle Lokalitäten aufzuzeigen. Wir haben dabei noch keine gefunden, die wirklich vollständig und aktuell ist. In vielen Fällen kommen auch nur die Firmen hinein, die dafür zu zahlen bereit sind. Und die zahlreichen kleinen Geschäfte und Gewerbetreibenden sind dort nur ganz selten und nie vollständig zu finden. Außerdem gibt es immer Unschärfen bei Branchenklassifikationen, die selten wirklich systematisch sind und wenn doch, dann ziemlich unhandlich.

Schließen Sie vorerst niemand von der Liste aus, übernehmen Sie jede Information, die Sie finden. Die Selektion, ob geeignet oder nicht geeignet für eine Zusammenarbeit, machen Sie später. Auch diesbezüglich werden Sie überrascht sein, wie viele Partner, die Ihnen beim ersten Hinsehen und Nachdenken als völlig abwegig erscheinen, in einem späteren Stadium Ihrer trojanischen Entwicklung doch noch in Frage kommen.

Die nun vorliegende gezeichnete Landkarte Ihrer Umgebung ist nun die Ausgangsbasis für Ihr weiteres Vorgehen. Versuchen Sie jetzt, die Unternehmen zu sortieren, am besten zuerst nach Branchen. Die Unternehmensgröße spielt zunächst keine Rolle. Auch als Kleiner brauchen Sie sich nicht vor Größeren zu fürchten. Erstellen Sie eine Liste derjenigen Firmen, die Sie für eine Partnerschaft im weitesten Sinne für geeignet halten. Und wie gesagt: in dieser Phase ist noch alles erlaubt. Niemand kommt von vornherein nicht in Frage, weil Sie sich das vorerst noch nicht vorstellen können.

Sie werden sehen: Je weiter fortgeschritten Sie in der Nutzung trojanischer Möglichkeiten sind, desto phantasievoller, kreativer und mutiger werden Sie bei der Umsetzung werden. Auch hier gilt: Der Appetit kommt beim Essen. Je konsequenter Sie trojanisch unterwegs sein werden, desto mehr wird trojanisches Denken in Ihrem Denkapparat integriert sein, desto automatischer werden Sie jede Gelegenheit sofort wahrnehmen und in Ihre Überlegungen einbeziehen.

Jetzt nehmen Sie diese Liste der potenziellen Partner und versuchen Sie eine Klassifikation nach Ihrer persönlichen, subjektiven Einschätzung der Eignung der jeweiligen Firmen und Organisationen, beispielsweise in ein A-B-C-System, bei dem A-Partner hervorragend geeignet sind, B-Partner eher weniger, und C-Partner vorerst überhaupt nicht. Sprechen Sie in der ersten Welle nur die von Ihnen als A-Partner angesehenen Unternehmen an.

Die Klassifizierung erfolgt nach den schon beschriebenen Kriterien und mit den Fragen: Wer von diesen Firmen hat Kunden, die eine große Schnittmenge mit der Zielgruppe haben, die ich selbst als meine Wunschkunden ansehe? Sind die Kunden, die sich bei diesen Partnern befinden, auch für mein Geschäft interessant? Ist die Wahrscheinlichkeit, diese Kunden für mein Produkt zu interessieren, größer als bei einer zufällig ausgewählten Personengruppe?

Ihr Ziel wird es sein, diese potenziellen Partnerunternehmen dafür zu gewinnen, dass sie Ihnen ihre Kunden „zur Verfügung stellen", „auf dem Silbertablett präsentieren". Sie sollen dafür sorgen und dabei helfen, dass Ihre Informationen – versehen mit dem Vertrauensbonus des Partners – als privilegierte Informationen die Empfänger erreichen. Sie sollen davon überzeugt werden, dass es sich um eine sinnvolle und nutzbringende Partnerschaft handelt.

Um das zu erreichen, ist es unabdingbar notwendig, ein Win-Win-Modell zu entwerfen. Das bedeutet, dass nicht nur Sie es sein dürfen, der von einer solchen Partnerschaft profitiert. Es muss klar sein, dass auch der Partner etwas von der Kooperation hat. Das ist in der Regel nicht schwer. Nach dem Motto „Du gibst mir deine Kunden, ich gebe dir meine" kann normalerweise eine Ausweitung der Kundenreichweite für beide Beteiligten erreicht werden.

Ein Problem stellt sich bei potenziellen Partnern, die es noch nicht gelernt haben, trojanisch zu denken und die in alten Denkmustern stecken. „Das haben wir noch nie so gemacht" ist noch die harmloseste Ablehnung. Am schwierigsten dürfte es sein, die Branchengrenzen zu überwinden. Kaum jemand kommt bisher auf die Idee einer branchenübergreifenden Zusammenarbeit mit völlig fremden Wirtschaftszweigen. Da ist mit Sicherheit in vielen Fällen eine große Hürde zu überwinden. Eine Möglichkeit, diese Hürde zu verkleinern oder zu beseitigen, wäre es beispielsweise, einem potenziellen Partner zu Beginn der Gespräche dieses Buch zu schenken …

Die Methode der trojanischen Landkarte eignet sich grundsätzlich für alle Branchen und Betriebsgrößen. Wie wir im Kapitel über die Kooperationen im Trojanischen Marketing gesehen haben, gibt es bereits zahlreiche Beispiele in der betrieblichen Praxis. Kooperationen können auch in großem Rahmen – national, international – funktionieren. Die trojanische Landkarte ist vor allem gedacht für Unternehmen und Einzelkämpfer, die ihren lokalen Raum bedienen wollen. Oft haben wir es im Rahmen unserer Beratungstätigkeit – vor allem bei Unternehmensgründungen – erlebt, dass großartige Marketingpläne zur Eroberung der Welt (mindestens!) ausgearbeitet wurden, dabei jedoch der kleine Raum vor der eigenen Haustür gar nicht gesehen wurde.

Gerade Freiberufler und kleine Selbständige (Ein-Personen-Unternehmen und andere kleine Unternehmen) können sich kostengünstig und gewinnbringend der Technik der trojanischen Landkarte bedienen. Gerade sie sind es ja, die sich meist noch keine dicken Marketingbudgets leisten können und die daher auf Maßnahmen angewiesen sind, die wenig Geld, dafür aber umso mehr Gehirnschmalz brauchen.

Marktforschung mit Hilfe dicker Bücher, seitenlanger Tabellen, Online- und Offline-Statistiken ist in vielen Fällen notwendig und zielführend, aber in der Regel zeitaufwändig und teuer. Beginnen Sie mit der Marktforschung beim Start lokaler und regionaler Projekte immer „vor der Haustür". Märkte, die sie selbst persönlich begangen und angeschaut haben, können Sie „aus dem Bauch heraus" analysieren und bearbeiten. Wenn Sie direkt vor einem Geschäft gestanden sind, die Mitarbeiter und Kunden gesehen haben, wissen Sie, ob es sich um einen sinnvollen Partner handelt. Und dann fällt Ihnen auch sicher ein, wie Sie diesem Partner von sich aus einen Nutzen anbieten können.

Dass bei einem Win-Win-Modell beide Win gleich groß geschrieben werden müssen, haben wir schon einmal erwähnt. Eine „WIN-win"-Situation kann auf Dauer nicht funktionieren!

Bäckertüten im Dienst einer guten Sache

Abschließend ein reales Beispiel, das wir in jüngster Zeit gefunden haben: Die Wiener Agentur AmbiMedia – Untertitel: „werben und helfen" – hat sich darauf spezialisiert, solche gemeinschaftlichen Werbeaktionen zu organisieren und Partner zusammenzubringen. Das funktioniert so: Werbemedium sind Bäckertüten, wie sie von Bäckereien zum Verpacken ihrer Waren genutzt werden. Normalerweise kauft die Bäckerei(kette) diese Tüten und bedruckt sie mit eigener Werbung. AmbiMedia hatte jedoch eine Idee, diese Bäckertüten für trojanische Werbung einzusetzen.

Im Mittelpunkt jeder Aktion steht immer eine karitative Organisation, die bereits einen guten Namen in der Bevölkerung besitzt. Diese dient als Aufhänger und schaltet ein Inserat (zu einem reduzierten Tarif) auf einer dieser Bäckertüten, die pro Aktion in einer Auflage von 50.000 Stück produziert werden. Die „Titelseite" gehört natürlich der Bäckerei, aber der Rest der Fläche wird an Unternehmen verkauft, die im regionalen Umfeld der Bäckereifilialen ebenfalls etwas für Konsumenten zu bieten haben. Für das Programm kommen nur Bäckereien in Frage, die in der Lage sind, über ihr Filialnetz diese 50.000 Bäckertüten in fünf bis acht Wochen zu verteilen. Ihr Vorteil ist eine Kostenersparnis beim Tüteneinkauf und ein Imagegewinn durch die Verknüpfung mit der karitativen Organisation – sie werden als Unterstützer einer guten Sache wahrgenommen.

Abbildung 62:
Karitative Werbung auf Bäckertüten

Abbildung 63:
Deutschland Tour in Tirol, Radprofi Jens Voigt auf der Fahrt zum Rettenbachferner, © Christian Wührer / Tirol Werbung

Die Inserenten werden „Projektunterstützer" genannt und dienen ebenfalls der guten Sache. Sie transportieren gleichzeitig ihre Werbung, die so täglich bei potenziellen Kunden auf dem Frühstückstisch landet. In ihrer eigenen häuslichen Umgebung wird diese Werbung wahrgenommen und verinnerlicht. Die Werbung ist somit sympathisch konnotiert und kommt gut beim Konsumenten an. Für die Konsumenten, die diese Tüten mit nach Hause nehmen, ist die Art der Werbung originell und hat damit einen hohen Aufmerksamkeitswert. Diese Art der Werbung eignet sich vor allem für die Neukundengewinnung, zur Vorstellung neuer Produkte und Dienstleistungen und die Ankündigungen von aktuellen Veranstaltungen.

Aber nicht nur im lokalen und regionalen Bereich lässt sich die trojanische Landkarte einsetzen, sogar auf internationaler Ebene gibt es dafür Möglichkeiten, wie das folgende Beispiel zeigt:

Bereits 2004 hat die Tirol Werbung eine „große Sommeroffensive im Sportsponsoring" (Presseinformation der Tirol Werbung) gestartet, die 2007 noch ausgeweitet wurde. Einen Schwerpunkt bilden dabei die „internationalen Radklassiker, die sich als ideale Werbe- und Marketingplattform zur Präsentation Tirols bewährt haben". Josef Margreiter, der Chef der Tirol Werbung, betont: „In den wichtigsten Herkunftsmärkten genießt der Radsport eine hohe Anziehungskraft. Durch unsere Engagements wollen wir die Marke Tirol im Sommer noch dynamischer und jünger positionieren, außerdem konnten wir unser Land durch die Partnerschaft mit drei der weltweit fünf wichtigsten Radrennen als Gastgeber für die schönsten Bergetappen etablieren." Diese international renommierten Radrennen sind der Giro d'Italia Ende Mai, die Tour de Suisse im Juni sowie die Deutschland Tour im August. Alle drei führten Teile ihrer Rennstrecke über Tiroler Gebiete.

Die Erfolge können sich sehen lassen: In Italien wird der Giro insgesamt 166 Stunden lang im Fernsehen übertragen und erreicht so ein Publikum von mehr als 30 Millionen Menschen. Etwas bescheidener die Zahlen für die Schweiz: 60 Stunden TV-Übertragung mit einer Reichweite von 14,2 Millionen Zusehern. Zusätzlich wurde die Tour de Suisse in neun anderen Ländern live und in sechs weiteren zeitversetzt gesendet. Die Deutschland Tour (früher: Deutschland Rundfahrt) wurde von der ARD in kompletter Länge live übertragen und erreichte dadurch ebenfalls ein Millionenpublikum. Eine phantastische Möglichkeit für das Tourismusland Tirol, sich in diesen Zielländern zu positionieren.

Sollten Sie, liebe Leserinnen und Leser, in Ihrem eigenen Umfeld ähnliche Beispiele vorfinden oder gar mit Ihrem eigenen Unternehmen an einer solchen trojanischen Aktion beteiligt sein, freuen wir uns über Ihre Information auf unserer Webseite: www.TrojanischesMarketing.com. Passende Beispiele werden wir dort gerne veröffentlichen, wenn Sie uns dafür die Genehmigung geben.

Was Sie bedenken sollten, wenn Sie Ihre trojanische Landkarte entwerfen, haben wir nochmals in der folgenden Checkliste zusammengefasst.

Checkliste Landkarte

1. Landkarten-Vorbereitung

⇨ Beschaffen Sie sich eine möglichst detaillierte Karte Ihres Einzugsgebietes.

⇨ Tragen Sie Ihren eigenen Standort dort ein und ziehen Sie um Ihren Standort mehrere Kreise in unterschiedlicher Entfernung, um so das Gebiet in verschiedene Erreichbarkeits-Kategorien einzuteilen.

⇨ Definieren Sie die Branchen, mit denen Sie trojanisch kooperieren könnten und bringen Sie diese in eine Prioritätsreihenfolge.

⇨ Weisen Sie den fünf wichtigsten dieser Branchen je eine Farbe zu.

⇨ Durchsuchen Sie Branchenverzeichnisse und „Gelbe Seiten" nach den von Ihnen selektierten Branchen.

⇨ Notieren Sie in Ihrer nächsten Umgebung alle Unternehmen, die Sie identifizieren können.

2. Landkarten-Erstellung

⇨ Zeichnen Sie nun in Ihre Landkarte die Standorte der gefundenen Unternehmen ein, je nach Branche mit der entsprechenden Farbe.

⇨ Identifizieren Sie zusätzlich andere strategisch wichtige Punkte, wie z. B. Haltestellen öffentlicher Verkehrsmittel, Schulen, Ämter, Museen, Kinos, Theater etc., und zeichnen Sie auch diese (in einer eigenen Farbe) in Ihre Karte ein.

⇨ Richten Sie gleichzeitig eine Datenbank ein (für den Anfang genügt eine einfache Excel-Liste), in der Sie alle in der Karte eingezeichneten Firmen erfassen, damit Sie diese in einem späteren Schritt für alle Kontakt- und Aktivitätsdaten nutzen können.

3. Landkarten-Nutzung

⇨ Erstellen Sie jetzt einen Plan, welche Maßnahmen Sie mit den Unternehmen der verschiedenen Branchen initiieren könnten. Vergessen Sie nicht, dabei auch den Nutzen des Anderen miteinzubeziehen.

⇨ Kontaktieren Sie „probeweise" einen Vertreter jeder Branche. Beginnen Sie dabei nicht mit dem jeweils Wichtigsten.

⇨ Lassen Sie sich Zeit! Partnerschaften lassen sich nicht von heute auf morgen erzwingen. Vereinbaren Sie zuerst eine Art „Probezeit", vor allem dann, wenn der potenzielle Partner noch skeptisch ist. Anfängliche Skepsis ist aber normal bei neuartigen Maßnahmen.

⇨ Dokumentieren Sie alle Gespräche und Versuche.

⇨ Sammeln und dokumentieren Sie Erfolge und nutzen Sie diese für Ihre Gespräche mit weiteren potenziellen Partnern.

⇨ Lernen Sie aus Fehlschlägen. Es gibt – auch bei noch so guten Ideen – keine 100%ige Erfolgsgarantie. Lassen Sie sich nicht entmutigen.

⇨ Aktualisieren Sie Ihre Landkarte von Zeit zu Zeit; vielleicht gibt es neue Unternehmen, die Ihnen bisher entgangen sind.

3.3 Der „trojanische Pfeil"

Produkte sind Botschafter. Botschafter zu Konsumenten, die belohnt werden wollen! Da Produkte nicht sprechen können, bedienen sie sich der Sprache von Zeichen. Wir unternehmen daher in diesem Kapitel eine spannende Reise in die Zeichenkommunikation. Wir beschäftigen uns mit impliziten und expliziten Codes als auch mit Motiven, denn die abgestimmten Codes bilden den sogenannten „trojanischen Pfeil", der in Richtung Motivstruktur der Konsumenten abgeschossen wird. Mit Hilfe welcher Medien Sie diesen Pfeil im Kundenherz platzieren, lesen Sie ebenfalls in diesem Kapitel.

Der Bedeutungsaufbau in der Kommunikation

Sender, Empfänger und Code

Die Geschichte, wie sollte es anders sein, beginnt in Troja. Nach der Eroberung der Stadt wollten die Sieger die Nachricht auf schnellstem Weg in ihre Heimat übermitteln. Die Vermittlung der ruhmreichen Botschaft in das Heimatland von Odysseus, dessen Idee das hölzerne Pferd gewesen war, hätte mit dem Schiff gut zwei Wochen gedauert. Wir wissen alle nur zu gut, dass man einen errungenen Sieg auch auf dem schnellsten Wege mitteilen will. Daher besannen sich die Griechen einer zweiten List und nutzten einen anderen Kommunikationskanal, der wesentlich schneller war als die mühevolle Schiffsreise durch die Ägäis. Die Botschaft des Sieges wurde per Feuerzeichen in die rund 550 km entfernte Heimatstadt Argos transportiert. Dort angekommen, verursachte sie bei den Einwohnern Freudentänze, denn man war sich jetzt bewusst, dass die seit zehn Jahren im Kriegseinsatz stehenden Männer endlich wieder in die Heimat zurückkehren würden. Die Weiterleitung der Botschaft wurde über einen Austausch an den Militärstationen der Griechen umgesetzt, die jeweils in Sichtkontakt miteinander standen. Dies ist auch die erste dokumentierte Fernkommunikation unserer Zivilisation.

Betrachten wir nun die Geschichte anders. Die Nachricht des Sieges wird mittels eines einfachen Codes, in diesem Fall des Feuerzeichens, vom Sender der Botschaft, den erfolgreichen Griechen, über einen Übertragungskanal (Militärposten zu Militärposten) zum Empfänger, den wartenden Müttern in Argos, transportiert, und dieser Code löste dort eine Bedeutung aus. Die Bedeutung (Sieg der Männer) manifestierte sich in Form von Freudentänzen. Jetzt müssen wir aber noch klären, was ein Code ist. Ein Code ist, einfach formuliert, eine Vorgabe oder eine Vorschrift, wie eine Nachricht zur Übertragung umgewandelt wird. In diesem Fall wurde die Nachricht des Sieges in ein Feuerzeichen umgewandelt, also codiert, und am Ende des Übertragungskanals wieder umgewandelt, also decodiert. Dies hatte den Vorteil, dass nur die griechischen Militärposten und die Bewohner Argons den Code des Feuerzeichens (= Sieg) verstanden haben und kein anderer.

Schematisch dargestellt sieht dieser Kommunikationsprozess folgendermaßen aus:

Sender der Botschaft	Codierung der Botschaft	Übertragungs-kanal	Decodierung der Botschaft	Bedeutung beim Empfänger
Siegreiche Griechen	Feuerzeichen	Militärposten	Feuerzeichen = Sieg	Sieg der Männer und Freudentänze

Abbildung 64: Mittels Feuerzeichen übermittelten die siegreichen Griechen ihren Triumph in die Heimat

Ein anderes Beispiel, wo Kommunikation über eine Art Zeichenfolge stattfindet, wird noch in der Gegenwart praktiziert: die Papstwahl. Wenn ein neuer Papst gewählt werden soll, beraten sich alle Kardinäle hinter verschlossenen Türen in der Sixtinischen Kapelle. Die Kommunikation über das jeweils aktuelle Wahlergebnis erfolgt ebenfalls durch Rauchzeichen in zwei verschiedenen Ausprägungen, in zwei verschiedenen Codes. So bedeutet schwarzer Rauch, dass nach einem Wahlgang für einen bestimmten Papst-Nachfolger kein gültiges Ergebnis zustande gekommen ist. Weißer Rauch bedeutet, die Kardinäle haben sich auf einen neuen Papst geeinigt.

Auch bei der Papstwahl wird ein ähnlicher Code verwendet, der die Nachricht vom Sender (Kardinäle) zum Empfänger (den wartenden Gläubigen) transportiert und dort eine Bedeutung auslöst. Beim Anblick des weißen Rauches, der durch den Kamin der Sixtinischen Kapelle kommt, jubeln alle wartenden Gläubigen, denn die Botschaft ist klar: Ein neuer Papst ist gewählt. Habemus Papam!

Die Bedeutung der Codes in der Marketingkommunikation
Wir haben besprochen, dass ein Code eine Vorschrift ist, wie Nachrichten zur Übertragung umgewandelt werden. Codes bestehen aus Zeichen und werden vom Sender zum Empfänger transportiert. Ein decodierter Code löst eine Bedeutung beim Empfänger aus. Bei jeder Kommunikation wird jedoch auch die implizite Komponente der Nachricht mittransportiert.

Die implizite, versteckte Komponente einer Botschaft ist das, was auf den ersten Blick nicht erkennbar ist, aber trotzdem „im Hintergrund" mit-kommuniziert wird. Denken Sie an ein Inserat für eine Rolex-Uhr oder ein sonstiges Luxusprodukt. Hier wird auf den ersten Blick die Uhr kommuniziert, in Wirklichkeit aber „implizit" die Themen „Luxus" und „Status".

Wenn wir Produkte mit Hilfe der Werbung verschlüsseln und über verschiedene Kanäle wie Fernsehen, Plakat, Inserat zum Konsumenten senden, sprechen wir von der Marketing- bzw. Marktkommunikation.

Um Produkte erfolgreich verkaufen zu können, muss im gesamten Prozess der Marketingkommunikation auch auf die impliziten Bedeutungen Rücksicht genommen werden. Implizite Bedeutungen über Symbole, Werte, Kulturen entstehen bereits in unserer Kindheit. So ist die Persönlichkeit jedes Menschen bereits im Alter von sieben Jahren geprägt. Somit hat ein Kind bereits gelernt, welche Bedeutung ein Pferd, ein Stier oder eine Schildkröte hat. Vor allem hat es aber die impliziten Bedeutungen der ihm bekannten Tiere gelernt, und es weiß daher, dass ein Stier für Ausdauer, Kraft etc. steht. Das Kind kennt aber noch andere Bedeutungen des Stiers und ist sich bewusst, dass es gefährlich werden kann, wenn man auf der Wiese einem Stier zu nahe kommt. Dies stellt das sogenannte implizite Lernen der Kultur dar, welches auch als Sozialisierung bezeichnet wird. Um dies zu veranschaulichen, machen wir zwischendurch schnell eine Reise nach Saudi-Arabien.

Fallbeispiel Power Horse: Zugpferd in Saudi-Arabien

40 Grad im Schatten. Die glühende Sonne brennt gnadenlos auf die Sanddünen der Arabischen Halbinsel. Die Hitze ist unerträglich, doch der Hochhausbau für ein neues Luxushotel in Saudi-Arabien muss zügig vorangehen, denn Zeit ist kostbar. Ein Arbeiter, der von der schweren Arbeit schon mächtig erschöpft ist, sehnt sich nach einem kühlen, erfrischenden Drink, der ihm wieder Kraft gibt. Er geht zum Kühlschrank und freut sich auf den ersten Schluck eines Energy-Drinks.

Dreimal können Sie raten, welche Marke er genommen hat. Sicherlich wird Ihre Antwort „Red Bull" lauten. Da liegen sie aber falsch! Denn der Bauarbeiter hat sich für den Energy-Drink der Marke Power Horse entschieden. Warum?

Betrachten wir zunächst die Geschichte der Arabischen Halbinsel. Seit je-
her waren der Stolz der Beduinen ihre reinrassigen Pferde, die Vollblutaraber. Sie wurden als Streitrosse gezüchtet und bei Stammesfehden, größeren
Kampfhandlungen mit anderen Beduinenvölkern, für die Jagd sowie für größere Distanzritte eingesetzt. Für die nomadisierenden Beduinen waren und
sind diese Pferde ein entscheidender Faktor im harten Überlebenskampf in
der Wüste. Dem Vollblutaraber wird von Pferdekennern die höchste Intelligenz von allen Pferderassen zugesprochen. Sogar der Prophet Mohammed
erwähnt diese Pferde im Koran.

Die Pferde haben somit eine kulturell gelernte Bedeutung für die Völker der
Arabischen Halbinsel. Sie stellen einen kulturellen Code dar, der durch die
unzähligen ruhmreichen Geschichten rund um die Vollblutaraber auch eine
mystische Komponente in sich trägt. Dieser Code der reinrassigen Pferde
wurde von Generation zu Generation weitergegeben und stellt somit eine
durch Sozialisation gelernte Bedeutung im arabischen Kulturkreis dar. Eine
erfolgreiche Marketingkommunikation in dieser Gegend muss daher an diese kulturell gelernte Bedeutung anknüpfen, um Erfolg zu haben. „Power
Horse" hat sich dieses Codes bedient und sich dementsprechend auf der
Arabischen Halbinsel positioniert. Die Zahlen sprechen für sich, denn nach
einem Bericht der Zeitschrift „Gastro" ist die Marke Power Horse die Nummer 1 im Energy-Drink-Premium-Segment in Saudi-Arabien und die Nummer 2 auf der Arabischen Halbinsel. Dies ist ein beachtlicher Erfolg für die
Marke, da man im Allgemeinen annimmt, Red Bull sei weltweit die Nummer 1. Mittlerweile hat Power Horse als erster Energy-Drink eine ministe-
rielle Autorisierung zum Vertrieb in Ägypten erhalten und baut somit seine
Marktposition im arabischen Markt kontinuierlich aus.

Abbildung 65:
Der Star auf der Arabischen Halbinsel:
Power Horse.

Vor allem die impliziten Codes der Vollblutaraber sind für den Markener-
folg von „Power Horse" verantwortlich. Implizite Codes werden bei der De-
codierung unterschwellig aufgenommen. Folgende implizite Bedeutungen,
die geschichtlich gelernt und gespeichert sind und somit für den Konsumenten in der arabischen Welt Relevanz haben, werden den Pferden zugesprochen:

- rasche Reaktionszeit
- größte Intelligenz unter allen Pferderassen
- ursprüngliche Energie
- Bedeutung von Lebenskraft (besonders in Sagen und Mythen)
- treuer Gefährte
- Sozialprestige
- strategische Bedeutung in der Kriegsführung der Beduinen
- Teilen von Freude und Leid, Hunger und Durst

Besonders die beiden impliziten Codes „rasche Reaktionszeit" und „ursprüngliche Energie" stellen die sogenannten impliziten Schlüsselcodes (Schlüsselsignale) im Kommunikationsprozess für den Energy-Drink dar, und dies wird in der Kindheit durch soziales Lernen geprägt. Die Komponenten „rasche Reaktionszeit" und „ursprüngliche Energie" entsprechen genau den Anforderungen, die man an den Energy-Drink stellt. Achten Sie aber immer darauf, welcher Schlüsselcode zum jeweiligen Produkt passt.

Wie finden Sie aber den richtigen Schlüsselcode? Denken Sie sich z. B in Ihre Kindheit zurück. Welche Bedeutungen hatte damals ein Pferd für Sie? Für kleine Mädchen ist ein Pferd ein treuer Gefährte, der Wärme ausstrahlt und gleichzeitig schützt. Das erzeugt eine große Sehnsucht, ein eigenes Pferd zu haben. Eine weitere Eigenschaft der Vollblutaraber ist, dass sie Familienpferde und treue Gefährten sind und ihre Besitzer nie im Stich lassen. Die Beduinen konnten sich immer auf Ihre Pferde verlassen. Wenn sie durch die Wüste auf ihren Kamelen, den „Wüstenschiffen", ritten, hatten sie immer ihre Pferde im Schlepptau, um im Falle eines Angriffs rasch auf das schnellere und immer mit Leistungsbereitschaft zur Verfügung stehende Pferd zu wechseln.

Aber nicht nur die Kindheit ist eine ergiebige Quelle für Schlüsselcodes. Auch andere archaische Muster können genutzt werden, wie wir anhand der Mythen und Sagen schon expliziert haben. Um den für Ihr Geschäft passenden Schlüsselcode zu finden, denken Sie darüber nach, welche dieser Muster in Frage kommen könnten. Denken Sie in diesem Zusammenhang an:

- Kindheits- und Jugenderlebnisse
- Märchen, Mythen und Sagen
- politisch-historische Mega-Ereignisse
- sportliche Großtaten etc.

Die Bedeutung der Farben

Machen wir noch einen kleinen Exkurs zu den Farben in der Marketing-kommunikation, die ebenfalls einen Code darstellen. Wichtig ist dabei, dass Farben in bestimmten Kulturen eine unterschiedliche Bedeutung haben. Besonders für Produkte, die global angeboten werden, ist dies ein entscheidender Faktor. In den von der abendländischen Kultur geprägten Ländern steht die Farbe Schwarz für Trauer, Tod, Bedrohung, Zerstörung, Verlassenheit und Unglück. Sehr viele Ausdrücke der Umgangssprache, die Unglück assoziieren, sind in Schwarz-Metaphern verpackt, so „schwarze Katze", „schwarzer Rabe", „schwarzer Tag", „schwarzer Freitag". Schwarz ist auch eine wichtige Symbolfarbe im Katholizismus. Bei den Protestanten wurde die Farbe Schwarz ebenfalls ein bedeutender Code und spiegelt die Bescheidenheit wider. Im Laufe der Neuzeit wurde Schwarz die Farbe aller bürgerlichen Autoritäten, was sich heute noch in den Amtskleidern von Richtern widerspiegelt. Dieses Autoritätssignal erklärt auch, warum sich Firmenbosse so gerne neben dunkelblau und grau in Schwarz kleiden. Die implizite Bedeutung von Schwarz ist daher auch heute noch „Macht". Weiterhin steht Schwarz in der westlichen Welt für Individualität und Eigenständigkeit sowie für Coolness und Design. Dazu Peter Gauss, Brand Manager von Rado Österreich, im neuen Visa-Magazin:

„Schwarz ist der Inbegriff von Design. Die wichtigsten Uhren von Rado, mit denen wir etliche Designpreise gewonnen haben, waren schwarz. Schwarz steht auch für eine Neuausrichtung von Rado: jünger, sexyer, cooler. Schwärzer, wenn Sie so wollen. Der schwarze Shop zieht vor allem junge Leute an, die das Logo gar nicht bemerken, das sehr weit oben angebracht ist. Die sind neugierig und sagen dann: „Cool, das ist Rado!"

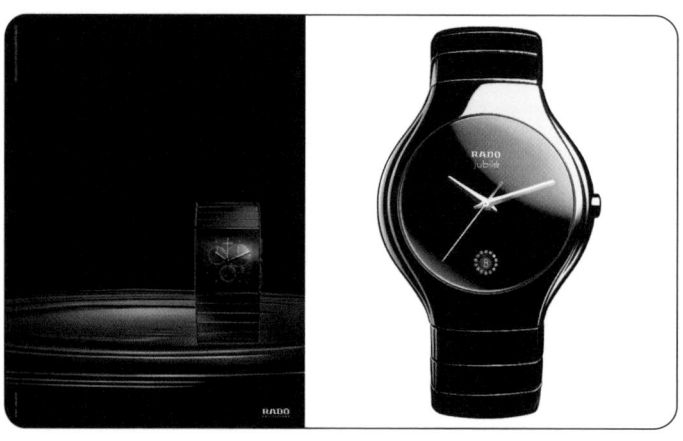

Abbildung 66:
Die Farbe Schwarz bestimmt das Design der Rado-Uhren und steht bei der Marke für Coolness sowie für jung und sexy.

Fallbeispiel Red Bull: Energy-Drink im Zeichen des roten Stiers

Welcher kulturell gelernten Codes bedient sich hingegen der weltweit führende Energy-Drink Red Bull? Betrachten wir zunächst zwei wesentliche Bestandteile des Logos isoliert. Die Farbe Rot sowie das Symbol des Stiers.

Der Stier ist besonders in der abendländischen Kultur ein sehr mystisch aufgeladener Code, der durch soziales Lernen tief in unserem Gedächtnis verankert ist und somit Bedeutung transportiert. Zum einem ist der Stier ein Fruchtbarkeitssymbol, auf der anderen Seite ein stark mythologisch angereichertes Sternzeichen. Der Sage nach verwandelte sich der Göttervater Zeus, der mit Hera verheiratet war, in einen Stier mit gläsernen Hörnern und goldenem Fell und näherte sich in dieser Gestalt der hübschen Europa, einem menschlichen Wesen. Schnell konnte er das Vertrauen von Europa erlangen und entführte sie nach Kreta. In der minoisch-kretischen Kultur wurde der Stier oft mit der Doppelaxt abgebildet, wobei das ein Symbol für die Sterne-Mond-Beziehung darstellt. Um ca. 1500 v.Chr. wurden auf Kreta Wettkämpfe mit Stieren veranstaltet: Es galt den Stier an den Hörnern zu packen und anschließend über seinen Rücken zu springen. Dabei handelte es sich um eine Mischung aus religiösen Ritualen und einer Mutprobe der höheren Stände. Im römischen Imperium waren Stierkämpfe ein beliebtes Vergnügen bei der breiten Masse. Diese Tradition wird bis heute auf der Iberischen Halbinsel fortgeführt, die ersten Aufzeichnungen darüber gehen ins 11. Jahrhundert zurück. Aus dieser historischen Betrachtungsweise ergibt sich, dass der implizite Code des Stiers für „Mutprobe" steht.

Die gebräuchlichsten Assoziationen für die Farbe Rot sind Blut, Feuer, Hitze, Liebe, Sinnlichkeit, Leidenschaft, Aktivität, Bewegung und Aggression. Bereits im alten Ägypten schmückten sich die weiblichen Schönheiten mit roter Farbe, die aus der Purpurschnecke gewonnen wurde – ein sehr aufwändiges und mühevolles Unterfangen, das von den damaligen Sklaven verrichtet wurde. Im Mittelalter wurde bei Begrüßungszeremonien am Hof der rote Teppich ausgerollt, was eine besondere Würdigung des Gastes bedeutete. Auch hier mussten große Mengen der Purpurschnecke verarbeitet werden. Aus diesem Grund war Rot den Adeligen vorbehalten. In der Antike setzten die Griechen den roten Planeten dem Kriegsgott Mars gleich, um die Bedeutung der Aggressivität zu unterstreichen. Auch beim heutigen Stierkampf symbolisiert das rote Tuch Aggressivität.

Eine sehr wichtige Bedeutung hat Rot als international verstandene Signalfarbe, die bei Haltestellen, Ampeln, Verbotsschildern und der roten Karte im Fußball zum Einsatz gelangt. Eine besondere Bedeutung kommt auch dem roten Feuerwehrauto zu, denn die implizite Bedeutung ist, dass dieses schnell und zuverlässig kommt. Wir kennen alle noch die gelernte Bedeutung des roten Telefons im Zeitalter des Kalten Krieges, nämlich schnell und sicher eine Verbindung zur anderen Seite aufzubauen. Diese impliziten Codes des Feuerwehrautos und des roten Telefons können hervorragend für die Marketingkommunikation benutzt werden. Untersuchungen haben ergeben, das Rot die körpereigenen Stoffwechselaktivitäten um bis zu 13 % erhöht. Dies ist sicherlich auch ein Grund dafür, warum Rot in der Werbung so gerne als Signalfarbe verwendet wird.

Zurück zu Red Bull. Im Logo des Energy-Drinks sind zwei rote Stiere zu sehen, deren Köpfe vor dem Hintergrund einer Sonne zueinanderstehen. Wir haben erfahren, dass eine implizite Bedeutung von Stier „Mutprobe" ist. Red Bull ist dafür bekannt, dass es zahlreiche Extremsportarten unterstützt, und eine Extremsportart ist immer einer Mutprobe gleichzusetzen. Hier greift die Marketingkommunikation perfekt auf den impliziten Code zu. Unterstützt wird dies noch durch die Farbe Rot, die für eine Steigerung der Stoffwechselaktivitäten bekannt ist, und ein guter Energy-Drink unterstützt ja diese. Farben unterstreichen die implizite Produktwirkung. Ein Energy-Drink mit Namen wie gelber, grüner oder weißer Stier wäre undenkbar.

Der Pfeil ins Kundenherz – Die Bedeutungsträger

Am Anfang dieses Kapitels haben wir erfahren, dass Botschaften durch einen Code (z. B. Feuerzeichen) verschlüsselt und später wieder decodiert werden und eine Bedeutung erzeugen. Außerdem kennen wir auch die implizite Bedeutung eines Codes, der besonders für die erfolgreiche Marketingkommunikation ausschlaggebend ist. Im Folgenden sehen Sie, welche Bedeutungsträger in der Marketingkommunikation Sie gezielt nutzen können, um Ihre Botschaft erfolgreich zu transportieren.

Überblick der Bedeutungsträger
Verbale Kommunikation
Nonverbale Kommunikation
Bildkommunikation
Geschichten
Symbole
Sensorische Codes
Ordnungsmuster

Abbildung 67:
Die Bedeutungsträger in der Marketingkommunikation

Wie sie in obiger Abbildung sehen, gibt es zahlreiche Bedeutungsträger, die voneinander abgegrenzt werden können. Kommunikation findet nicht nur verbal statt, sondern kann über verschiedene andere Kanäle abgewickelt werden, die unter Umständen sogar noch effektiver sind.

Für das Trojanische Marketing bedeutet das, dass es zahlreiche Trojanische Pferde im Rahmen der Bedeutungsträger gibt, die genutzt werden können. Was auch immer als Bedeutungsträger fungiert, kann dazu dienen, Sekundär-Botschaften mit zu transportieren.

Verbale Kommunikation (Sprache) – das Jonglieren mit Worten

Mit dem wichtigen Bedeutungsträger „Verbale Kommunikation" haben wir uns bereits ausführlich beschäftigt und der „Sprache als Trojanisches Pferd" gar ein eigenes, umfangreiches Kapitel gewidmet. Doch nicht nur auf die richtigen Worte kommt es an, wenn Ihr „trojanischer Pfeil" ins Schwarze treffen soll – auch die nonverbale Kommunikation muss stimmen.

Nonverbale Kommunikation – der Ausdruck ohne Worte

28. Juli 1963. Washington D.C., Lincoln Memorial. Die Organisatoren des „March on Washington for Jobs and Freedom" haben rund eine Viertelmillion Leute mobilisiert, die für Arbeitsplätze, Freiheit und Gleichheit demonstrieren. Ein Mann schwarzer Hautfarbe betritt die Bühne und beginnt mit seiner Rede: „I have a dream...". Wir kennen die Geschichte. Es ist die berühmte Rede des amerikanischen Friedensnobelpreisträgers Martin Luther King, die als eines der Meisterwerke der Rhetorik gilt. Nicht nur rhetorische Elemente (wie die Allusion, die wir bereits kennen) waren ausschlagge-

bend, sondern vor allem der Einsatz seiner Körpersprache, seiner Mimik und Gestik, welche die gewaltigen Worte zusätzlich unterstützten

Warum ist die Körpersprache als Hauptaspekt der noverbalen Kommunikation so wichtig? Die Antwort liegt in unserer Geschichte. Lange bevor wir mittels Sprache kommunizierten, wurden Bedeutungen mittels Zeichen ausgetauscht. Das Gleiche können wir auch bei Babys beobachten, die noch kein Wort sprechen, sich jedoch mit der Körpersprache effektiv mitteilen. Körpersprache ist somit sozial gelernt und überträgt auf vielfältige Weise Bedeutungen. Verschiedene wissenschaftliche Untersuchungen haben gezeigt, dass sich die Glaubwürdigkeit eines Geschäftspartners bereits innerhalb einer Sekunde manifestiert. Es sind dies die sogenannten nonverbalen Signale, die den Ausschlag geben. Sie kennen wahrscheinlich den Spruch „Es gibt keine zweite Chance für den ersten Eindruck". Anders formuliert: Die nonverbale Kommunikation eilt dem Wort voraus. Die nachfolgende Grafik zeigt die Bedeutung der nonverbalen Signale beim ersten Eindruck:

3,0%	Verbales Signal (Sprache)
97,0%	Nonverbale Signale = Körpersprache (Gestik, Mimik, Stimme, Betonung, Haltung, Aussehen, Kleidung)

Abbildung 68:
Der erste Eindruck: Es überwiegen deutlich die nonverbalen Signale

Beim ersten Eindruck ist zu beachten, dass dieser immer unter bestimmten Voraussetzungen und Gegebenheiten stattfindet. Wie ist man gekleidet, mit welchem Tempo trägt man vor, wie wirkt die Körpersprache als Ganzes. Der Zuhörer nimmt all diese Signale, die impliziten Codes der Sprache, bewusst oder unbewusst wahr. Profis achten daher besonders auf den Anfang ihrer Präsentation, denn dieser ist ausschlaggebend. Wie oft waren Sie schon bei Vorträgen, Konferenzen etc., wo Sie immer den gleichen Anfang hörten? Wahrscheinlich zu oft. In Erinnerung bleibt uns, wie der Vortrag begonnen hat.

Im Unterschied zum ersten Eindruck spielt bei einer Rede bzw. einem Vortrag die verbale Ebene, das gesprochene Wort, eine etwas größere Rolle, und vor allem die paraverbale Ebene, die Stimmlage, ist zu beachten (s. folgende Abbildung).

7,0%	Verbales Signal (Sprache)
38,0%	Paraverbale Signale (Tonhöhe, Tonhöhenverlauf, Tempo)
55,0%	Nonverbale Signale = Körpersprache (Gestik, Mimik, Stimme, Betonung, Haltung, Aussehen, Kleidung)

Abbildung 69:
Auch bei einem Vortrag ist der Anteil nonverbaler Signale dominant

Körpersprache ist immer ein soziales Konstrukt, geschichtlich gelernt, wobei viele Verhaltensformen auch bei Tieren zu beobachten sind, wie z. B. die „Mund-zu-Mund"-Fütterung bei heranwachsenden Jungtieren. Unsere Vorfahren taten das Gleiche, und ein Kuss ist nichts anderes als ein ritualisiertes „Mund-zu-Mund"-Füttern, welches wir aus der Vorgeschichte der Zivilisation übernommen haben. Viele Ausprägungen der Körpersprache im heutigen Alltag sind Ritualisierungen. Ein Beispiel dafür ist das Handheben, wenn man sich verabschiedet. Dies hat seine Wurzeln im Mittelalter, als die Ritter den Helm abnahmen, um friedlich kommunizieren zu können. Dieser Akt manifestierte sich später beim Hutziehen als Botschaft der Begrüßung. Zu beachten ist auch der Aspekt, dass gewisse Ausprägungen der Körpersprache in anderen Ländern eine andere Bedeutung haben. Sie sollten z. B. in Indien nie jemanden mit der linken Hand begrüßen, denn diese gilt dort als unrein.

Bis jetzt haben wir uns mit der Körpersprache im direkten, zwischenmenschlichen Kontakt befasst. Doch nonverbale Kommunikation breitet sich auch über andere für die Marketingkommunikation bedeutsamen Kanäle (Medien) aus, also indirekt. Ein Beispiel dafür sind Düfte, sogenannte olfaktorische Elemente der Körpersprache. Weitere Elemente der Körpersprache, die im Marketing zum Einsatz kommen, finden Sie in der folgenden Abbildung.

Einfluss auf Körpersprache	Direkter Kontakt	Indirekter Kontakt
Auditives Element	Zähneknirschen, Tonhöhe, Sprachtempo	Versteckte Signale in Werbefilmen
Kinästhetisches Element	alle Arten der Berührung	Reliefdrucke, Büttenpapier
Olfaktorisches Element	Düfte, Rauch	Parfümierte Briefe, parfümierte Beilagen
Visuelles Element	Gestik, Mimik	Wirkung des Präsentators

Abbildung 70: Elemente der Körpersprache, die indirekt im Marketing Verwendung finden

Körpersprache im Trojanischen Marketing

Die visuellen Elemente der Körpersprache eignen sich hervorragend, um auf trojanische Weise die Kernelemente der zu tranportierenden Botschaft an den Mann und die Frau zu bringen. Indem sie archaische Grundmuster der menschlichen Kommunikation evozieren, generieren sie Bedeutungen, die seit alters her gelernt sind. Mit Hilfe gelernter visueller Elemente werden Botschaften implizit transportiert, die von den Empfängern leicht decodiert werden können.

Sozial gelernte visuelle Elemente der Körpersprache eignen sich hervorragend, um bestimmte Bedeutungen „mit einem Blick" zur Zielgruppe zu transportieren, da diese einen spezifischen Aspekt verdichten. Vor diesem Hintergrund verkörpert die aktuelle BAWAG-Kamapgne „Die neue Bank. Die neue BAWAG" ein gelungenes Beispiel. Im Fernsehspot der BAWAG, eine der führenden Banken Österreichs, krempeln die Mitarbeiter in verschiedenen Räumlichkeiten der Bank demonstrativ die Ärmel ihrer Hemden und Blusen auf. Zuerst tut das nur eine Person, bis dann mehrere folgen. Mit diesem symbolischen Ausdruck werden Zielstrebigkeit, Machertum sowie das Bemühen um die Kunden, auch außerhalb der klassischen Öffnungszeiten da zu sein, komprimiert ausgedrückt. Das sind die explizit wahrnehmbaren Komponenten der Werbe-Message. Die implizite Bedeutung signalisiert das ehrliche und vertrauenswürdige Bemühen um die Bankkunden. Das Key Visual „Ärmel aufkrempeln" wird auch im Printbereich als einzelnes Motiv erfolgreich eingesetzt.

Abbildung 71: „Ärmel aufkrempeln" als zentrales körpersprachliches Motiv der neuen BAWAG-Kampagne.

Bildkommunikation – die Kraft der Bilder

Ein Bild sagt mehr als tausend Worte! Wie wahr doch diese Aussage ist, denn einer der zentralen Vorteile der Bildkommunikation ist die automatische Reizaufnahme ohne gedankliche Anstrengungen. Denken Sie an den letzten Kaffee, bei dem Ihnen der Arbeitskollege seine Urlaubsbilder aus Griechenland zeigte, und sie waren sozusagen „live" dabei. In Ihrem Inneren bildeten sich zugleich ihre eigenen Bilder dazu und sie waren mitten im Geschehen. Hätte der Arbeitskollege seinen Urlaub nur geschildert, wäre Ihre Aufmerksamkeit nur halb so groß gewesen, denn Bilder werden immer mit geringerem Aufwand verarbeitet und erinnert als die Sprache.

Warum ist die Bildkommunikation so wichtig als Bedeutungsträger der Marketingkommunikation? Die normale Lesegeschwindigkeit eines Menschen liegt bei rund vier bis sieben Wörtern pro Sekunde. Bei schwierigen Texten kann sich dieser Wert noch vermindern. Sie würden schon einige Minuten brauchen, um einen bestimmten Sachverhalt zu schildern. Bei Bildern hingegen dauert es oft nur einige Millisekunden, bis die zentrale Aussage des Bildes erkannt wird, und nach einigen Sekunden ist man in der Lage, das Bild problemlos wiederzuerkennen. Dies ist besonders für die Logogestaltung relevant.

Gut gelernte Zeichen (Markenzeichen) und sozial gelernte Schriftzeichen (wie z. B. Coca-Cola) werden in Millisekunden wiedererkannt. Dies wurde in wissenschaftlichen Experimenten mit dem Tachistoskop nachgewiesen. Mit Hilfe des Tachistoskops, eines speziellen Diaprojektors, wird die Betrachtungsdauer auf minimal 0,001 Sekunden verkürzt und anschließend kontinuierlich erhöht. Bei einer Betrachtungszeit von fünf tausendstel Sekunden (0,005) erkannten die meisten Versuchspersonen bereits das Coca-Cola-Schriftzeichen. Durch die tachistoskopischen Versuche können die für Werbemittel typischen kurzen Betrachtungszeiten im Labor nachvollzogen werden.

Viel stärker als die Sprache können Bilder auch ein neues Verhalten auslösen. Man spricht in diesem Fall von der Beeinflussungskraft der Bilder. Kommen wir noch einmal zu unserem Arbeitskollegen zurück, der uns seine Urlaubsbilder vom kretischen Strand zeigte. Besonders die Bilder mit Sonnenuntergangsmotiven haben es Ihnen angetan und der Wunsch, endlich wieder Urlaub an einem Sandstrand zu genießen, hat immens zugenommen. Vielleicht buchen Sie dann schon nächste Woche einen Last-Minute-Tripp nach Paleochara im Süden von Kreta?

Da ein Bild mit geringerem gedanklichem Aufwand entschlüsselt wird, können gleichzeitig andere Tätigkeiten durchgeführt werden. Ein einfaches Beispiel dafür ist z. B. das Autofahren, wo sich der Fahrer gleichzeitig mit seinem Beifahrer über ein spannendes Marketingthema unterhalten kann. Die Informationsaufnahme bei Bildern erfolgt immer durch besonders wichtige, prägnante Punkte, sogenannte Fixationen, wo die Verweildauer ca. 0,2 Sekunden beträgt. Die Verbindung der Fixationen, der Blickverlauf, verrät, welche einzelnen Bildelemente wahrgenommen wurden. Dies kann mit Hilfe der Augenkamera überprüft werden und liefert wichtige Erkenntnisse für die Gestaltung von Mailings und Anzeigen.

Um Bilder als Bedeutungsträger im Marketing zu nützen, empfiehlt es sich, mit Aktivierungstechniken, sogenannten Schlüsselreizen, zu arbeiten. Nach Werner Kroeber-Riel lassen sich drei Techniken für die Aktivierung ableiten:

● physisch intensive Reize (Größe der Bildelemente, Farben)

● überraschende Reize (z. B. Schock-Werbung (siehe Benetton), Comicfiguren etc.)

● emotionale Reize (sozial gelernte Bedeutungen, Kindchenschema)

Kroeber-Riel betont die Verwendung von Schlüsselreizen bei emotionalen Bildern, da diese biologisch vorprogrammierte Reaktionen auslösen. Dies können abgebildete Augen und Reize mit verfestigter kultureller Bedeutung sein. Das wohl bekannteste Beispiel dafür ist der Cowboy aus der Marlboro-Werbung, der den Zigaretten den Geschack von Freiheit und Abenteuer verleiht. Nicht nur für Zigaretten ist der Cowboy ein Paradebeispiel. Eine neue Kampagne einer Fast-Food-Kette zeigt einen „Westernburger" und im Hintergrund dazu einen Cowboy, der der Abendsonne entgegen reitet. Das merken wir uns und speichern es ab, auch unbewusst, durch die gezielte Verwendung von Schlüsselreizen.

Geschichten – Anstoß für den eigenen Film

Ulrike ist eine sehr sportliche Frau, und freie Minuten im täglichen Stress nutzt sie, um im Fitnessstudio ihre Batterien wieder aufzuladen. Heute hat sie Geburtstag und in ihrem Briefkasten findet sie unter anderem ein Schreiben ihres Fitnessstudios vor. Der Brief beginnt mit einer Geschichte. Darin schildert der Inhaber des Studios, wie er unter schwierigen Umständen vor zehn Jahre seinen Traum zu verwirklichen begann, ein eigenes Sportstudio aufzubauen. Nach dem ersten Jahr glaubte der Besitzer, dass er alle Schwierigkeiten überwunden hätte. Der Tiefschlag kam, als plötzlich das ganze Studio wegen einer defekten Leitung unter Wasser stand und die Versicherung nichts zahlte. Noch einmal nahm der Studio-Betreiber all seine Kräfte zusammen und schaffte auch dieses Mal den Neubeginn. Seine Reserven dazu hatte er dem regelmäßigen sportlichen Training zu verdanken. Am Ende dieser Briefgeschichte wünscht ihr der Sporttempelbesitzer alles Gute zum heutigen Geburtstag und hat ihr auch noch eine kleine Überraschung als Dankeschön für ihre Mitgliedschaft im Club beigelegt, eine 14tägige-Gratiskarte zum Weiterschenken, damit auch andere Leute die positiven Wirkungen eines regelmäßigen Trainings erfahren.

Ulrike ist von dem Brief und der persönlichen Geschichte des Fitnessclubbesitzers sehr angetan, denn sie kann sich durch diese Zeilen ein konkretes Bild seiner Leistung machen. Einer Geschichte, die Sinn macht, die Identität und Positives stiftet, denn Erfolg heißt, auch das Tal zu durchschreiten. Gleich ruft sie ihre Freundin an und berichtet ihr von dem erhaltenen Gutschein und überredet sie zum Probetraining.

Wie wir gesehen haben, machen Geschichten Sinn und stiften Identität durch ihre Helden aus dem Alltag, die sich auch durch schwierige Umstände durchkämpfen. Das spricht vor allem das episodische Gedächtnis an, wo die eigene Lebensgeschichte abgespeichert ist. Aus diesem Grund hat das Storytelling im Marketing eine besondere Bedeutung, da dadurch mehr Authentizität und Aufmerksamkeit vermittelt werden kann. Es steigert sozusagen die emotionale Komponente, die für die Aktivierung der Werbebotschaft ausschlaggebend ist. Storytelling im Marketing bedient sich der Erfolgsgeschichten von Gründern, Mitarbeitern, Kunden, dem Produkt, dem Unternehmen selbst. Allen gemeinsam ist, dass sie Helden in der erzählten Geschichte sind, denen nichts geschenkt wird. Dadurch lässt sich leicht eine Identifikation mit den handelnden Personen bzw. Produkten herstellen. Storytelling ist deswegen so wirkungsvoll, da es das autobiografische und episodische Gedächtnis sehr wirkungsvoll aktiviert. Anders ausgedrückt: Geschichten rufen innere Bilder hervor, die sie gedanklich visualisieren.

Im 20. Jahrhundert wurde das Gedächtnis hauptsächlich nach dem Mehrspeichermodell definiert, d. h. danach, wie lange Informationen gespeichert werden. Die erste Stufe bildet bei diesem Modell das sensorische Gedächtnis, wo die eingehenden Informationen nur Bruchteile von Sekunden bis Sekunden verweilen. Danach gelangen die Informationen/Informationseinheiten („Chunks") in das Kurzzeit- bzw. Arbeitszeitgedächtnis, wo sie über Minuten abgespeichert werden und schließlich im Langzeitgedächtnis explizit oder implizit verarbeitet werden. Das episodische Gedächtnis zählt dazu.

In der heutigen Literatur wird das Gehirn nach den verarbeiteten Inhalten unterteilt, also in das semantische, episodische, perzeptuelle und prozedurale Gedächtnis sowie das Primingsystem. Für das Storytelling ist das episodische Gedächtnis Ansprechpartner Nummer eins. Hier werden die emotional erlebten eigenen Geschichten durch Wiederholungen explizit und nachhaltig in Form von Mustern abgespeichert.

So dienen die Geschichten des Storytelling als Trojanisches Pferd und Eintrittspforte für werbliche Botschaften in das Gehirn des Rezipienten. Wie sich das in der Gehirnforschung niederschlägt, zeigt der folgende Beitrag von Werner T. Fuchs, der sich mit neurowissenschaftlichen Erkenntnissen zu diesem Thema beschäftigt.

Neurowissenschaften und Storytelling

von Werner T. Fuchs

Den Kaufknopf haben selbst die Neurowissenschaftler nicht entdeckt. Und das ist gut so. Wir brauchen die Angst, der beliebig manipulierbare Mensch stehe schon bald vor der Tür, nicht unnötig zu schüren. Auf der Schwelle steht nämlich nicht der Homo oeconomicus, sondern ein Lebewesen, dessen Verhalten vorwiegend vom Unbewussten gesteuert wird. Es wird also in den nächsten Jahren darum gehen, die Zeichensprachen dieser unbewusst arbeitenden Gehirnareale zu entdecken und zu übersetzen. Eine Metapher, die sich dazu hervorragend eignet, ist Storytelling. Was das ist, wo und wie es einsetzbar ist, soll nun in geradezu fahrlässiger Kürze beantwortet werden.

Storytelling ist kein medizinischer Fachbegriff, sondern eine Metapher, um die Funktionsweise neurologischer Datenverarbeitung zu veranschaulichen. Obwohl unser Gehirn mit einem Computer herzlich wenig zu tun hat, wird die Arbeit der Evolution an den gleichen Kriterien gemessen, die auch ein Programmierer in seinem Pflichtenheft findet.

Die über 100 Milliarden Nervenzellen mit ihren unzähligen Verknüpfungen müssen große Datenmengen möglichst schnell verarbeiten, verdichten und mit bereits vorhandenen Daten verbinden, ohne die Stabilität des Gesamtsystems zu gefährden. Und all das soll möglichst wenig Energie beanspruchen. Der Geniestreich der Evolution besteht nun darin, Informationen in Geschichten zu verpacken, die Voraussagen über künftige Geschichten, sprich Verhaltensmuster, ermöglichen. Wichtige Aufgaben löst unser Gehirn in Windeseile, weil es kaum Neuberechnungen durchführt, sondern die Gedächtnisareale nach bereits vorhandenen Resultaten durchforstet.

Storytelling beruht auf der Annahme, dass unser Gehirn keine Abbilder von Objekten und Vorgängen speichert, sondern Strukturen von Unterelementen, die immer wieder gemeinsam auftauchen. Menschliches Verhalten wird zu einem wesentlichen Teil von einem Gedächtnissystem gesteuert, das Musterfolgen speichert, Muster autoassoziativ abruft, Muster als unveränderbare Repräsentationen ablegt und Muster hierarchisch ordnet. Mit der Metapher „Storytelling" lässt sich das Grundinventar wiederkehrender Musterfolgen sowie die Regeln ihrer häufigsten Kombinationen besser wahrnehmen.

„Tausendundeine Nacht" ist weit mehr als eine großartige Sammlung spannender erotischer Geschichten. Schahrasad, die schöne Tochter des Wesirs, kämpft mit ihren nächtlichen Erzählungen um ihre Identität, um ihr Dasein, um ihr Überleben. Und das gelingt ihr nur dann, wenn König Schahriyar ihre Geschichten bis zum Ende hören will. Ebenso verhält es sich im Marketing. Nur wenn der Kunde die erzählte Geschichte hören will und an sie glaubt, lässt er sich dazu verführen, das darin verpackte Produkt zu erwerben. Sei es nun ein Konsumgut, eine Dienstleistung oder eine Idee. Wer die beste Geschichte erzählt, hat gewonnen.

Die Frage nach der besten Geschichte

Qualitätssicherung von Geschichten lässt sich nicht mit den üblichen Zertifizierungs-Tools durchführen. Hilfreicher ist es, sich an guten Vorbildern zu orientieren, sie erst zu kopieren, dann zu variieren und so lange zu üben, bis sich daraus ein eigener Stil entwickelt. Dieses Vorgehen lässt auch schnell erkennen, dass Wahrheit kein Kriterium ist. Wahrheit ist ein Produkt des Bewusstseins und hat beim Knüpfen unserer Verhaltensmuster wenig zu sagen. Die neuronalen Netzwerke, die wirklich entscheiden, arbeiten nach dem Prinzip „passt – passt nicht." In den Alltag übersetzt heißt dies: entweder wir glauben eine Geschichte oder wir glauben sie nicht. Wer sich für den Einsatz von Storytelling entscheidet, findet und erfindet passende Geschichten, nicht wahre. Das ist allerdings anspruchsvoller.

Wie wir nun bereits wissen, knüpft eine gute Geschichte an bereits vorhandene an. Diese Andockstellen zu finden, ist trotz der Individualität menschlicher Lebensbiografien möglich, weil wir zumindest die neuronalen Ordnungsmuster kennen. Je stärker wir uns also an diesen Mustern orientieren, desto größer wird die Wahrscheinlichkeit, dass unsere Geschichte aufgenommen wird.

Ersterlebnisse, Anfang und Ende

Selbst notorische Schürzenjäger erinnern sich meist an ihre erste große Liebe. Obwohl wir in der mobilen Gesellschaft die halbe Welt bereisen, bleiben unsere ersten Ferien im Gedächtnis haften. Die erste eigene Wohnung, die erste Arbeitsstelle, die erste Geburt, der erste große Verlust, das sind Erinnerungsspuren, nach denen Informationen suchen, die neu in unsere Erlebniswelt eindringen. Erstaufführungen misst unser Gedächtnis besondere Bedeutung zu. Denn aus diesen Datenpaketen werden Prototypen konstruiert, die dann als Vergleichsbasis für ähnliche Informationen dienen. Storytelling ist keine komplizierte und neue Theorie. Neu ist nur die Einbettung in das naturwissenschaftliche Denkgebäude. Wenn wir statistisch auswerten, in welchen Lebensjahren Erinnerungsspuren tiefer als gewöhnlich sind, so korrespondieren diese Ergebnisse mit den Erkenntnissen der Hirnforscher. Denn es sind die Jahre der großen Umbrüche. Für die konkrete Praxis heißt das: wer auf der Bühne steht, wenn Geschichten zum ersten Mal und von Übergängen erzählt werden, ist gegenüber seinen Mitspielern im Vorteil. Investitionen in Neuaufführungen von Klassikern bringen mehr, als in der Garderobe über komplizierten Eigenkreationen zu brüten. Automobilhersteller sollten sich lieber darum bemühen, dass ihr Produkt zum Lieblingsspielzeug meiner Kindheitsjahre wird, als mich im Erwachsenenalter mit teuren Imagekampagnen zu ködern.

Besondere Aufmerksamkeit müssen wir auch dem Anfang und dem Ende einer Geschichte widmen. Das ist zwar für einen guten Rhetoriker keine Neuigkeit, bekommt aber dank der neurowissenschaftlichen Erkenntnisse ein zusätzliches Gewicht. Ob und wie ein Datenpaket nach dem Öffnen weiter verarbeitet wird, muss sofort entschieden werden. Weiß ich, ob der Schatten vor der Höhle ein Säbelzahntiger oder mein von der Jagd zurückkehrender Ehemann ist, kann dies den Fortgang meiner Biografie entscheiden. Die Regel, dem Beginn einer Geschichte besondere Aufmerksamkeit zu schenken, hat sich über Millionen Jahre so bewährt, dass sie auch zur Anwendung kommt, wenn ich die Schwelle eines Optikergeschäft überschreite.

Die Story, das Personal und die Aufführung

Storytelling ist auch deshalb so wirkungsvoll, weil sich diese Methode den Mitarbeitenden so einfach vermitteln lässt. Wird ihnen eine Marketingstrategie am Beispiel einer guten Geschichte oder eines guten Films erklärt, knüpft man automatisch an persönliche Lebensstationen und Identitäten an. Daher verstehen sie auch, dass der Themenkatalog nicht beliebig ist, die Handlung einer bestimmten Struktur folgen sollte und gute Inszenierungen einen festen Personenkatalog umfassen.

Weil es in der Evolution letztlich immer um Fortpflanzen, Anpassen und Überleben geht, haben Themen Vorrang, die wertvolle Informationen zur Erreichung dieser Ziele liefern. Die Frage, wieso denn Berichte über die Welt der Reichen und Schönen so beliebt sind, ist schnell beantwortet, wenn das Personal einer guten Geschichte eingeführt wird. Denn unser Gedächtnis braucht Helden. Sie treten als Bezugspersonen früh in unser Leben ein, geben Orientierung, personalisieren Abstraktes, ermöglichen Simulationsspiele und reduzieren Komplexität. Wir brauchen aber auch die Störenfriede, weil sie uns auf Gefahren aufmerksam machen. Es ist also alles andere als Zufall, wenn wir Abenteuer- und Liebesgeschichten lieben.

Storytelling erhöht bei den Mitarbeitenden die Sensibilität für gute Aufführungen. Denn sie können aus ihrem eigenen Erinnerungsschatz abrufen, was Kulissen, Requisiten und Überbringer sinnlicher Eindrücke sind. Ist die Grundstory einmal eingeführt und verstanden, können wir die Ausschmückungen und Fortsetzungsgeschichten auch anderen überlassen. Zumal uns die Neurologen in aller Deutlichkeit daran erinnern, wie beschränkt bei komplexen Systemen die Macht einer Zentralverwaltung ist.

Branding, Kommunikation, Werbung und Verkauf

Storytelling im Marketing ist Instrument und Denkhaltung zugleich und hat deshalb ein so großes Einsatzgebiet, weil es im Marketing um die Beeinflussung menschlichen Wahlverhaltens geht. Ein Verhalten, das zum größten Teil vom Unbewussten gesteuert wird. Den unbewusst operierenden Netzwerken in unserem Gehirn müssen wir genau die Geschichten erzählen, die aufgenommen, gespeichert und weitergegeben werden. Das ist keine Wissenschaft, sondern eine Kunst, die sich mit wissenschaftlichen Mitteln im Nachhinein analysieren lässt. Daher wird die Tendenz weiterhin zunehmen, bei den verschiedensten Marketingaktivitäten auch Personen hinzuzuziehen, die in anderen Disziplinen zu den Meistern gehören. Fachleute für Schönheit, Rituale und Kitsch. Drehbuchschreiber, Kulissenbauer, Musiker und Erzähltalente. In einer so bunten Gesellschaft wird Marketing wieder spannender, lebensnaher und wirkungsvoller.

◆ ◆ ◆

Storytelling via Kundenzeitschrift

Wissen Sie, wie lange eine Anzeige in einer Publikumszeitschrift betrachtet wird? Durchschnittlich nur zwei Sekunden. Bei Fachzeitschriften, bei denen ein höheres Involvement der Leser vorhanden ist, erhöht sich der Wert auf ca. drei Sekunden. Plakate, die vorwiegend „peripher", also nicht direkt, sondern aus dem Augenwinkel heraus betrachtet werden, liegt die durchschnittliche Betrachtungsdauer nur mehr bei einer Sekunde. Das ist der mediale „Overflow", den wir heute aufgrund des massiven Werbeaufkommens haben. Dabei haben wir noch nicht einmal die enormen Streuverluste berechnet, die eine herkömmliche Anzeige mit sich bringt. Guter Rat ist teuer und, Marketingprofis haben längst die Kundenzeitschrift zur Paradedisziplin unter den Kommunikationskanälen erkoren, da hier nur geringe Streuverluste auftreten und Kundenzeitschriften bis zu 30 Minuten lang betrachtet werden.

Kundenzeitschriften sind ein sehr wirkungsvolles Werkzeug innerhalb des Corporate Publishing, dem Oberbegriff aller Unternehmenspublikationen. Die Vorteile liegen klar auf der Hand: Die Botschaft des Unternehmens, sei es Produkteigenschaften oder Berichterstattung über die Mitarbeiter, kann individuell auf die Zielgruppe zugeschnitten werden. Dadurch lassen sich auch komplexe Themen mit Hilfe des Storytelling an die Leser transportieren. Durch die redaktionelle Berichterstattung entsteht eine sehr hohe Glaubwürdigkeit, das Image und die emotionale Bindung zum Kunden werden verstärkt. Ein weiteres Merkmal von Kundenzeitschriften ist, dass der Dialog zwischen den Mitarbeitern und dem Unternehmen sowie der Dialog zwischen den Kunden und dem Unternehmen bzw. der Marke vertieft wird.

Vor allem das periodische Erscheinen einer Kundenzeitschrift und die Abstimmung der Publikation mit der Corporate Identity sind wesentliche Erfolgsfaktoren. Ziel ist vor allem eine Erhöhung der Kundenloyalität. Um diese zu verstärken, sollen Response-Elemente, z. B. in Form von Gewinnspielen, eingebaut werden. Weiterhin helfen Kundenbefragungen in der Zeitschrift, relevante Trends frühzeitig zu erkennen und dadurch der Konkurrenz einen Schritt voraus zu sein.

Kundenzeitschriften haben einen hohen Aktivierungsgrad, da sie die Empfänger direkt zu Hause und kostenlos erreichen. Das ist der Zeitpunkt, in dem das Trojanische Pferd seinen Weg zum Kunden gefunden hat. Als zweites Trojanisches Pferd wird dann das Storytelling eingesetzt, welches eine hohe Emotionalität beim Kunden hervorruft.

Best-Practice-Beispiel: das Kundenmagazin „Dove & ich"

2004 startete Dove die „Initiative für wahre Schönheit" mit einer einzigartigen und revolutionären Anzeigen- und Posterkampagne, die in Kooperation mit dem bekannten Fotografen Rankin entstand. Anstelle von magersüchtigen Models wurden bei dieser Kampagne sechs „normale" Frauen mit normalen Figuren in den Mittelpunkt gerückt. Die sechs Frauen wurden zuerst auf der Straße angesprochen und auf Grund ihrer Ausstrahlung und Natürlichkeit engagiert. Keines der abgebildeten „Models" wurde in irgendeiner Art und Weise retuschiert, was sonst üblicherweise der Fall ist. Die Kundenzeitschrift „Dove & ich" ist ein Teil des Kundenbindungsprogramms von Dove und hatte zuvor die Leserinnen aufgefordert, ihre persönlichen Fotos auf der Homepage von Dove im Fotoalbum „Wahre Schönheit" hochzuladen. Von Juli bis Dezember 2005 hinterlegten dort mehr als 2.500 Teilnehmerinnen ihr Bild und zeigten damit, dass wahre Schönheit viele Ausprägungen hat. Mit der nächsten Ausgabe des Kundenmagazins erfolgte dann die große Überraschung für diejenigen Frauen, die Ihr persönliches Bild im Fotoalbum „Wahre Schönheit" abgelegt hatten. Das eigene Foto grüßte die Empfängerin von der Titelseite des Magazins. Jedes individualisierte Kundenmagazin wurde somit zu einem einzigartigen Heft für jede Empfängerin.

Abbildung 72:
Die Dove-Kampagne rückt „normale" Frauen in den Mittelpunkt

Damit nutzte Dove das eigene Bild (und damit die eigene Eitelkeit) als Trojanisches Pferd, um die Zielpersonen zu erreichen. Dahinter steht die Grundidee, dass nichts den Menschen mehr anspricht als sein eigenes Spiegelbild. Nichts schafft größeres Vertrauen als das „Ich-Testimonial". Das Paradox des „Ich selbst als mein eigenes Trojanisches Pferd" ist kaum zu übertreffen.

Symbole – die gelernten Erkennungszeichen

Ulrike hat schöne, gepflegte Zähne. Tägliche Zahnpflege und eine halbjährliche Mundhygiene beim Zahnarzt sind für sie ein Muss. Ulrike widmet daher der Werbung für Zahnpflege mehr Aufmerksamkeit und sieht zufällig folgenden Werbespot:

Ort der Handlung ist eine Zahnarztpraxis. Eine hübsche Dame im weißen Kittel und mit Namensschild, mit einem strahlend weißen Lächeln spielt im Film die Hauptrolle. Sie stellt sich als die persönliche Assistentin von Doktor Schneeweiß vor und spricht davon, dass es immer ihr Traum war und ist, perfekt weiße Zähne zu haben, denn damit fühle man sich einfach besser und attraktiver. Als Mitarbeiterin der Praxis weiß sie natürlich, welche Produkte Dr. Schneeweiß seinen Patienten empfiehlt. Genau dieses Produkt, eine Zahnpasta für strahlend weißes Aussehen der Zähne, mit „Geldzurück-Garantie", wenn sich innerhalb von drei Wochen keine weißen Zähne einstellen, stellt sie nun vor und bezieht sich auf die Erfahrungen, die Patienten damit gemacht haben.

Ulrike ist von dieser Werbebotschaft begeistert, denn sie sieht nur Seriosität in der gezeigten Person im weißen Kittel, und gleich am nächsten Tag besorgt sie sich die im Spot angebotene Zahnpasta, die auch eine Langfristwirkung für strahlend weiße Zähne verspricht. Warum ist dieser Spot so glaubwürdig für Ulrike? Was vermittelt ihr den Anspruch der Seriosität, wo doch kein Arzt auftritt, sondern nur die Assistentin? Es ist das Symbol des weißen Kittels.

Klären wir zunächst, was ein Symbol ist. Das Wort Symbol leitet sich vom griechischen Wort Symbolon (σύμβολον) ab und bedeutet „Erkennungszeichen". Ein Erkennungszeichen, das geschichtlich gelernt wurde und aus diesem Grund mit Bedeutung und Orientierung aufgeladen ist. Beim Symbol kommt eine Bedeutungsverdichtung zum Tragen, die sich beim weißen Kittel in folgenden Elementen spiegelt:

● Farbe des Kittels (Dress-Code)
● Farbe der Wissenschaft (verdichtetes und geschichtlich gelerntes Bild)
● Doktor ist in Weiß gekleidet = ist daher seriös und glaubwürdig, und dessen Empfehlungen werden angenommen.

Das sind die impliziten Bedeutungen, die durch den weißen Kittel (unbewusst) transportiert werden, und um diese geht es in diesem Werbespot. Ein Arzt darf bei uns nicht für ein Produkt werben, sehr wohl aber seine Ehefrau oder seine Assistentin. Da Symbole Bedeutungsträger sind, werden die Symboleigenschaften des weißen Kittels auf die Protagonistin übertragen, um die impliziten Bedeutungen des Symbols weißer Kittel zu nutzen. Wie wir an diesem Beispiel sehen, sind im Symbol Gestalt (in diesem Fall der Arzt bzw. die Assistentin) und Bedeutung zu einer Einheit verschmolzen.

Symbole dienen auch als Abgrenzungszeichen zu anderen Symbolen. Vor allem bei Gruppen und Nationalitäten spielt die Abgrenzung mittels Symbolen eine besondere Rolle. Bei Religionen werden die Kerngedanken mit Symbolen kommuniziert, da diese prägnanter sind und sich dadurch besser kommunizieren lassen. So steht im Christentum das leere Grab als Symbol der Auferstehung und der Weg als Symbol der Lebensgeschichte. Das Kreuz als Symbol des Christentums schlechthin ist außerdem einer der ältesten und nachhaltigsten „Werbeartikel" der Weltgeschichte. Die Bedeutungsverdichtung wird in der Marketingkommunikation auch anhand von menschlichen Symbolen, wie z. B. Helden oder Film-Protagonisten gelebt. Eine weitere wichtige Rolle spielen alle Arten von nationalen Symbolen, wie Flaggen, Wappen, Bauten, Nationalhelden, Tiere, Pflanzen etc.

Sensorik – die Macht der Sinne

Es ist Frühling in Wien, und die ersten grünen Spitzen der Pflanzen streben der strahlenden Sonne entgegen. Das Leben erwacht nach dem langen Winterschlaf aufs Neue. Ulrike möchte nach der langen Winterzeit endlich wieder einmal Sonne, Strand und Meer genießen und überlegt, eine einwöchige Reise nach Kreta zu buchen. Sie besucht ein Reisebüro in der Wiener Innenstadt, doch die kühle Atmosphäre des Raumes und der schale Geruch von kaltem Zigarettenrauch lassen bei ihr kein Urlaubsgefühl aufkommen. Sie versucht es in einem anderen Reisebüro, welches auf griechische Inseln spezialisiert ist. Kaum hat sie das Verkaufslokal betreten, strömen ihr schon eine Prise Meeresluft und kretischer Frühling entgegen, unterstrichen von Sirtaki-Musik. Da noch eine Person vor ihr in der Reihe ist, betrachtet sie einen kurzen Film über die bekannte Samaria-Schlucht im Süden von Kreta und bekommt dazu noch ein Glas eines typischen kretischen Landweins von einem Reisebüromitarbeiter überreicht. Jetzt hat sie sich innerlich bereits entschlossen, gleich nächste Woche dorthin zu fliegen.

Was ist bei diesem Reisebüro so besonders? Hier werden alle fünf Sinneskanäle auf angenehme Weise angesprochen. Der Vorteil einer solchen Marketingstrategie ist, dass die Botschaft uns auf mehreren Kanälen erreicht und dadurch deutlicher wahrgenommen wird. Voraussetzung dafür ist, dass jeder Sinnesreiz die gleiche Bedeutung transportiert. Dadurch verstärken sie sich gegenseitig und es wird im Gedächtnis ein bestimmtes Muster nachhaltiger verankert. Dieses Modell wird heute mit dem Wort „Multisensuales Marketing" bezeichnet.

Visuell (Sehsinn)	82,0%
Auditiv (Hörsinn)	12,0%
Olfaktorisch (Geruchssinn)	3,5%
Haptisch (Tastsinn)	1,5%
Gustatorisch (Geschmackssinn)	1,0%

Abbildung 73:
Die Bedeutung der einzelnen Sinneskanäle

Die meisten Produkte werden hauptsächlich über die visuelle und auditive Komponente positioniert bzw. kommuniziert und sind daher für die Konkurrenz leicht zu imitieren. Der Konsument blockiert allerdings diese „Zwei-Sinneskanal-Kommunikation", da sie jeder betreibt und diese Tatsache zur Reizblockade der visuell und auditiv vermittelten Werbebotschaften führt. Ein Ausweg aus diesem Dilemma ist die Kommunikation, die sich auf weiteren Sinneskanälen zum Konsumenten, zum Empfänger der Codes, ausbreitet. Wenn die Marke bereits erfolgreich im Kopf positioniert ist, reicht ein einzelner Sinneskanal aus, z. B. eine Melodie oder ein bestimmter Geschmack, um die gespeicherte Markenpräferenz zu aktivieren.

Einen großen Trend erlebt derzeit die Psychoakustik, die sich mit der Wahrnehmung des Klanges beschäftigt. Synonym dazu werden Wörter wie Sounddesign, akustische Markenführung, Corporate Sound oder Audio Branding verwendet. Zentraler Forschungsgegenstand dieses Fachgebiets sind Geräuschklangbilder, die als Emotionsauslöser dienen. Ein typisches Geräuschklangbild ist der Motorensound eines Porsche. Unzählige Sound-Techniker arbeiten in den Labors des bekannten Automobilherstellers, um dieses markante akustische Markenzeichen, die sogenannte Klangidentität, zu bewahren und zu verbessern. Akustische Markenführung muss jedoch zielgruppenkonform ausgelegt sein. So klingt ein elektrischer Rasierer für die Frau mild, sanft und leise säuselnd. Ein Rasierer für Männer hat dagegen immer einen tiefschwingenden brummenden Ton.

Ebenfalls sehr viel Aufwand wird im Bereich der Nahrungsmittelakustik betrieben. Denken Sie an die typischen Knackgeräusche, wenn sie in einen Bahlsen-Keks beißen oder an das Knirschen eines Pringles beim Zubeißen. Neuerdings wird sogar mit dem Bierschaum experimentiert, sodass dieser leise beim Zapfen des Bieres knistert.

Mehr und mehr Geschäfte lassen Ihre Waren mit Düften besprühen, was im Fachjargon mit „Air-Design" beschrieben wird. Bleiben Sie beim nächsten Einkauf im Supermarkt mal bewusst vor der Backwarenabteilung stehen: Sie werden denken, dass Sie mitten in einer großen Bäckerei sind, doch tatsächlich werden Sie nur von der Decke mit dem Duft von frischem Brot besprüht. Oft werden diese Produktdüfte nicht wirklich wahrgenommen, sondern wirken implizit, denn Gerüche docken immer an das semantische Gedächtnis an, wo sie dann innere Bilder hervorrufen. Jeder von uns kennt in diesem Zusammenhang den einzigartigen Duft eines neuen Autos.

Auch mit Hilfe der Haptik können Produkte eine eigenständige Linie erhalten und sich so von Konkurrenten differenzieren. Besonders bei hochwertigen Produkten spielt diese Form der Sinneswahrnehmung eine bedeutende Rolle. Ein gelungenes Beispiel dafür ist die „Graue Diners-Club-Carte", die zusammen mit einem schwarzen Etui von Montblanc geliefert wird. Die Bedeutung der schwarzen Farbe haben wir bereits am Anfang des Kapitels kennengelernt. Schwarz steht unter anderem auch für Macht und Exklusivität. Durch die Haptik des eleganten Leders wird dieser Eindruck noch verstärkt. Die Karte wird außerdem nur an Kunden ausgehändigt, die einen bestimmten (nicht geringen) Umsatz überschreiten. Hier wird die Exklusivität perfekt kommuniziert. Zwei Produkte, die sich ideal ergänzen und eine bemerkenswerte Kooperation darstellen.

Die Haptik kommt hier als zusätzlicher Sinneskanal zum Tragen. Warum ist dies so wirkungsvoll? Die nachfolgende Auflistung zeigt uns, dass man sich Lerninhalte (Produktbotschaften) umso intensiver merkt, je mehr sensuale Wahrnehmungskanäle aktiv sind. Im Gedächtnis dauerhaft behalten werden demnach:

- 10 % des Gelesenen
- 20 % des Gehörten
- 30 % des Gesehenen
- 50% des Gehörten und Gesehenen (passive Informationsvernetzung)
- 80% des Selbst-wieder-Gesagten (jemand anderen etwas erklären)
- 90% des Selbst-Getanen (aktive Informationsvernetzung)

Durch den zusätzlichen Einsatz eines haptischen Hilfsmittels wird eine Erhöhung der Informationsvernetzung erreicht und somit ein besseres Behalten der Werbebotschaft ausgelöst.

Trojanische Marketingpraxis

Geben Sie der haptischen Komponente einen fixen Platz in Ihrem Marketingkonzept. Suchen Sie nach Alltagsgegenständen, die von Ihrer Zielgruppe verwendet werden und koppeln Sie diese mit dem Spielmotiv, dessen unterschiedliche Ausprägungen Ihnen die folgende Abbildung im Überblick zeigt. Sie könnten z. B. ein eigenes „Mensch-Ärgere-Dich-Nicht"-Spiel herausbringen und die Figuren durch ihre Produkte ersetzen. Denkbar wäre, dass die Figuren bei einem Getränkehersteller die Form einer Dose haben, oder bei einem Autofabrikanten könnten die Figuren durch kleine Spielzeugautos substituiert werden.

Spielmotiv: **Zeitvertreib**

Spielmotiv: **Affiliation / Gemeinschaftsgefühl**

Spielmotiv: **Entspannung**

Spielmotiv: **Spielspaß/Glückserlebnis**

Spielmotiv: **Frustabbau**

Spielmotiv: **Bessere Menschenkenntnis**

Spielmotiv: **Wettstreit**

Abbildung 74:
Das Spielmotiv bietet zahlreiche Ausprägungen als Anknüpfungspunkte

All die in der Abbildung erwähnten Ausprägungen sind potenzielle Anknüpfungspunkte für Ihr Trojanisches Marketing.

Psycho-akustischer Imagetransfer als Trojanisches Pferd

Beim Imagetransfer wird eine Imagekomponente von einem Produkt auf ein anderes z. B. mit Hilfe des Markennamens übertragen. Beispiele dafür sind berühmte Modemarken wie Christian Dior und Hugo Boss, deren Namen auch bei den entsprechenden Parfums verwendet werden. Nach Schweiger und Schrattenecker lassen sich folgende Synergien aufzeigen:

- Das mit Hilfe des Imagetransfers neu eingeführte Produkt löst auf Grund des bereits bekannten Markennamens eine höhere Probier- und Kaufbereitschaft aus. Es wird der Goodwill der bereits eingeführten Marke genutzt.

- Bei der Produkteinführung werden Marketingkosten durch den bereits vorhandenen Markennamen gesenkt.

- Das neue Partnerprodukt unterstützt durch die Aktualität die alte Produktmarke.

„Nur wenn zwei Produktklassen sowohl emotional als auch technologisch affin (verwandt) sind, kann ein positiver Imagetransfer durchgeführt werden: Die Bereitschaft (Prädisposition) zu einem Probekauf des neuen Produktes sowie zu einem Wiederkauf des alten Produktes steigt." (Schweiger / Schrattenecker)

Für die trojanische Marketingpraxis würde sich ein sogenannter „psychoakustischer Imagetransfer" eignen. Wir wissen bereits, dass ein elektrischer Rasierer für die Frau sanft säuselnd klingt und der für den Mann einen tiefschwingenden, brummigen Ton hat. Das Motorengeräusch von einem Porsche ist einzigartig, und kein Porsche-Fahrer würde auf das typische Produktmerkmal verzichten. Hier liegt es auf der Hand, dass man diese einzigartige Geräuschkulisse auf den elektrischen Rasierer für den Mann überträgt. Der Porsche-Rasierer mit dem typischen akustischen Sound würde sicherlich jedem Porschefahrer gleich am Morgen das Herz höher schlagen lassen. Das Zuschlagen von Autotüren erzeugt ebenfalls einen typischen unverwechselbaren Klang. So könnte z. B. ein etablierter Kühlschrankhersteller mit einer exklusiven Automarke kooperieren. Das Ergebnis wäre dann eine Kühlschranktür, die beim Schließen genau denselben unverwechselbaren Sound von sich gibt wie die Autotür.

Mit Hilfe des Sound Branding (Audio Branding) werden akustische Aktivitäten des Unternehmens im Marketing- und Kommunikationsbereich zu einer einheitlichen Corporate Identity verschmolzen. Etliche Unternehmen nutzen bereits einen extra für die Firma komponierten Song, um eine einheitliche Klangwahrnehmung zu erhalten. Dieser komponierte Song kann einerseits zur Motivation und zur Identifikation der Mitarbeiter mit dem Unternehmen und andererseits in der Kommunikation mit den Kunden eingesetzt werden. Dies geschieht meistens in Form von auditiv wahrnehmbarer Werbung (Rundfunkspot, Fernsehspot etc.). Eine im Trojanischen Marketing geschulte Person würde einen Schritt weitergehen und den Unternehmenssong zum einen auf allen Handys der Mitarbeiter als Klingelton anbringen lassen und andererseits die Kunden dazu bewegen, den Unternehmenssong ebenfalls als Klingelton zu installieren. Stellen Sie sich vor, sie fahren in einem öffentlichen Verkehrsmittel oder sind gerade beim Shoppen in einer belebten Einkaufsstraße, und statt der normalen Klingeltöne hören Sie z. B. ein markantes Firmenlied bzw. den Werbespruch eines Unternehmens. Und wie bringt man die Kunden dazu, die auditive Firmennachricht als Klingelton am Handy anzubringen? Mittels einer durchdachten trojanischen Marketingaktion. Dazu werden im Unternehmensdesign gekleidete Glücksboten ausgeschickt und jedes Mal, wenn diese in der Öffentlichkeit einen Klingelton des Unternehmens am Handy des Kunden vernehmen, gibt es Warengutscheine, Geldbeträge etc.

Ordnungsmuster – die sozial gelernten Strukturen

Kommen wir nun zum letzten Bedeutungsträger von Kommunikation: den Ordnungsmustern. Wenn wir von Ordnungsmustern sprechen, müssen wir auch auf die Cleavage-Theorie zu sprechen kommen.

Das Wort Cleavage, das wörtlich übersetzt „Spaltung/Kluft" bedeutet, stammt aus der politikwissenschaftlichen Theorie von Martin Lipset und Stein Rokkan. Mit Hilfe der Cleavage-Theorie wurde die Entstehung der europäischen Parteisysteme seit dem 19. Jahrhundert aufgezeigt. Demnach entstanden die unterschiedlichen Parteien aufgrund von vier Konfliktlinien, die sich durch die Städte sowie durch die unterschiedlichen Wertvorstellungen der Bevölkerung zogen. Cleavages stellen somit sozial gelernte Ordnungsmuster dar, die vor allem Interessensgrenzen bzw. Interessenskonflikte sozialer Gruppen widerspiegeln. Die Bevölkerungsgruppen der unterschiedlichen Cleavages organisierten sich in unterschiedlichen Interessensvertretungen, aus denen die politischen Parteien hervorgingen. Das Denk- und Interessensmuster eines bestimmten Cleavages transportiert daher Bedeutung, welches zur Kommunikationsübermittlung genutzt werden kann. Folgende vier Cleavages wurden von beiden Politikwissenschaftlern aufgezeigt:

- Peripherie versus Zentrum
- Land versus Stadt
- Kirche versus Staat
- Arbeit versus Kapital

Betrachten wir das Ordnungsmuster Peripherie versus Zentrum. Seit der Antike war der Begriff Zentrum stets mit Macht und Obrigkeit verbunden. Tempel, Paläste, Burgen, Kirchen waren und sind ein integrativer Bestandteil des Zentrums. Dazu kommt, dass das Zentrum immer mit den adeligen, geistlichen, bürgerlichen Wertvorstellungen einen Einklang bildete. Der Code der Peripherie war mit den Ausdrücken arm und Viehhaltung verbunden, also in Opposition zu dem reichen Zentrum. Ordnungsstrukturen ändern jedoch im Laufe der Zeit ihre Bedeutungen. So ist seit dem Ende des 20. Jahrhunderts die Peripherie mit den Codes Umweltschutz, biologische Ernährung, Natürlichkeit, intakte Umwelt verbunden. All diese neuen Einheiten des Codes Peripherie transportieren Bedeutungen, die für das Marketing genutzt werden können.

„Marken für Umweltschutz sind wesentlich überzeugender, wenn sie mit diesem Code der Peripherie operieren beziehungsweise zeichenhaft so ausgestattet sind, dass sie aus dem Raum der Peripherie kommen." (Helene Karmasin)

Eine gelungene Produkteinführung, die über den Code der Peripherie operiert, ist das Bio-Auwaldbrot vom Bäckermeister Ströck in Wien. Dazu ein Auszug aus der produktbegleitenden Broschüre: „Das Getreide für unser neues Bio-Auwaldbrot kommt aus der Region rund um den Nationalpark Donau-Auen." Dieser einzigartige Nationalpark ist in der Peripherie von Wien angesiedelt.

Ebenfalls mit dem Code der Peripherie ist das Kultgetränk Bionade ausgestattet. Dazu hat die Firma das Vorzeigeprojekt „Bio-Landbau Rhön" gestartet. Ziel ist die Sicherung hochwertiger Rohstoffe wie Bio-Holunder aus regionalem Anbau. Damit soll die lokale Landwirtschaft in der strukturschwachen Region Rhön-Grabfeld nachhaltig gestärkt werden und ein höchstes Maß an Qualität der Bio-Produkte erreicht werden. Der Claim von Bionade lautet nicht umsonst: „Das offizielle Getränk einer besseren Welt".

Abbildung 75:
Produktbroschüre zum Bio-Auwaldbrot von Ströck

Zusätzlich zu den Ordnungsmustern, die sich aus der Cleavage-Theorie ableiten lassen, gibt es eine weitere Anzahl von Begriffen, die für das Marketing in Bezug auf Bedeutungsübertragung genutzt werden können, da sie sozial gelernt und mit Symbolen ausgestattet sind. Dazu gehören Gegensatzpaare wie:

- Nähe versus Ferne
- Himmel versus Hölle
- oben versus unten
- geistlich versus weltlich

Tipps für Ihre trojanische Marketingpraxis:

Betrachten Sie Ihre Umgebung und versuchen Sie dabei die Cleavages zu durchleuchten. Welche Bedeutung transportiert Ihr Zentrum? Mit welchen Codes ist Ihre unmittelbare Peripherie ausgestattet? Welche Zeichensysteme zur Bedeutungsübertragung können genutzt werden? Welche Trends sind in den Ordnungspaaren zu lokalisieren? Gibt es Motivstrukturen, die sich unmittelbar aus Gegensatzpaaren ableiten lassen?

Motive – die Ziele des „trojanischen Pfeils"

09:32 Uhr. Samstag vormittags. Ulrike betritt einen Supermarkt. Als sie bei der Süßwarenabteilung vorbei geht, hat sie den Wunsch nach einer Packung „Mon Chéri" und kauft diese.

09:47 Uhr. Nach dem Besuch des Supermarktes hat Ulrike das Bedürfnis, das neue Bio-Aulandbrot beim Bäckermeister Ströck zu kaufen, das ihr schon öfters auf Plakaten aufgefallen ist.

10:06 Uhr. Das Mobiltelefon läutet. Eine Freundin ruft an und will sich mit ihr am Abend im Lokal Wein & Co treffen. Ulrike stimmt zu, denn sie hat Lust, ein wenig auszugehen und ein gutes Glas Wein zu genießen.

10:51 Uhr. Nach dem Tanken fährt sie bei einem Autohaus vorbei und besorgt sich Prospekte vom neuen Audi A4.

14:17 Uhr. Heute hat Ulrike einen ganz besonderen Drang, sich wieder sportlich zu betätigen, und besucht ihr Fitnessstudio.

17:33 Uhr. Bücher sind Ulrikes große Leidenschaft, und sie möchte sich das neue Buch „Trojanisches Marketing" kaufen, um sich weiterzubilden.

17:51. Ulrike liebt modische Kleider und exklusive Parfums und als Belohnung für die harte Arbeitswoche hat sie das Bestreben, sich ein neues Parfum zu leisten.

Schauen wir uns jetzt aber die Geschichte anders an. Bedürfnis, Wunsch, Wille, Bestreben, Drang und Lust sind nichts anderes als umgangssprachliche Ausdrücke für ein Motiv. Motive sind Bedürfnisse, die auf ein bestimmtes Ziel gerichtet sind. Anders formuliert: Motive sind Antriebskräfte, die ein situationsspezifisches Verhalten in Gang setzen. Sie sind die wahren Treiber des Kaufverhaltens. Als sich Ulrike die Packung Mon Chéri mit der „Piemont Kirsche®" kaufte, wurde sie zum einem vom Motiv Selbstverwöhnung und zum anderen vom Motiv „geliebt zu werden" geleitet. Denn sie will auch ihrem Schatz ein paar der Pralinen in die Jackentasche stecken, um sich für die wunderbare Rose zu bedanken. Beim anschließenden Kauf des Bio-Aulandbrots vom Bäckermeister Ströck spielte das Motiv „Moralische Reinheit/Sauberkeit" die dominante Rolle. Dieses Motiv spielt eine entscheidende Rolle bei der Vermarktung von Bio- und „Fair-Trade"-Produkten. Hinter der Lust, am Abend auszugehen, steht das sogenannte Affiliations-

oder Anschlussmotiv, denn Ulrike ist sehr an der Aufrechterhaltung der Beziehung zu ihrer Freundin interessiert. Sie fährt einen nagelneuen Alfa Romeo 159. Warum besorgt sie sich aber Prospekte vom Audi A4? Hier spielt das Motiv Angst/Angstabwehr eine große Rolle. Sie versucht ihre Kaufentscheidung für den Alpha Romeo zu rechtfertigen, und daher vergleicht sie andere Automarken, die ein ähnliches Produkt anbieten. Dahinter steckt das Konstrukt der kognitiven Dissonanz, auf welches wir noch genauer eingehen werden. Hinter dem Kauf des Buches „Trojanisches Marketing" verbirgt sich ihr ausgeprägtes Leistungsmotiv, denn sie möchte mit Ihren Kommunikationsseminaren noch erfolgreicher sein und keinen Misserfolg landen. Beim Parfumkauf wird sie vom Motiv der erotischen Attraktivität geleitet. Auch der Besuch des Fitnessstudios wird dieser Motivkategorie zugeordnet.

Wir wissen, dass Motive ein situationsspezifisches Verhalten in Gang setzen, welches die Verwirklichung eines Zielzustands anstrebt. Wie die Codes werden die einzelnen Motive in jeweils zwei Unterklassen geteilt, in die expliziten und die impliziten Motive. Implizite Motive werden von einer Person nicht wahrgenommen, laufen unkontrolliert ab und werden in der sogenannten vorsprachlichen Phase (Kindheit) geprägt. Die expliziten Motive sind durch die soziale Umgebung entstanden. Es sind dies die Kultur als Ganzes, die Herkunft der Person sowie Normen und Regelungen der Gesellschaft. Berufsstatus und Einkommen sind ebenfalls Bestimmungsgrößen für die expliziten Motive. Die verschiedenen Motive sind bei jeder Person unterschiedlich stark ausgeprägt. Jedes Motivkonstrukt tritt in einer positiven und negativen Variante auf. Beim Machtmotiv (siehe Abbildung) sind das Bestreben, seinen Einflussbereich zu vergrößern, mehr als im letzten Jahr zu verdienen, Vorstandsvorsitzender zu werden die positiven Komponenten. Die Furcht vor dem Kontrollverlust über eine Gruppe, Einkommenseinbußen sowie Arbeitslosigkeit stellen die Kehrseite dar.

Motiv	+ / –	Verwirklichung des Zielzustandes
Anschluss	+	Aufrechterhalten von Beziehungen
	–	Zurückweisungen vermeiden
Leistung	+	Erfolg (sein eigenes Leistungsniveau hinaufschrauben)
	–	Misserfolg vermeiden
Macht	+	Einflussbereich vergrößern
	–	Angst vor dem Kontrollverlust

Abbildung 76: Positive und negative Ausprägungen der Motive

Verschiedene Motiv-Modelle

Bis heute gibt es in der einschlägigen Literatur unzählige wissenschaftliche Untersuchungen zu den Motiven. Jeder von uns kennt die Maslow´sche Bedürfnispyramide, deren obersten Gipfel die Selbstverwirklichung bildet. Fundament seiner Pyramide sind die Grund- oder Existenzbedürfnisse (Essen, Trinken, Schlafen etc.). Darauf aufbauend stehen Sicherheitsbedürfnisse, Sozialbedürfnisse, Anerkennung und Wertschätzungsbedürfnisse und am Ende, wie schon erwähnt, die Selbstverwirklichung. Nach Maslow sind die Motive hierarchisch geordnet, d. h. erst wenn die unteren Motive befriedigt sind, gelangt man zur nächsthöheren Ebene.

Ein zusammenhängendes Modell für die menschlichen Motive wurde vom deutschen Psychologen Norbert Bischof entwickelt, der seine wissenschaftliche Karriere bei Konrad Lorenz begann. Sein zentrales Werk ist das „Züricher Modell der sozialen Motivation", in dem er drei grundlegende Motivsysteme im Menschen lokalisiert:

- Sicherheitssystem (Sicherheitsmotiv, Geborgenheitsmotiv)
- Erregungssystem (Abenteuermotiv, Neues entdecken etc.)
- Autonomiesystem (Machtmotive)

Hans-Georg Häusel hat diese drei grundlegenden Motiveinheiten weiterentwickelt und nennt diese: Dominanz (Autonomiesystem), Stimulanz (Erregungsmotiv) sowie Balance (Sicherheitsmotiv). Die drei essentiellen Motivkategorien lassen sich grafisch sehr schön in Form der von Häusel entwickelten „Limbic Map®" darstellen.

Egal, wie man Motive definiert, erklärt, beschreibt, einteilt etc., eines kommt immer als gemeinsamer Nenner heraus: Motive sind menschliche Bedürfnisse, die immer auf ein Ziel gerichtet sind. Es sind emotionale Antriebskräfte, die ein bestimmtes Verhalten in Gang setzen. Motive sind meist biologischer Natur, die mit individuellen Lernerfahrungen gekoppelt ist. Ausschlaggebend für eine erfolgreiche Marketingkommunikation ist, dass Motive nicht direkt angesprochen werden, sondern über die implizite Bedeutung des Produkts. Nachfolgende Grafik zeigt einen Ausschnitt marketingrelevanter Motive und die dazugehörigen Produkte.

Motiv	Produkte
Erotische und sexuelle Attraktivität	Fitness, Kosmetik, Parfum, Kleidung
Selbstverwöhnung	Friseur, Massagen, Süßigkeiten, Selbstgeschenke
Liebe geben und empfangen	Lebensmittel, Tiernahrung, Selbstgeschenke, Spenden
Moralische Reinheit/Sauberkeit	Bio-Produkte, Fair-Trade-Produkte, religiöse Produkte
Sicherheit	Sicherheitsprodukte, Versicherungen, Vorsorge, Fürsorge
Beherrschung der Umwelt	Haushaltsgeräte, Werkzeuge
Leistung	Technische Geräte, Wasch- und Reinigungsmittel, Produkte mit Leistungsversprechen

Abbildung 77: Motivebenen und dazugehörende Produkte

Motivforschung: Die Erkenntnisse von Ernest Dichter

Wenn wir über Motive sprechen, dürfen wir auf keinen Fall Ernest Dichter vergessen, der heute als Vater des Begriffes „Image" und als Vater der modernen Motivforschung in Bezug auf Produkte gilt. Dichter wurde 1907 in Wien geboren. Auf Grund seiner jüdischen Herkunft emigrierte er Ende der 1930er Jahre in die USA und hatte dort zur selben Zeit auch seine ersten Erfolge im Fachbereich „Imageforschung". Dabei ging es ihm um den Gesamteindruck, nicht um einzelne Bestandteile, die ein Konsument vom Produkt hat. 1946 gründete er das Institute of Motivational Research in New York.

„Den Frauen soll man nicht Schuhe verkaufen, sondern schöne Beine." (Ernest Dichter)

Wesentlich in seinen Forschungen war die Erkenntnis, dass Produkte „eine Seele" haben, mit der sich die Konsumenten identifizieren und mit der sie kommunizieren können. Diese sogenannte „Produktseele" muss immer mit dem Image des produkterzeugenden Unternehmens übereinstimmen. Um dies zu veranschaulichen, bedienen wir uns des Leitsatzes der Gestaltpsychologie, der folgendermaßen lautet: „Das Ganze ist mehr als die Summe seiner Teile". Dieser Satz sagt aus, dass jeder einzelne Teil eines Objekts (Produkts) sich mit anderen Teilen austauscht, dass sie also gegenseitig in Verbindung stehen. Die Wirkung (Image) eines Produkts ist immer die Summe seiner Einzelteile. Wenn jetzt aber ein Teil ausgetauscht wird, erfährt das Produkt eine andere Bedeutung. Darin sehen wir, wie wichtig die Abstimmung der expliziten und impliziten Produktcodes zueinander ist. Zur Illustration bedienen wir uns der Smileys.

Abbildung 78:
Kleine Veränderung mit großer Wirkung:
Verschiedene Bedeutungen von Smileys

Beide Smileys haben den gleichen Aufbau. Kreis, Augen, Mund. Das linke Smiley erhält durch den geschwungenen Mund ein fröhliches Aussehen. Beim rechten Smiley wurde ein einzelner Bestandteil (Mund) ausgetauscht, und das Ganze erfährt dadurch ein trauriges Aussehen.

Hauptforschungsgebiet von Ernest Dichter waren die Motive der Konsumenten. Er war der Erste, der die Motivforschung zu einer Wissenschaft ausbaute, und er untersuchte die Auswirkungen auf das Marketing. Er identifizierte jene Motive, die auch unbewusst für den Kauf eines Produkts verantwortlich sind. Nach seiner Erkenntnis sind nicht die rationalen Beweggründe vorrangig, sondern vor allem die unbewussten Motivstrukturen, die durch emotionale Beweggründe entstehen. Seine Metapher von der „Seele der Produkte" steht hauptsächlich für die geheimen, im Unterbewusstsein schlafenden Motive, die Konsumenten in Bezug auf Ihre Produkte haben.

Wie fand aber Dichter die unbewussten, die impliziten Motive? Wir möchten dies anhand der Ivory-Seife, für die er eine Motivuntersuchung durchführte, darstellen. Dichter befragte die Leute nicht danach, wie sie die Seife verwendeten, sondern er fragte nach den Dusch- und Badegewohnheiten. Als zweiten Schritt unternahm er eine Reise in die Geschichte der Seife in Nordamerika und fand dadurch wertvolle Anhaltspunkte, wie und wann eine Seife im Alltag und in den verschiedenen Epochen verwendet wurde. Wir haben in diesem Kapitel bereits gesehen, dass sowohl die Codes als auch die Motive sozial, d. h. im Laufe der Geschichte, gelernt wurden. Die Reise in die Produktvergangenheit und eine Befragung nach Gewohnheiten bei der Produktbenutzung bieten die Grundlage für den Code in der Marketingkommunikation, sodass dieser wie ein Pfeil in das Herz des Kunden stößt, da man auch die unbewussten Motive dadurch erfolgreich aufzeigen kann.

Durch die Untersuchungen von Dichter konnte ein neuartiger Werbeslogan erarbeitet werden: „Be smart and get a fresh start with Ivorysoap", der vor allem die implizite Motivebene der Seifenverwender ansprach: Nicht nur die üblen Gerüche wurden beseitigt, sondern auch die innere Reinheit wieder hergestellt.

Machen wir eine kleine Reise in die Zukunft. Ulrike, die hübsche Dame, die wir bereits kennen, nimmt an einer groß angelegten Marktforschungsstudie im Auftrag eines Seifenproduzenten teil. Ziel dieser Untersuchung ist, die Dusch- und Badegewohnheiten von Frauen zu erkunden. Dabei wurde ihr ein Mikrochip in ihre Kontaktlinsen eingebaut, wodurch die Motivforscher sie 24 Stunden am Tag beobachten und alle Rituale und Routinen genau erfassen können. Wir kennen Ulrike bereits als eine sehr sportliche Person, die öfters in das Fitnessstudio geht. Wir haben gelernt, dass dahinter das Motiv der erotischen Attraktivität steht, denn Ulrike ist stolz auf ihre sportliche Figur. Nach einem stressigen Arbeitstag gönnt sich Ulrike oft ein erholsames Bad zu Hause. Seit zwei Monaten macht Sie auch Gymnastik-Übungen in der Badewanne, um den Alltagsstress noch besser bewältigen zu können und um innere Ruhe zu erfahren. Dieses Verhalten stellen die Motivforscher auch bei anderen Frauen fest.

Was ist passiert? Ein gewisser James McDean hat einen Bestseller mit dem Titel: „Entspannende Gymnastik in der Badewanne für die erfolgreiche Frau von heute" geschrieben. Da das Buch nach den Regeln des Trojanischen Marketings verlegt wurde, ist es ein absolutes Muss für alle figurbewussten Frauen. Die Motivforscher stellen diese neuartige Form von Badewannengymnastik auch bei vielen anderen Frauen fest, die ebenfalls in die Marktforschungsstudie eingebunden waren. Dies zeigt deutlich, dass Motive immer sozial, d. h. im Laufe der Zeit gelernt werden. Ein neuartiger Modetrend kann daher dazu beitragen, Verhaltensänderungen auszulösen. Der Seifenproduzent ist jetzt in der Lage, die richtigen Codes für die Einführungskampagne zu konzipieren und erstellt zusammen mit den Motivforschern für die Seife folgenden Claim: „Die Seife, die ihnen die sieben inneren Weisheiten der Schönheit öffnet". Die zart rosafarbene und mit schwerem Büttenpapier umhüllte Seife wird in ausgewählten Parfümerien zum Kauf angeboten. Der Boss der Seifenfirma hat sich natürlich auch an die Regeln des Trojanischen Marketings gehalten und bietet die Seife zudem in ausgewählten Fitnessstudios an. Zusätzlich gelang ihm eine Kooperation mit dem Bestseller-Autor James McDean, sodass jeder Buchkäufer auch einen Gutschein für die neue Seife im Buch findet. Zwei Monate nach dem Produkt-Launch ist die Seife ein absoluter Renner.

„Man kann alles verkaufen, wenn es gerade in Mode ist. Das Problem besteht darin, es in Mode zu bringen." (Ernst Dichter)

Nutzen Sie die „Kognitive Dissonanz" als Trojanisches Pferd zu Ihren Kunden

Kehren wir nochmals zu Ulrike zurück, die sich gerade einen nagelneuen Alpha Romeo 159 geleistet hat. Im Vorfeld dieses Kaufs hatte sie umfangreich recherchiert, Autohäuser besucht, Produkttests studiert, mit ihrem Freundeskreis die Vor- und Nachteile besprochen, und nun war sie mit ihrer Entscheidung sehr zufrieden. Bis sie eine ansprechende Anzeige für den neuen Audi A4 sah. Erste Zweifel über ihre Kaufentscheidung taten sich auf, zumal ein Bekannter auch noch von seinem neuen A4 und dessen phantastischem Preis-Leistungs-Verhältnis schwärmte. Dauernd fragte sie sich, ob sie wohl das richtige Auto gekauft hatte, und sie verglich nochmals alle Details der Konkurrenzmarken mit den Daten ihres Wagens. Ihre Zweifel wurden auf einen Schlag geringer, als sie eine Woche später ein nettes Schreiben des Alpha-Romeo-Händlers erhielt, der ihr zum Autokauf gratulierte, ihre Entscheidung für diese Marke als richtige Investition darstellte und zum Dankesbrief auch noch einen Gutschein für eine Innen- und Außenreinigung beilegte. Als sie schließlich nach der ersten kostenlosen Reinigung auch noch einen schönen Blumenstrauß in die Hand gedrückt bekam, war sie sicher, mit dem Kauf des Alpha Romeo 159 die richtige Entscheidung getroffen zu haben, und erzählte fortan im Bekanntenkreis von ihrem tollen Auto.

Wie wir an diesem Beispiel gesehen haben, treten nach einer wichtigen Entscheidung manchmal Zweifel auf, ob man sich wirklich für das richtige Produkt entschieden hat. Dies wird in der Psychologie mit dem Konstrukt der kognitiven Dissonanz nach Leon Festinger erklärt. Dieses besagt, dass der Mensch immer den Zustand der inneren Harmonie anstrebt. Bei wichtigen Entscheidungen ist allerdings die innere Harmonie ernsthaft gefährdet, da jede Entscheidung auch eine Kehrseite in sich trägt. Jede Entscheidung für etwas bedeutet immer auch eine Entscheidung gegen vieles andere. Anders ausgedrückt: Nach einer Entscheidung entsteht Widerspruch (Dissonanz), da die negativen Eigenschaften des Produkts akzeptiert werden müssen und die positiven des nicht gewählten Produkts verloren gehen. Menschen versuchen daher, ihre Entscheidung zu rechtfertigen (Reduzierung der kognitiven Dissonanz), indem sie eine selektive Informationssuche beginnen.

Genau hier setzen wir unser Trojanisches Pferd ein: Um die Dissonanz der Kaufentscheidung aufzuheben, lassen wir dem Kunden im Nachhinein umfangreiches Informationsmaterial zukommen und rechtfertigen seine Kaufentscheidung z. B. mittels Dankesbriefen, Gutscheinen, kleinen Geschenken etc. All die Instrumente des After-Sales-Marketing sind Trojanische Pferde, die den Kunden glücklich machen. Nur ein zufriedener und glücklicher Kunde empfiehlt weiter!

Trojanische Pferde zur Verminderung der kognitiven Dissonanz:
● Dankesschreiben, Glückwunschschreiben
● Zusendung von zusätzlichem Informationsmaterial
● Bereitstellung von Gutscheinen, Give-aways
● Intensivierung des Kundenkontakts
● Nützlichkeiten, Bequemlichkeiten, Nutzen des Produktes mittels eines Guides (z. B. „60 Sekunden und die Schneeketten sind am Auto").
● Anbieten eines Ratgebers. Dies ist z. B. für den Online-Kauf enorm wichtig
● Anbieten von Mitgliedschaft im Kundenclub
● Zusendung der Kundenzeitschrift
● Einbindung des Käufers in die Kundenzeitschrift
● Kommunikation von wichtigen Terminen, z. B. Direct Mail für den Termin „TÜV-Besuch" und für den Servicebesuch

Besonders in der heutigen Zeit, die durch Marktsättigung und Preisschlachten geprägt ist, bietet der Einsatz der Trojanischen Pferde im After-Sales-Marketing ein nicht zu übersehendes Instrument zur erfolgreichen Kundenbindung. Dies gilt besonders für den Investitionsgüterbereich, da auch dieser von der kognitiven Dissonanz betroffen ist.

So machen Sie sich mit der Technik des „trojanischen Pfeils" vertraut

Bündeln Sie Ihre expliziten und impliziten Produktcodes so, dass diese einheitlich aufeinander abgestimmt sind. Diese abgestimmten Codes bilden den sogenannten „trojanischen Pfeil", der in Richtung Motivstruktur der Konsumenten abgeschossen wird. Nur ein perfekt auf jeder Codeebene abgestimmter Pfeil, der einen Mehrwert (Bedeutung) in sich trägt, hat die Chance, an die expliziten und impliziten Motive der Konsumenten zu gelangen.

Bei der Suche nach impliziten und expliziten Produktcodes (am Beispiel eines Weinglases) gehen Sie dabei folgendermaßen vor:

● Befragen Sie Ihre Kunden nach deren Gewohnheiten (Rituale, Routinen). Wenn Sie z. B. hochwertige Weingläser herstellen, so könnten Sie ihre Kunden nach den Trinkgewohnheiten beim Wein fragen.

  ❙ Wann trinken Sie Wein?
  ❙ Wo trinken Sie Wein?
  ❙ Mit wem trinken Sie Wein?
  ❙ Zu welchem Anlass / welcher Gelegenheit trinken Sie Wein?
  ❙ Welche Gläser verwenden Sie gewöhnlich?
  ❙ Welche Gläser verwenden Sie bei freudigen Ereignissen?

Anhand derartig einfacher Fragen gelingt es Ihnen, die Gewohnheiten Ihrer Kunden aufzudecken, so, als hätten Sie ihnen eine 24-Stunden-Kamera am Kopf befestigt. Sie lernen dadurch die Motive Ihrer Kunden besser kennen.

● Als nächsten Schritt machen Sie eine Zeitreise zum Thema Weinglas und stellen sich folgende Fragen:

  ❙ Wann wurden früher und zu welchem Anlass Weingläser eingesetzt?
  ❙ Wie schauten früher die Weingläser aus?
  ❙ Wo wurden die Weingläser aufbewahrt?
  ❙ Wie wurde angestoßen?
  ❙ Wie wurden seinerzeit Weingläser produziert?

Die Antworten auf alle diese Fragen stellen trojanische Anhaltspunkte dar, an denen Sie ansetzen können, um Ihre Zielgruppe anzusprechen. Es ergeben sich z. B. historische Anknüpfungspunkte, die Sie für Ihre aktuelle Werbung nützen können. Warum sollte man nicht beispielsweise an alte Traditionen anknüpfen und Weingläser wieder so ausschauen lassen, wie sie früher ausgesehen haben?

4. Ein kurzer Blick in die Zukunft

Nachdem wir uns bisher ausführlich mit der Vergangenheit und vor allem der Gegenwart beschäftigt haben, wollen wir abschließend versuchen, einen kurzen Blick in die Zukunft zu werfen und uns fragen, was sie uns bezüglich Marketing bringen wird, wobei wir wissen, dass Prognosen schwierig sind, besonders wenn sie die Zukunft betreffen (hat angeblich Karl Valentin gesagt, oder war es doch Marc Twain?).

„The best way to predict the future is to invent it" (Die beste Methode, die Zukunft vorherzusagen, ist, sie zu erfinden), sagt der amerikanische Computerwissenschaftler Alan Kay. Dem wollen wir uns anschließen.

Was uns bei unserem Blick in die Zukunft am wenigsten helfen wird, ist der Blick zurück, in die Vergangenheit. Oder würden Sie sich trauen, auf einer vermutlich kurvenreichen Strecke Ihr Auto zu lenken, indem Sie dauernd in den Rückspiegel schauen und die Strecke analysieren, die Sie bisher gefahren sind? Das würde nicht lange gut gehen, vermutlich landeten Sie bald im nächsten Straßengraben.

Lassen Sie uns ein paar Thesen aufstellen, wie wir glauben, dass die Marketing-Zukunft aussehen wird. Dabei stützen wir uns ein bisschen auf das, was andere Experten wie beispielsweise Friedhelm Lammoth diesbezüglich geäußert haben. Das meiste haben wir uns aber selbst „aus den Fingern gesogen", d. h. es basiert auf unseren zahlreichen Gesprächen mit Beratungs-, Schulungs- und Trainings-Klienten und auf unserer intensiven analytischen Beobachtung der Marketing-Welt, wie sie derzeit ist und wie sie sich derzeit entwickelt.

Und vor allem: Wir sprechen mit Kunden, mit Konsumenten, mit Nachfragern nach Produkten und Dienstleistungen, und zwar nicht über Produkte und Dienstleistungen, sondern über Bedürfnisse und Motive, über das, was gefällt, und das, was stört. Über Vorlieben und Abneigungen. Über Unternehmen, die als hervorragend, und solche, die als abstoßend empfunden werden. Für uns beginnt Marktforschung auf der Straße vor der eigenen Haustür; das gilt auch für das Vorhersehen zukünftiger Trends und Entwicklungen. Friedhelm Lammoth berichtete 2006 auf einer Tagung der Universität St. Gallen in einem Vortrag zur Marketing-Zukunft von einem Bekannten, der, obwohl er normalerweise mit einem Porsche unterwegs ist, seine Kundenbesuche grundsätzlich nur mit der Eisenbahn absolviert. Vom

Bahnhof aus geht er möglichst zu Fuß zum Unternehmen des Kunden. Unterwegs spricht er Passanten an und fragt nach dem Weg und erkundigt sich über die Firma des Kunden. In den meisten Fällen geben die Leute gerne Auskunft und erzählen oft ausführlich, und wenn er im Büro seines Kunden angekommen ist, weiß er oft mehr über dessen Unternehmen als dieser selbst. Das ist Marktforschung par excellence!

Kommen wir nun zu den angekündigten Thesen über die Zukunft des Marketings, wie wir sie erwarten:

These 1: Das Marketing wird immer trojanischer

Wie wir gesehen haben, ist Trojanisches Marketing ein Trend, dem immer mehr Unternehmen in ihren Marketingaktivitäten folgen. Das kann nicht anders sein, schließlich haben wir gelernt, dass diese Art des Denkens und der Marktbearbeitung nicht nur sehr effizient und erfolgversprechend, sondern auch noch besonders kostengünstig sein kann. Es ist fast ein Naturgesetz, dass Auswege aus dem stetig anwachsenden Informationsstrom gefunden werden müssen, dass Strategien und Strategeme kreiert werden müssen, um trotzdem einen Funken Aufmerksamkeit beim Empfänger der Botschaften zu entzünden. Das wird nur möglich sein, wenn trojanische Methoden eingesetzt werden, wenn Trojanische Pferde gefunden werden, die der Zielgruppe angepasst sind.

Trojanisches Denken und Handeln wird zur Basisstrategie werden; ohne systematische Überlegungen in dieser Richtung wird kein Marketingplan auskommen, sollte keine Werbeagentur Konzepte erstellen, sollte keine Marketingabteilung Geld ausgeben.

Dazu gehört auch die zunehmend wichtiger werdende konsequente Anwendung der „Dawos-Strategie".

„In der Markenkommunikation verlangt die neue Mediennutzung nach neuen Strategien: In bestehenden Kanälen überraschen, neue Kanäle erschließen oder erfinden, die Inhalte besetzen (etwa mit Product Placement) oder den Peer-to-Peer-Kanal stimulieren. Gefragt sind medienneutrale, vernetzte Ideen; Kreativität wird wichtiger. Wer seine Marke zum ‚Talk of Community' macht, wird die Nischen erobern.", so das Schweizer Gottlieb Duttweiler Institut (GDI) in einer Pressemitteilung 2007.

These 2: Die Heartware wird immer wichtiger

Erinnern Sie sich an den „trojanischen Pfeil" mitten ins Herz der Kunden? Das ist gemeint, wenn wir von „Heartware" sprechen (also kein Schreibfehler; es ist nicht „Hardware" gemeint). Den Kunden emotional anzusprechen und sein Herz, seine Wünsche, seine Bedürfnisse genau zu treffen, das wird zunehmend wichtiger werden. Das ist ziemlich genau das Gegenteil dessen, was heute vielfach passiert. Denken Sie an Massen-Postwurfsendungen, die nichts anderes als „billig, billiger, am billigsten" zum Inhalt haben. Denken Sie an Informationsbroschüren und Folder, die aus nichts als technischen Daten und Beschreibungen bestehen. Denken Sie an Plakate und Inserate, die kaum erkennen lassen, um was es geht, von emotional ansprechend keine Rede. Denken Sie daran, wie Sie in so mancher Telefonleitung fast verhungert sind, weil der Konzern seine Kundenbetreuung in ein Callcenter (in Irland?) ausgelagert hat. Denken Sie an die Verkäuferin in der Boutique, die Sie mit einer (vielleicht dummen?) Frage vom Plaudern mit ihrer Kollegin abgehalten haben. Denken Sie an den Handwerker, der Sie erst zwei Wochen hat warten lassen, um dann eine schmutzige Wohnung zu hinterlassen und unverschämte Preise zu verlangen. Denken Sie an den Kinderarzt, bei dem Sie neulich mit Ihrer kleinen Tochter waren, weil es ihr sehr schlecht ging und bei dem Sie eineinhalb Stunden im vollen Wartezimmer sitzen mussten. Die Liste der Marketing-Sünden könnte jeder von uns fast beliebig lange fortsetzen.

In allen diesen Fällen wurde Marketing ohne Heartware gemacht. Ohne Rücksicht auf den Kunden. Wahrscheinlich in den meisten Fällen nicht aus böser Absicht, sondern aus Unwissenheit und Gleichgültigkeit. Einer der Autoren wird ab und an zu Vorträgen vor Ärzten und Zahnärzten zum Thema Marketing eingeladen. Auf die Eingangsfrage, wer denn bisher schon Marketing betreibe, kommt von der überwiegenden Mehrzahl der Teilnehmer die entrüstete Ablehnung, „so etwas" nicht nötig zu haben, schließlich habe man studiert, um die Menschheit (oder zumindest einen Teil davon) zu heilen. Ich zeige dann gerne ein kurzes Video, das ich selbst einmal gedreht habe, und in dem man (ohne Ton) einige Arztpraxen bzw. die Wege dorthin sieht. Da gibt es den Orthopäden im dritten Stock – ohne Lift. Da gibt es eine toll eingerichtete Praxis, zu der man durch einen völlig verwahrlosten, meist unbeleuchteten Flur gelangt. Da gibt es den Internisten an einer viel befahrenen Hauptstraße, dessen außen angebrachtem Praxisschild man bei schlechtem Wetter ansieht, wie wichtig ihm seine Patienten sind. All das ist Marketing ohne Heartware. Hier denkt niemand wirklich an seine Kunden, außer vielleicht bei der Abrechnung mit der Krankenkasse. Und das gibt es in vielen anderen Berufen und Branchen ganz genauso.

Darin sind sich alle Prognostiker einig: Die Marketing-Zukunft wird weiblicher und sinnlicher, auch das ein Ausdruck der steigenden Bedeutung der Heartware. Lammoth spricht sogar von „Eve-lution: Die neue Marktmacht der Frauen". Mathias Horx, der bekannte Trendforscher, ist überzeugt, dass „die alte Welt von Materie und Energie die Domäne der Männer war und die neue Welt von Kommunikation, Design und Netzwerken die Welt der Frauen wird". „Weibliches Konsumverhalten verändert die Märkte in Richtung ‚sinnliche' Produkte und Dienstleistungen. Mit der Konsequenz, dass wir auch in dieser Beziehung die alten Bilder der Werbung korrigieren müssen: Vorbei sind die Zeiten, in denen strahlende Blondinen vor Berner Bauernhäusern Toni-Yoghurt naschten und mit dem Alp-Öhi Jacobs-Kaffee schlürften" (Lammoth).

Auch eine andere Zielgruppe wird an Bedeutung gewinnen: die Kids. Obwohl sie prozentual immer weniger werden, wächst ihre Bedeutung in einer Welt, die sich durch Computer- und Internet-Technologie definiert. Diese Generation wächst selbstverständlich mit Tamagochi und iPod und Google und eBay auf und beherrscht diese Dinge im Schlaf. Was frühere Generationen nach und nach erlernen mussten, ist für diese Kinder und Jugendlichen natürlicher Teil ihrer Welt. Und neuere Marktstudien haben ergeben, dass Kinder immer stärker an Entscheidungen beteiligt sind, sei es beim Autokauf, bei der Anschaffung von Computern und Telekommunikationsgeräten, sogar bei der täglichen Verpflegung. Viele Marketingverantwortliche haben diesen Trend erkannt und nutzen ihn, indem sie Kinder und Jugendliche mit ihren Werbebotschaften direkt ansprechen. Es gibt Agenturen, die sich auf die Werbung bei Kindern und Jugendlichen spezialisiert haben. Die wissen, dass man in vielen Fällen eine eigene Sprache beherrschen muss, um die Kids zu erreichen. Dann geht es darum, ihnen nicht nur die Dinge schmackhaft zu machen, die sie selbst für sich kaufen sollen, sondern über diesen Umweg (der dann ja eigentlich kein solcher ist) ihre Familien zu erreichen.

Am anderen Ende der Altersskala finden wir den neu entdeckten Markt der Senioren, die aber nicht so, sondern als „Best Ager", „Silver Customer" und ähnlich bezeichnet werden wollen. In diesem Segment wird sich gewaltig viel verändern. Das ist eine Prognose, die aufs Komma genau möglich ist, da sind sich alle Demographen und Bevölkerungswissenschaftler einig: In wenigen Jahren wird die Hälfte der Bevölkerung über 50 Jahre alt sein. Und da die Lebenserwartung noch immer stetig steigt, wird sich dieser Trend verschärfen. Da kann man Friedhelm Lammoth nur zustimmen: „Es wird höchste Zeit, dass sich Marketing und Werbung darauf einstellen." Diese

Kunden sind „längst nicht mehr das, was sie in der Werbung noch bis vor Kurzem waren: Blasenschwache Käufer von Biotta-Säften, die im Schrebergarten in Demut ihre Soja-Mettwurst mümmeln, sondern in Wirklichkeit nach Mallorca fahren, im Internet surfen, italienisch lernen, mit ihren Enkeln SMS austauschen – und bei allem in der Überzahl sind."

Dabei handelt es sich um eine Zielgruppe mit überdurchschnittlich vielen Marktressourcen an Zeit, Aufmerksamkeit und Geld (so der Schweizer Zukunftsforscher und -philosoph Andreas Giger). „Und es handelt sich um Konsumenten, die wissen, was sie wollen, und denen man kein X für ein U vormachen kann. Genau darin liegt die größte Herausforderung: Reife Konsumenten wollen reife Leistungen!" Andreas Giger leitet daraus die folgenden Vorgaben für Marketingmaßnahmen für diese Altersgruppe ab:

- „Mitarbeiterstab: Erfahrungswissen aufwerten, die spezifischen Kompetenzen reiferer MitarbeiterInnen nutzen und fördern. Am besten sind Teams, die Jung und Alt vereinen.
- Outlet-Gestaltung: Die spezifischen reduzierten Sinnesleistungen im Alter sind längst bekannt, auch wie man darauf eingehen könnte. Man muss es nur noch tun!
- Regal- und Sortimentsgestaltung: Dass man, wenn man reifere Kunden anspricht, Produkte nicht so platziert, dass sie ausgewachsene turnerische Leistungen verlangen, versteht sich (eigentlich) auch von selbst.
- Zusätzliche Serviceleistungen: Reife Konsumenten wissen genau, was sie wollen, und sie können und wollen darüber auch reden. So man sie denn fragt..."

Zusammenfassend möchten wir wieder Friedhelm Lammoth zitieren, der feststellt: „Die Märkte von morgen sind nicht mehr das Reservat junger Hirsche, sondern ein Jagdgrund für graue Panther, die jung bleiben und alt werden wollen." Wie gesagt: Es wird höchste Zeit, dass sich die Verantwortlichen in Marketing und Werbung dieser Tatsache bewusst werden und entsprechend (re-)agieren.

Heartware heißt „Beziehungsmarketing". Und das wird das große Geheimnis des Erfolgs in der Zukunft sein. Nicht mehr über Produkte und deren charakteristische Eigenschaften wird kommuniziert werden, sondern die Beziehung zum Kunden wird im Mittelpunkt stehen. Produkte sind im Prinzip austauschbar, mehr oder weniger identisch, unterscheiden sich nur noch in Kleinigkeiten. Was den Unterschied ausmacht, ist die Beziehung. Gerade in unserer Beratungstätigkeit, wenn es um die Effizienz von Außendienstmitarbeitern geht, zeigt sich immer wieder die Wichtigkeit dieses Aspektes. Diejenigen Außendienstmitarbeiter, die erfolgreich sind, haben es geschafft, zu ihren Kunden ein professionelles (vielleicht sogar freundschaftliches) Verhältnis aufzubauen. Und die, die es nicht über das Mittelmaß hinaus schaffen, reden nach wie vor über ihre Produkte und seine Vorteile (statt über den Nutzen für den Kunden) ...

In diesem Zusammenhang muss man auch die Retro-Welle sehen, die derzeit in einigen Ländern in Europa rollt. Zurück zu früheren Jahrzehnten, lautet das Motto. Das hat ebenfalls eine Heartware-Komponente: Zurück zur „guten alten Zeit" schafft Sicherheit und Geborgenheit, Grundmotive der Menschheit. Buddha-Statuen sind „in", Zen-Meditation, Ayurveda-Medizin. Der Papst und der Dalai Lama sind Medienstars. Digitale Radioempfänger im Röhrendesign boomen. Selbst die Autoindustrie kreiert Modelle mit deutlichem Retro-Look.

Ein eindrucksvolles Beispiel liefert der österreichische Gemüsebauer Erich Stekovics, der 3.000 Tomatensorten anbaut und vertreibt. Er hat seine Nische im Bio-Anbau gefunden. Die Früchte verkauft er ab Hof und verarbeitet sie im eigenen Betrieb, u. a. zu Saucen und Konserven. Seine Kunden sind Top-Gastronomen, Hobbygärtner und Konsumenten in Österreich, der Schweiz, Deutschland und Italien. Sie definieren sich über die Gemeinsamkeit, den „Geschmack der Kindheit" zu suchen.

Dazu gehört auch, wie Lammoth berichtet: „Wertbeständigkeit ist wieder gefragt. Die guten alten Dinge, mit denen der Versandhändler Manufactum mit 400.000 Kunden in Deutschland und der Schweiz über 100 Millionen Euro Umsatz macht. Unter seinen 4.000 Artikeln sind viele, die schon unsere Großeltern kannten." Auch die alten Werte werden wieder gefragt sein: Zuverlässigkeit, Treue, Zusammenhalt, Ehrlichkeit, Harmonie, Gemeinschaft etc. Es wird nicht mehr nur um schnelle Geschäfte um jeden Preis gehen, sondern um langfristige Beziehungen, von denen alle Beteiligten profitieren.

Dazu notwendig ist aber ein Dialog. Einseitige Einbahn-Informationsflüsse werden der Vergangenheit angehören. Kunden wollen gehört werden und nicht mit Informationen zugeschüttet. Kunden wollen mitreden und mitgestalten. Sie akzeptieren das Diktat der Anbieter nicht mehr. Sie wollen entscheiden. Sie wollen die Macht. Um ihre Bedürfnisse zu erfahren, muss man mit ihnen kommunizieren. Das erfordert Dialog in allen Phasen eines Verkaufsprozesses. Nur wer ihnen diesen Dialog ermöglicht, hat in Zukunft eine Chance, in die engere Wahl als Verkäufer zu kommen.

Das Postulat der Zukunft heißt „Kundenpflege". Das wiederum bedeutet: sich um die Kunden kümmern, sich in sie hineinversetzen, ihre Bedürfnisse analysieren und verstehen und erfüllen. Kundenpflege ist das Gegenteil von Vielem, was heute im Marketing passiert. Kundenpflege heißt, die Begriffe Kunden-„Dienst" und „Service" endlich ernst zu nehmen. Aber nicht: „Der Kunde ist König." Die Monarchie ist nicht die Gesellschaftsform der heutigen Zeit. Besser: „Der Kunde ist Partner!", man agiert mit ihm auf Augenhöhe und mit Respekt. Und auch nicht: „Gib dem Kunden das, was Du selbst auch haben willst", sondern: „Gib dem Kunden das, was er – der Kunde – haben will!"

Wenn man Kundenpflege ernst nimmt, bedeutet das automatisch eine steigende Bedeutung aller After-Sales-Aktivitäten. „Nach dem Kauf ist vor dem Kauf", muss dazu die Regel lauten. Es ist aus dem Fenster geworfenes Geld, wenn aufwändige Marketingaktionen durchgeführt werden, um Kunden zu gewinnen, die zwar einmal kaufen, dann aber nicht weiter betreut werden und beim nächsten Mal zur Konkurrenz laufen. Inzwischen ist es eine Binsenweisheit, dass es auch kostenmäßig günstiger ist, bestehende Kunden zu halten, als neue zu gewinnen. Trotzdem ist erstaunlich oft festzustellen – gerade mittelständische Unternehmen machen in der Praxis diesbezüglich viele Fehler –, dass nicht danach gehandelt wird. Dabei ist es in der Regel leicht, Kunden nachträglich in ihrer Kaufentscheidung zu bestätigen und das Aufkommen einer kognitiven Dissonanz zu verhindern. Wiederholungs- und Zusatzkäufe sind die Folge, weil die Kunden zufrieden mit ihrer Kaufentscheidung sind.

Ein wichtiger Nebeneffekt einer professionellen Kundenbetreuung, die in größerer Zufriedenheit mündet, ist die Gewinnung von detaillierten Informationen über den Kunden, seine Eigenarten und Vorlieben. Das ist die direkteste Art der Marktforschung und die beste Methode, die Zukunft vorauszusehen. Spätere Markttrends zeichnen sich normalerweise lange vorher in Kundengesprächen ab, wo Wünsche geäußert und Unzulänglichkeiten artikuliert werden. Auf dieser Basis ist es möglich, Forschung und Entwicklung neuer Produkte und Dienstleistungen in die Wege zu leiten.

Kundenpflege sollte in allen Branchen, ob B2B oder B2C, eine wichtige Rolle spielen. Kundenclubs, Newsletter oder Kundenzeitschriften sind beliebte Instrumente. Im B2B-Bereich kommt dem Außendienst die wichtigste Bedeutung zu. Hier beherrschen die meisten Mitarbeiter ihr Geschäft, laden die Kunden ab und zu zum Essen ein oder bringen – hoffentlich sinnvolle –

Geschenke und nicht die oft üblichen Billig-Werbe„geschenke", z. B. Kugelschreiber, die bei der ersten Benutzung in ihre Teile zerfallen.

Ein Fehler, der uns häufig auffällt, wird hauptsächlich von Verlagen gemacht, die Zeitungen und Zeitschriften publizieren. Zum Jahresende laufen gewöhnlich große Aktionen für Neu-Abonnenten, denen für den Abschluss eines Abonnements oft wertvolle Geschenke versprochen werden. Und was ist mit den treuen Abonnenten, die die Zeitschrift vielleicht schon seit Jahren beziehen? Muss es diese nicht kränken, dass man überhaupt nicht an sie denkt und sie links liegen lässt? Sollte man unter diesem Gesichtspunkt die Neukundenwerbung nicht überdenken?

After-Sales-Aktivitäten, die aufdringlich und lediglich im Hinblick auf Cross- und UpSelling durchgeführt werden, durchschaut der Kunde bald. Das gilt auch und vor allem für Außendienstmitarbeiter, die beim Kundengespräch nur den eigenen Verkaufserfolg und die eigene Provision im Sinn haben. Nur wer sich wirklich auf den Kunden und die Lösung von dessen Problemen konzentriert, kommt fast mit Sicherheit zum Abschluss. Auch als Unternehmensberater und Wirtschaftstrainer haben wir diese Erfahrung oft gemacht. Während zu Beginn der Tätigkeit verbissen akquiriert wurde, immer mit der Angst, einen Auftrag nicht zu bekommen, sind wir inzwischen so weit, dass uns bei einem Erstkontakt mit einem Kunden überhaupt nicht interessiert, ob wir den Auftrag erhalten und wie viel wir damit verdienen werden. Wir denken ausschließlich daran, ob wir das Problem des Kunden lösen helfen können und wie wir das angehen sollten. Seit wir so vorgehen, haben wir praktisch jeden Auftrag erhalten, den wir annehmen wollten. Und über Preise und Kosten wird seitdem auch wesentlich weniger diskutiert.

David Bosshart, der Chef des GDI, fasst das Thema Heartware so zusammen: „Mit steigender Vielfalt wird die Emotionalität immer wichtiger. What you cannot manage in fact, you must manage emotionally!"

These 3: Es gibt keine Zielgruppen mehr

„Es gibt keine Zielgruppe 55plus, ebenso wenig wie eine 50plus oder 60plus", behauptet Andreas Giger. „Erstens vermischen sich dabei (noch) zwei Generationen mit ganz unterschiedlichen Erfahrungen und Prägungen (die Vorkriegsgeneration mit einer primären Mangelerfahrung und die ‚Baby-Boomer' mit ihrer Prägung in der Hochkonjunktur). Zweitens verschwinden die Unterschiede bezüglich Bildung, sozialer Schicht etc. im Alter nicht einfach. Drittens ist keine Generation so sehr individuell verschieden wie die ältere (junge Menschen sind Konformisten, Eigenheiten werden im Alter immer stärker). Viertens gibt es nur wenig Marktbedürfnisse, die direkt etwas mit dem höheren Alter zu tun haben." Das leuchtet ein und bedeutet in der Konsequenz, dass die Segmentierung in Altersstufen insgesamt nur noch wenig Sinn macht. Immer gibt es viele andere Faktoren und Parameter, die ins Kalkül gezogen werden müssen. Bis man schließlich dazu kommt, dass im Prinzip jede individuelle Person eine eigene Zielgruppe darstellt – jetzt sind wir beim One-to-One-Marketing.

Alles andere ist „mangelnder Respekt vor der Individualität der Kunden", wie Giger das formuliert. „Wenn man reifere Menschen in eine Schublade (55 plus, Senioren u.ä.) steckt, statt sie als Menschen mit eigenen Werten und Erwartungen zu respektieren, fühlen sie sich nicht ernst genommen." Warum sollte das nur für die Zielgruppe der älteren Personen gelten?

These 4: Das Ende der Massenmärkte ist nahe
One-to-One-Marketing, Respekt vor dem Individuum, solche Begriffe läuten das Ende der Massenmärkte ein. „Das Wachstum verlagert sich zunehmend in Nischen", wie auch die „3rd European Consumer Trend Conference" 2007 (Thema: „Trends und Thesen: Neue Marken, neues Vertrauen, neue Potenziale") des renommierten GDI festhält. Schon der österreichische Ökonom Joseph A. Schumpeter hatte Anfang des 20. Jahrhunderts festgestellt: „Wir befinden uns in einer Phase, in der die Produktionsmittel durch Innovationen ‚schöpferisch zerstört' werden und neue Vielfalt entsteht." Der niederländische Trend-Guru Reinier Evers spricht in diesem Zusammenhang von „Me-Conomy" und benennt damit den von ihm identifizierten Megatrend „Individualismus".

Evers hat zwei wichtige neue Konsumententypen identifiziert: einerseits den „Trysumer", einen nach seiner Definition erfahrenen Verbraucher, der ein Produkt im Rahmen neuer technischer Möglichkeiten erst kostenlos testet, ehe er sich zum Kauf entschließt und vielleicht auch einmal ein Produkt nur least oder mietet, andererseits den „Twinsumer", der immer nur das Beste will und geistesverwandte Konsumenten sucht, auf deren Urteil er sich verlassen kann.

Für Evers resultieren daraus drei Strategien, denen Anbieter folgen können:

- Curated Consumption: Verkäufer versuchen, auf Empfehlungsseiten im Internet kompetent erwähnt zu werden
- Customer-made: Produkte und Dienstleistungen des täglichen Gebrauchs werden in enger Zusammenarbeit mit Konsumenten zu Unikaten veredelt
- Snobmodities: Alltagsprodukte mutieren zu schicken Luxusartikeln

Motor der Entwicklung ist das Internet – genauer das „Web 2.0" mit seinen Bewertungs- und Empfehlungssystemen. „Das Geschäft entwickelt sich von B2B zu C2C", wie das GDI diagnostiziert. „Ausschlaggebend werden Menschen sein, die sehr gut kommunizieren und die Reputation der Produkte weiter tragen. Wichtiger als wenige starke Beziehungen wird die Vielfalt vieler schwacher Beziehungen. So kreiert das Netz soziales Kapital. Das Netz bringt die Dimensionen auf ein vernünftiges Maß zurück, humanisiert die Entwicklung und gibt dem Einzelnen Mut zur Veränderung."

Doch es geht noch weiter: Zunehmend werden Teile der Wertschöpfungskette an die Konsumenten ausgelagert – „Crowdsourcing" nennt das Peter Wippermann, Leiter des Trendbüro Hamburg. So verschiebt sich die Macht von den Produzenten zu den Konsumenten.

„Marketing" wird so zu „Societing", sagt Peter Bosshart, CEO des Gottlieb-Duttweiler-Instituts. Zentral im Nischenmarketing sei zudem, klare Entscheidungen zu fällen, was wiederum zu einer genaueren Zielgruppenansprache führt. „Erfolg hat", sagt Bosshart, „wer sich mit den richtigen Personen verlinkt, der ‚Linking Value' wird damit wichtiger als das Produkt selbst. Und seine Kunden gut zu kennen, ist das A und O."

Im Web 2.0 müssen Unternehmen in ihren Botschaften bei der Wahrheit bleiben, lügen ist nicht mehr möglich. Totale Transparenz ist angesagt. Vertrauen (zu den Produzenten) bricht zusammen, neues Vertrauen entsteht (zu den Konsum-Kollegen). Kunden untereinander bilden Meinungen über die Reputation von Produkten und Dienstleistungen, es entsteht eine „Economy of recommendations", sie ist heute schon bei Informationsprodukten wie Reisen, Gesundheit, Öko und Bio gut entwickelt.

These 5: Alle Macht dem Kunden

„Vielfalt ist gut – ‚Zuvielfalt' nicht", sagte GDI-Chef David Bosshart Mitte September 2007 auf der 57. Internationalen Handelstagung in Rüschlikon/Zürich. „Massenmärkte, Massentourismus, Massenkommunikation – ‚Hyper Mass': unkontrollierte Größe ist die Wurzel aller Probleme." Die Übersicht schwindet, die Verunsicherung der Verbraucher wächst. Kunden verlieren das Vertrauen in die Produzenten und Händler, organisieren sich stattdessen untereinander, suchen nach Nischenprodukten und entziehen Industrie und Handel die Hoheit über deren Produkte und Marken. Diese Verschiebung der Machtverhältnisse ermöglicht das Internet.

Das bedeutet Kontrollverlust für die bisher den Markt dominierenden Hersteller. Dazu der CEO von Procter & Gamble, Alan George Lafley, der immerhin über 300 verschiedene Marken in seinem Reich gebietet: „Je mehr Kontrolle wir haben, desto weniger Kontakt haben wir mit den Kunden. Je mehr wir aber loszulassen bereit sind, desto näher kommen wir ihnen." Eigentlich eine Sensation, diese Aussage; angeblich wird Procter & Gamble doch von Controll-Freaks geführt. Aber sogar der P&G-Marketingchef Jim Stengel schlägt in diese Kerbe. Er selbst begleitet Hausfrauen tageweise beim Einkaufen und Kochen, um so deren Gewohnheiten kennenzulernen – „Consumer Immersion" nennt er das.

„Wir bewegen uns vom Preis- zum Vertrauenswettbewerb", stellt Alain Caparros, Vorstandsvorsitzender des führenden deutschen Einzelhandelsunternehmens Rewe, fest. Der Kunde entscheidet, wer ihn beliefern darf, wem er sein Vertrauen schenkt, wem er sein Geld zahlt. Der Kunde hat – dank Internet, Communities, Blogs – die Übersicht. Der Kunde entscheidet. Der Kunde ist der Chef!

These 6: Marketing und Vertrieb verschmelzen

In den meisten größeren Unternehmen gibt es heute zwei Abteilungen oder Bereiche, die nicht unbedingt miteinander befreundet sind: Marketing auf der einen Seite, auf der anderen Seite der Vertrieb. Normalerweise gibt es zwischen diesen beiden erhebliche Differenzen. Das Marketing macht Konzepte „am grünen Tisch", die die Mitarbeiter des Vertriebs „ausbaden" müssen. Feindseligkeit ist vorprogrammiert. Das wird in Zukunft – hoffentlich! – anders sein.

Dabei geht es doch in beiden Bereichen um dieselben Ziele: Zufriedene Kunden und befriedigende Umsätze, Deckungsbeiträge und Gewinne. Statt dem Produkt wird immer mehr die Kundenorientierung zum entscheidenden Faktor. Die Konsumenten werden zu Kooperationspartnern. Wer nicht angeschlossen ist, wird ausgeschlossen – Konsumenten wie Unternehmen. Für eine erfolgreiche Netzwerk-Ökonomie sind nicht mehr die Produktionsmittel entscheidend, sondern die die Vernetzung.

Mitarbeiter von Marketingabteilungen und Vertriebsmitarbeiter haben dieselben Ziele und werden zunehmend dieselben Mittel einsetzen. Für beide wird Kundenbetreuung und Kundenpflege im Mittelpunkt stehen. Beide werden sich darum bemühen, zufriedene und loyale Kunden zu schaffen und zu behalten. Wo sehen Sie einen Unterschied?

5. Die trojanische Community

Kommen wir zum Ende (dieses Buches) und zum Anfang zugleich. Wir hoffen, dass Sie das Buch bis hierher mit einigem persönlichen Gewinn gelesen haben. Vor allem hoffen wir, dass Sie einige der hier vorgestellten Ideen nutzen und in Ihre tägliche Marketingarbeit einfließen lassen. Wenn Sie das tun, behalten Sie das nicht für sich, sondern teilen Sie Ihre trojanischen Aktivitäten und Erfahrungen mit uns und den übrigen Lesern.

Dazu haben wir – wie schon mehrfach erwähnt – eine eigene Internetseite eingerichtet: www.TrojanischesMarketing.com (es ist egal, ob Sie Groß- oder Kleinbuchstaben verwenden). Besuchen Sie uns dort und schauen Sie, was es Neues gibt.

Das alles finden Sie auf unserer Homepage:
● Porträts der Autoren sowie der Kooperationspartner

● konkrete Praxis-Beispiele in Hülle und Fülle

● Literaturempfehlungen und Buch-Rezensionen

● Besondere Angebote unserer Kooperationspartner

● Ein Forum zum effektiven Austausch untereinander

● Einen geschützten Bereich für zusätzliche Informationen rund um das Trojanische Marketing, der exklusiv für Sie als Buchkäufer zugänglich ist.

Nicht alles ist auf unserem Mist gewachsen, vielmehr stammt ein Großteil der Informationen und Meinungen von Leserinnen und Lesern, die uns dort besucht haben.

Wie können Sie selbst auch Mit-Autor werden? Ganz einfach: Klicken Sie auf den Button „Registrierung", dann geht ein neues Fenster auf, das ein einfaches Formular enthält. Dort bitten wir Sie um Ihren Namen und Ihre E-Mailadresse und geben Ihnen die Möglichkeit, unseren Newsletter zu abonnieren (was Sie natürlich auch ablehnen können). Nachdem Sie dann auf „Absenden" geklickt haben, erhalten Sie umgehend ein E-Mail an die von Ihnen angegebene Adresse. Dieses enthält Ihren persönlichen Code, mit dem Sie sich ab dann in die Community einloggen können.

Wir garantieren, dass jede E-Mail, dass Sie von uns erhalten – einschließlich aller Newsletter – frei von Viren, insbesondere von Trojanern (!!), und
sonstigen Schadprogrammen sein wird. Unser Webmaster, der auch den E-
Mail-Versand managt, wird darauf ganz besonders achten. Wir versprechen
hoch und heilig, alle von Ihnen eingegebenen Daten ausschließlich für interne Statistiken und für eine allfällige Korrespondenz mit Ihnen zu benut-
zen. Insbesondere ist es ausgeschlossen, dass wir irgendwelche Daten an
dritte Personen oder Institutionen weitergeben, weder entgeltlich noch un-
entgeltlich. Nicht einmal für trojanische Aktionen im Sinne dieses Buches
werden wir Daten weitergeben oder von Unbefugten nutzen lassen.

Wir freuen uns über jeden, der uns auf www.TrojanischesMarketing.com
besucht! Kommen Sie und

- geben Sie Ihre Kommentare zum Buch und zur Website ab

- berichten Sie von trojanischen Aktionen, die Sie – wann und wo auch
  immer – beobachtet oder von denen Sie gehört haben

- berichten Sie von trojanischen Aktionen, die Sie – wann und wo auch
  immer – in Ihrem eigenen Unternehmen oder als Freiberufler geplant,
  organisiert, durchgeführt haben

- schlagen Sie Kandidaten für den „Trojan Award" vor, die Sie für würdig
  erachten, diesen Preis zu erhalten, und sagen Sie dazu, warum Sie dieser Meinung sind

- empfehlen Sie Literatur, die Ihrer Meinung nach zum Thema passt

- empfehlen Sie Agenturen und Freelancer, die Ihrer Meinung nach den
  trojanischen Gedanken gut verwirklichen können

- laden Sie Freunde, Bekannte, Kollegen ein, die das Buch und/oder die
  Website bisher nicht kennen

- überlassen Sie uns einen Link zu Ihrer Website (Linktausch)

Wie geht es weiter? Für 2009 planen wir den ersten wissenschaftlichen Kongress: „1st Conference on Trojan Marketing". Themen, Ort und Zeit werden wir über die Homepage kommunizieren. Die Vorträge auf diesem Kongress werden dann auch auf der Website gestellt.

Wir freuen uns auf einen lebhaften Dialog mit Ihnen! Bis bald!

PS: Und wer ist Ulrike? Unsere Ulrike, die uns wie ein roter Faden durch das Buch begleitet hat gibt es natürlich auch in der Realität in Person von Frau Dr. Ulrike Manhart. Im geschützten Bereich unsere Homepage, der für Sie als Buchkäufer zugänglich ist, hat Ihnen Frau Manhart eine „Verhandlungsfibel" zusammengestellt, damit Sie all die Tricks einer effektiven Verhandlungskunst kennen lernen. Weiterhin bedanken wir uns bei Frau Manhart für die Mitarbeit an diesem Buch und dass sie uns als erste Testleserin diente. Darum widmen wir Frau Manhart unsere letzte Seite im Buch – bitte, hier ist Sie!

Abbildung 79:
Der Autor
Roman Anlanger und
Ulrike Manhart
© Peter Korp

6. Anhang

Autoren

Anlanger, Roman

Roman Anlanger ist Studiengangsleiter für das Fachhochschulstudium „Technisches Vertriebsmanagement" der Fachhochschule des bfi Wien und ist für das Lehr- und Forschungspersonal verantwortlich. Anlanger hat zwei Hochschulstudien erfolgreich absolviert, ist CRM-Manager und Wirtschaftstrainer und hält auch Vorlesungen in anderen wissenschaftlichen Institutionen. Anlanger ist Erfinder des Trojanischen Marketings und Inhaber der dazugehörigen Markenrechte.
[www.fh-vie.ac.at] [www.TrojanischesMarketing.com]

Engel, Wolfgang A.

Wolfgang A. Engel ist selbständiger Wirtschaftstrainer, Coach und Unternehmensberater. Als diplomierter Wirtschaftswissenschaftler war er lange Jahre in Managementfunktionen in der Wirtschaft, vor allem in der internationalen Pharmaindustrie tätig. Er hat derzeit zahlreiche Lehraufträge, unter anderem an zwei österreichischen Fachhochschulen und beim Wirtschaftsförderungsinstitut (WIFI) der Wirtschaftskammer Wien. Außerdem berät er Unternehmen in Fragen von Marketing und Vertrieb.
[www.engel-austria.at] [www.TrojanischesMarketing.com]

Kooperationspartner

Bauer, Clemens

Mag. Clemens Bauer ist Marketing- und Sales-Direktor der Consumer & Office Abteilung 3M Österreich. [www.3m.com/at]

Frankl, Daphne

Dr. Daphne Frankl, Rechtsanwaltsanwärterin in der Kanzlei Lansky, Ganzger + partner (professionelle Beratung zum Thema Urheberrecht). [www.lansky.at]

Fuchs, Werner T.

Werner T. Fuchs lebt und arbeitet als Marketingexperte und Werbefachmann in Zug (Schweiz). Zu seinen Kunden gehören u. a. UBS und Swissair. Er promovierte in Germanistik und Theologie, beschäftigt sich seit 19 Jahren intensiv mit Hirnforschung und gibt seine Erfahrungen als Dozent und Referent gerne weiter. [www.propeller.ch]

Häusel, Hans-Georg

Der promovierte Psychologe Hans-Georg Häusel ist Vorstand der Gruppe Nymphenburg Consult AG in München. Bei der Übertragung der Erkenntnisse der Hirnforschung auf Fragen des Konsumverhaltens, Marketings und Markenmanagements zählt der Autor zahlreicher Fachpublikationen weltweit zu den führenden Experten. [www.nymphenburg.de]

Holzinger, Helmut

Dr. Helmut Holzinger ist Geschäftsführer der Fachhochschule des bfi Wien und sponsert den Trojan Award 2008. [www.fh-vie.ac.at]

Krempig, Iris

Iris Kremping ist Sales Marketing Manager in einer deutschen Agentur, die sich auf Ambient Marketing spezialisiert
hat. Bereits in ihrer Diplomarbeit hat sie sich mit diesem Thema intensiv beschäftigt. [www.iris-krempig.de]

Manhart, Ulrike

Dr. Ulrike Manhart ist Professorin an den Schulen des bfi
Wien. Die Wirtschaftswissenschaflerin ist Lektorin an mehreren Fachhochschul-Studiengängen und unterrichtet Präsentation, Moderation und Verhandlungsführung. Daneben
ist sie auch eine erfolgreiche Trainerin und Buchautorin.
[www.manhart.cc] [www.TrojanischesMarketing.com]

Markl, Marco

Herr Markl ist Geschäftsführer einer Consultingfirma, die
sich mit Internet-Portalen, Marketing, CRM und Kundenbindung beschäftigt. Er ist außerdem der Webmaster der Internetseite zu diesem Buch. [www.brisk.at]
[www.TrojanischesMarketing.com]

Platzer, Martin

Nach seiner sportlichen Laufbahn als Eishockeyprofi gründete der diplomierte Betriebswirt die MPM Sponsoring Consul-
ting und ist ein gefragter Experte im Bereich strategisches
Sponsoring. [www.mpmsponsoring.com]

Reiter, Wilfried

Der Akademiker berät, coacht und trainiert seit mehr als 20
Jahren zur zentralen Frage: Wie funktionieren Glück und Erfolg in Alltag und Beruf? Wilfried Reiter hat sich auch als erfolgreicher Autor mit zahlreichen Publikationen einen Namen gemacht. [www.wilfried-reiter.com]

Roth, Christian

Der Diplom-Psychologe Christian Roth hat sich auf die Wirkung virtueller Welten spezialisiert und forscht zu medien- und sozialpsychologischen Aspekten. Seine weiteren Interessengebiete und Forschungsfelder sind u.a. Marketing in virtuellen Welten, Medienabhängigkeit und Spielspaß (Game Design). [www.spieleforschung.de]

Schweiger, Günter

Prof. Dr. Günter Schweiger ist Vorstand des Instituts für Werbewissenschaften und Marktforschung sowie Leiter des Universitätslehrganges für Werbung und Verkauf an der Wirtschaftsuniversität Wien. Seine Forschung sowie zahlreiche Publikationen machen ihn zum international anerkannten Experten im Bereich Werbung und Marketing. Schweiger ist außerdem Präsident der Werbewissenschaftlichen Gesellschaft (WWG). [www.werbelehrgang.at] [www.wwgonline.at]

Söllch, Andrea

Mag. (FH) Andrea Söllch ist bei der 3M Österreich GmbH zuständig für Marketing Post-it® Products & 3M Ergonomics. [www.3m.com/at]

Thun, Simon

Der studierte Betriebswirt ist geschäftsführender Gesellschafter von Nohokaty, Döring & Thun, einer Agentur für Marketing und Kooperationen mit Sitz in Berlin. [www.noshokaty-doering-thun.com] [www.mesh-box.com]

Urabl, Gabriela

Frau Gabriela Urabl ist Geschäftsführerin von „Gabriela Urabl. Studio für Grafik, Text" in Wien. [www.grafikstudio-urabl.at]

Literaturverzeichnis

Bauer, H. H., Grether, M. & Sattler, C. (2001): *Werbenutzen einer unterhaltenden Webseite – Eine Untersuchung am Beispiel der Moorhuhnjagd.* Mannheim: IMU

Bogost, I. (2007): *Persuasive Games – The Expressive Power of Videogames.* Cambridge: MIT Press

Brandtner, M.: *Die Essenz der Marke: So fokussieren Sie Ihre Marke auf die Zukunft.* In: Business Report (02/2005)

Braun, K.A., Ellis, R., Loftus, E.F. (2002): *Make my memory: How advertising can change our memories of the past.* In: Psychologie & Marketing, 19(1), 1–23

Bretschneider, S. (11.11.2005), *Über Kekse und Guerilleros (Buzz-Marketing),* in: medianet

Buzan T. & Buzan B. (2005): *Das Mind-Map-Buch. Die beste Methode zur Steigerung ihres geistigen Potenzials.* Heidelberg: MVG-Verlag

Bruhn, M. (1997): *Kommunikationspolitik; Bedeutung – Strategien – Instrumente.* München: Vahlen

De Bono, E. (2005): *De Bonos neue Denkschule. Kreativer denken, effektiver arbeiten, mehr erreichen.* Heidelberg: MVG-Verlag

De Bono, E. (1999): *Six Thinking Hats.* London: Penguin Books

Dichter, E. (1977): *Motivforschung – mein Leben. Die Autobiographie eines kreativ Unzufriedenen.* Frankfurt/Main: lorch Verlag

Dichter, E. (1964): *Handbuch der Kaufmotive. Der Sellingappeal von Waren, Werkstoffen und Dienstleistungen,* Wien/Düsseldorf : Econ Verlag

Ditfurth, H. von (1976): *Der Geist fiel nicht vom Himmel – Die Evolution unseres Bewusstseins.* Hamburg: Hoffmann + Campe

Ehrhardt, W. & Buschmann, H. (2006): *Verkaufen mit Psychologie. Verhalten trainieren – Ergebnisse verbessern.* Weinheim: Wiley-VCH-Verlag

Fuchs, W. T. (2007): *Tausend und eine Macht.* Zürich: Orell Füssli Verlag.

„Gastro" Ausgabe 3/2007: N.N.: *Beflügelnde Essenzen, belebter Umsatz*

Gau, D. (2007): *Effiziente sprachliche Strategien in der Werbung.* In: transfer / Werbeforschung & Praxis, Nr. 03, September 2007

Gordon, W. (1961): *Synectics: The development of creative capacity.* New York: Harper & Row

Häusel, H. G. (2008): *Brain View – Warum Kunden kaufen.* Planegg: Haufe Verlag

Häusel, H. G. (Hrsg.) (2007): *Neuromarketing; Erkenntnisse der Hirnforschung für Markenführung, Werbung und Verkauf.* Planegg: Haufe Verlag

Hitchon, J. C. (1997): *The locus of metaphorical persuasion: An emprical test.* In: Journalism and Mass Communication Quarterly 74, 1/1997

Höglinger S. & Kleedorfer F. (2007): *Das Selbstbild der Österreicher und Ihr Bild von den Deutschen, Schweizern, US-Amerikanern, Italienern, Tschechen und Türken.* Diplomarbeit am Institut für Werbewissenschaften und Marktforschung an der WU Wien, in Arbeit

Karmasin, H. (1994): *Produkte als Botschaften.* Wien: Ueberreuter Verlag

Kim, W. Chan & Mauborgne, R. (2005): *Der Blaue Ozean als Strategie. Wie man neue Märkte schafft wo es keine Konkurrenz gibt.* München: Hanser Verlag

Klebs, F. (2005): *Fußball-WM als Marketing-Plattform.* In: Informationsdienst Wissenschaft (idw), 18.08.2005

Klimmt, C., Steinhof, C. & Daschmann, G. (in Druck: 2007/2008). *Werbung in Computerspielen: Die Bedeutung von Interaktivität für die kognitive Werbewirkung.* In: Medienwirtschaft

Kotler, P. (1974): *Atmospherics as a Marketing Tool.* In: Journal of Retailing, Nr. 4/1974, S. 48 ff.

Kroeber-Riel, W. (1993): *Bildkommunikation.* München: Franz Vahlen

Kurz, H. & Schweiger, G. (Hrsg.) (1994) *Exportwerbung – Strategie und Test österreichtypischer Markenpositionierung.* Wien: Service Fachverlag

Lammoth, F. (2006): *Die Marketing-Zukunft. Neue Kunden, Neue Märkte, Neue Werte.* Vortrag zur Marketing-Tagung an der Universität St. Gallen am 10. März 2006

Lotman, J. M. (1993): *Die Struktur literarischer Texte.* München: Fink Verlag

Luther, M. & Gründonner, J., (2000): *Königsweg Kreativität.* Paderborn: Junfermann

Manhart, U. (2005): *Höre – rede – siege! Leitfaden für erfolgreiches Verhandeln.* Wien: Linde Verlag

Meyer, T. & Schade, M. (2007): *Cross-Marketing – Allianzen, die stark machen. Mit Partnern schneller erfolgreich werden.* Göttingen: Business Village

Miçiç, P. (2003): *Der Zukunftsmanager – Wie Sie Marktchancen vor Ihren Mitbewerbern erkennen und nutzen.* Freiburg: Haufe Verlag

Moravitz M. (2007): *Das Image Österreichs in Deutschland 2006.* Diplomarbeit am Institut für Werbewissenschaften und Marktforschung an der WU Wien, in Arbeit.

Nelson, M. R. (2005): *Exploring Consumer Response to "Advergaming".* In C. P. Haugtvedt, K. A. Machleit & R. F. Yalch (Hrsg.): *Online Consumer Psychology. Understanding and Influencing Consumer Behavior in the Virtual World.* Mahwah, NJ: Lawrence Erlbaum Associates

N.N., (2006): *Virtuelle Tupperwareparties* (über Matthias Horx). In: derStandard.at, 27.08.2006

N.N., (2007): *Umkämpfte EM-Wörter. Werber umgehen Uefa-Ansprüche.* Iin: NZZ Online, Nachrichten → Kultur → Literatur und Kunst, 11.09.2007

Nisbett, R. E. & Wilson, T. D. (1977): *Telling More Than We Can Know: Verbal Reports on Mental Processes.* In: Psychological Review of the American Psychological Association, Vol. 84, No. 3, May 1977

Olbrisch, K. (2006): *Sieg des „Guerillas" über die Werbung.* In: businesson, 05.07.2006

Osborn, A.F. (1957): *Applied Imagination.* New York: Charles Scriber's Sons

Packard, V. (1992): *Die geheimen Verführer.* Düsseldorf: Econ Verlag

Pine, B. & Gilmore J. (1999): *Willkommen in der Erlebnisökonomie.* In: Harvard Business Manager, Nr. 1/1999, S. 56 ff.

Philipp, S. (2007): *Blick in die Zukunft.* Köln: psh communications

Rico, G. L. (1984): *Garantiert Schreiben lernen, Sprachliche Kreativität methodisch entwickeln – ein Intensivkurs auf der Grundlage der modernen Gehirnforschung.* Reinbek bei Hamburg: Rowohlt Verlag

Riedmüller, F. (1999): *Erlebtes Werben: Was bringt der Point of Fun.* In: Absatzwirtschaft Nr. 09 vom 10.09.1999, S. 110; zitiert nach www.wiso-net.de, 12.09.2007

Riedmüller, F. (2000): *Der Einfluss situationsspezifischer Faktoren auf die Werbequalität.* In: Werbeforschung & Praxis, Nr. 1/2000, S. 22 ff.

Scheier, Ch. & Held, D. (2007): *Was Marken erfolgreich macht, Neuropsychologie in der Markenführung.* Planegg: Haufe Verlag

Scheier, Ch. & Held, D. (2006): *Wie Werbung wirkt. Erkenntnisse des Neuromarketing.* Planegg: Haufe Verlag

Schlicksupp, H. (2004): *Innovation, Kreativität und Ideenfindung.* Würzburg: Vogel Verlag

Schüller, A. M. (2005): *Zukunftstrend Empfehlungsmarketing.* Göttingen: Business Village

Schulze, G. (1993): *Die Erlebnisgesellschaft. Kultursoziologie der Gegenwart.* Frankfurt am Main: Campus

Schwab, G. & Eigl, K. (1955): *Die schönsten Sagen des klassischen Altertums,* Wien: Kremayr & Scheriau

Schweiger, G. & Schrattenecker, G. (2005): *Werbung,* 6. Auflage. Stuttgart: UTB

Schweiger G., Frideres G., Strebinger A., Rehrl I., Otter T. (1995): *Made in Austria – Kapital für österreichische Marken.* Schriftenreihe des Wirtschaftsförderungsinstituts

Schweiger G. (1992): *Österreichs Image in der Welt.* Wien

Shannon, C. (1948): *A Mathematical Theory of Communication.* In: The Bell System Technical Journal, Vol. 27

Spiegel-Gruppe (2007): *Case Study quirin bank.* Juli 2007

VISA (2007): *Das Magazin von card complete*, Nr. 4, September 2007, Wien

Weinberg, P. (1992): *Erlebnismarketing*. München: Vahlen

Weinberg, P. (1996): *Kommunikation in der Zukunft*. In: Werbeforschung & Praxis, 2+3/96

Internetquellen

bestHeads online Marketing: *Sailing the 7 C's – Der Weg zum Erfolg!*. 11.12.2007 (http://www.bestheads.com/bh_tree/bh_content/powerslave,id,58,nodeid,2.html

Davis, M.: *Die Zukunft des Marketing – Was Kunden künftig wünschen*. 10.12.2007 (http://www.vnr.de/vnr/werbungkommunikation/werbenmitsystem/experten-rat_12503.html)

Drosten, M.: *Welches Erlebnismarketing kommt an?* In: ASW Nr. 009 vom 15.09.1997, Seite 016; zitiert nach: www.wiso-net.de. 12.09.2007

Ebster, C.; Wagner U.; Valis, S.: *Der Einsatz verbaler Prompts zur Generierung von Zusatzverkäufen, Powerpoint-Präsentation*, (http://marketing.univie.ac.at/fileadmin/user_upload/lehrstuhl_marketing/Sonstige_Dateien/Pressemitteilungen/2006_Kurzpraesentation.pdf). 14.11. 2007

Marketing-Mix. In: http://de.wikipedia.org/wiki/Marketing-Mix. 06.12. 2007

Müller, A. & Hövener, M.: *Suchmaschinen-Marketing für Entscheider* (www.bloofusion.de). 08.12. 2007

Salzmann, Y. (2007): *Der Weg von den 4P zu den 7P*. In: www.marketing.ch, Das Schweizer Marketing Portal. 25.01.2007

Scheier, Ch.: "... er bevorzugt unsere Marke und erinnert sich nicht einmal, warum...", Interview mit Marcus Roder. In: www.viralmarketing.de. 25.11.2007

Stangl, W. (2007): *Arbeitsblätter* (http://arbeitsblaetter.stangl-taller.at/PRAESENTATION/clustering.shtml), 03.11.2007

UniversalMcCann / Verlagssgruppe Bauer: Consumer Insights als Basis für die ganzheitliche Kommunikations-Beratung, oder: Wie Media-Agenturen sich auf die neuen Anforderungen einstellen (http://www.bauermedia.com/fileadmin/user_upload/konferenzen/20040420/pdf/referat/hofsaess.pdf). 08.12. 2007

Wikipedia: *Verstärker (Psychologie)*, (http://de.wikipedia.org/wiki/Verst%C3%A4rker_%28Psychologie%29). 17.09.2007

Wikipedia: *Verstärkung (Psychologie)*, (http://de.wikipedia.org/wiki/Verst%C3%A4rkung_%28Psychologie%29). 17.09. 2007

Winkler, A.: *Erfolgsstrategien beim Affiliate Marketing*, (http://www.ecin.de/marketing/affiliate2/). 03.11.2007

Stichwortverzeichnis

Adressen	112	Dawos-Strategie	38, 44, 158
Advergame	59	Diana mit Menthol	189
Affiliate-Marketing	179	DIGA	57
Allianz Versicherung	78	Deutsche Post	61
Allusion	193	Dove	243
Ambient-Media	81		
Ambush-Marketing	46	Empfänger	263
Ariel	185	Empfehlungsmarketing	176
Asbach Uralt	118	Erfolgsfaktoren	180, 242
Auditive Advertisement	59	Episodisches Gedächtnis	105
Austrian Airlines	196		
		Fa	196
Basisstrategie	34, 125	Factbook	134
BAWAG	189, 234	Freudige Ereignisse	112
Bedeutungsträger	230		
Bell	99	Geschichten	236, 239
Bell-Grillchef	132	Gesetz der Wenigen	75
Belohnung	58, 109, 253	Guerilla-Marketing	47
Best Ager	79, 265	Guide-Prinzip	92
Bildkommunikation	235	Grill-Fibel	99
Bio-Auwaldbrot	251	Gutschein	213, 259
Bionade	75		
Burda-Verlag	175	Haptische Komponente	248
		Hausmesse	162
Campari	127	HB-Männchen	118
Cerberus	189	Heartware	264
Cleavage	250	Hochriegl	197
Cluster	134	Holmes Place	123
Clustering	201	Huckepack-Marketing	159
CoBranding	168	Hunde	52
Code	223		
Computerspiele	56	Image	86, 98
Couponing	175	Imagetransfer	153, 249
Cow-Parade	141	Information	92, 115
Cross-Marketing	100, 151	Implizite Bedeutungen	234
Cross-Promotion	166	In-Game-Advertising	57
Curry	95	Ingredient Brands	154

Jung von Matt   11, 125   One-to-One-Marketing   270
                                          Österreich Werbung   148
Kaffeebecher   49   Opinion Leader   92, 107, 133
Känguru   72   Orangen   49
Kärcher   87   Ordnungsmuster   250
Kids   225   ORF-SkiChallenge   64
Kognitive Dissonanz   259
kognitive Landesimage-   73, 148   Papstwahl   224
   facetten   Paolo Coelho   53
Kooperationen   151, 183   Pflanzensprossen   35
Kooperationspartner   95, 184   Piemont-Kirsche   253
Körpersprache   234   Post-it®   8
Kosten   31   Power Horse   225
Kostenreduktion   152   POT   82
Kreativitätstechniken   207   ProductBundling   171
Kundenzeitschriften   242   Product Placement   58
                                          Progressive Abstraktion   210
List   10   Puschkin   139
Logitech   60
                                          quirin bank   103
Märchen   127   Quirin   103
Märkte   20
Mercedes   126   Razor and Blades Business   173
Metapher   198   Model
Microsoft   55   Reizworte   208
Mon Chéri   138, 253   Red Bull   120, 229
Morphologischer Kasten   210   Redticket   196
Motiv   253
Motiv-Modelle   255   Salatkrönung   198
Multisensuales Marketing   246   Schemabilder   144
Mund-zu-Mund-Progaganda   Schlüsselcode   227
              47, 59, 75, 99, 107, 233   Schlüsselreiz   236
Muster   250   Schuhgeschäft   20
Mythen   127   Second Life   60
                                          Sender   59, 166, 223
Namensadaption   125, 134   Senseo   175
Narrative Struktur   190   Sensorik   245
Neuromarketing   48   Sound Branding   249
Neurowissenschaften   238   Sprache   185
Nike   168, 187   Spielmotiv   248
Nonverbale Kommunikation   231   Stiegl-Bier   121

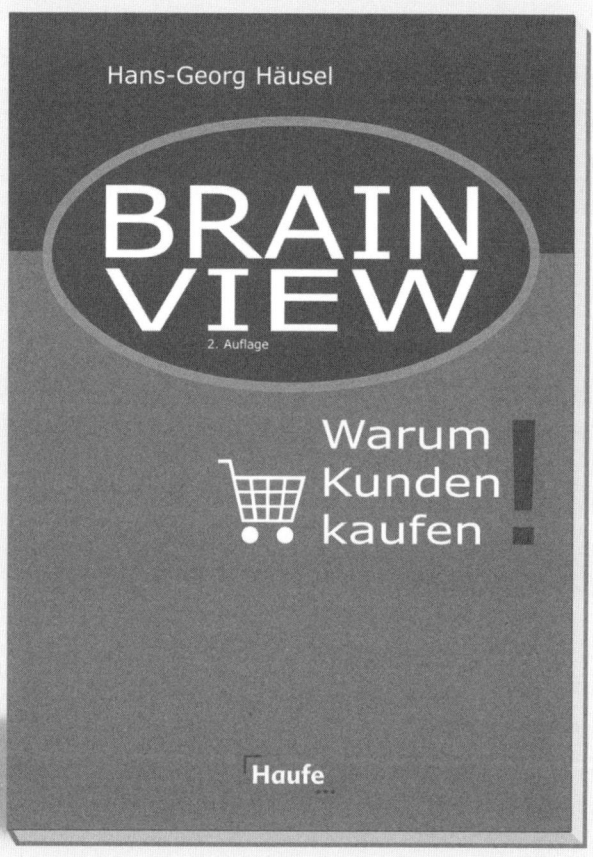

Streuverluste	30
Storytelling	238, 242
Strategische Kontur	69
Ströck	98, 105, 251
Symbol	125, 229, 244
Synektik	209
Testimonial	92, 156, 176, 244
Tell-A-Friend-Funktion	109
Tirol Werbung	220
Triumph	101
Trojanische Grundüberlegung	34
Trojanische Kette	40
Trojanisches Prinzip	9, 73
Überraschungseffekt	30
Underberg	146
United Buddy Bears	142

Vier-Aktionen-Format	70
Viral Marketing	47, 99
Virtual Presence	60
Virtuelle Welten	62
Wäscheratgeber	101
Wein	67
Wetter	50
Win-Win-Situation	11, 32, 97, 107, 136, 161, 180, 218
[yellow tail]	67, 71, 74